AF393297

Kohlhammer

Carsten Hahn
Marius Brüser

Prüfungsleitfaden für die Feuerwehren

Eine Lernhilfe für die Aus- und Weiterbildung

5., erweiterte und überarbeitete Auflage

Verlag W. Kohlhammer

Wichtiger Hinweis

Die Verfasser haben größte Mühe darauf verwendet, dass die Angaben dem jeweiligen Wissensstand bei Fertigstellung des Werkes entsprechen. Weil sich jedoch die technische Entwicklung sowie Gesetze, Normen und Vorschriften ständig im Fluss befinden, sind Fehler nicht vollständig auszuschließen. Daher übernehmen die Autoren und der Verlag für die im Buch enthaltenen Angaben keine Gewähr.

5., erweiterte und überarbeitete Auflage 2023

Alle Rechte vorbehalten
© W. Kohlhammer GmbH, Stuttgart
Gesamtherstellung: W. Kohlhammer GmbH, Stuttgart

Print:
ISBN 978-3-17-039059-1

E-Book-Formate:
pdf: ISBN 978-3-17-039061-4
epub: ISBN 978-3-17-039062-1

Für den Inhalt abgedruckter oder verlinkter Websites ist ausschließlich der jeweilige Betreiber verantwortlich. Die W. Kohlhammer GmbH hat keinen Einfluss auf die verknüpften Seiten und übernimmt hierfür keinerlei Haftung.

Vorwort

Es wird wohl keinen Menschen geben, der in seinem Leben ohne Prüfungen auskommen würde. Prüfungen sind vielmehr zu einem charakteristischen Merkmal unserer Leistungsgesellschaft geworden und auch aus dem Feuerwehrwesen nicht mehr wegzudenken.

Wer kennt sie nicht, die quälende Frage: »Was kommt wohl dran?« Dieses Buch stellt gezielt Fragen aus allen Bereichen des Feuerwehrwesens zur Lernzielkontrolle und bereitet somit auf bevorstehende Prüfungen vor.

Wenn bei der Durcharbeitung des Inhaltes der in den Unterrichten vermittelte Stoff wiederholt wird, die Antworten nicht auswendig gelernt, sondern vielmehr kritisch hinterfragt werden, so ist damit das von uns Autoren angestrebte Ziel erreicht.

Um dieses Ziel zu erreichen, nehmen wir gerne von den Benutzern des Prüfungsleitfadens Hinweise und Anregungen entgegen, die zur Verbesserung dieses Werkes beitragen können.

Die Autoren

Inhaltsverzeichnis

Inhaltsverzeichnis

Antworten

Inhaltsverzeichnis

Fragen

1 Atmung, Atemschutzgeräte, Atemschutzüberwachung

1.1 Atmung

1.1.1 Beim Atmungssystem wird zwischen den oberen und unteren Atemwegen unterschieden. Welche Bereiche werden zu den oberen und welche zu den unteren Atemwegen gerechnet?

1.1.2 Erklären Sie die Begriffe »äußere« und »innere« Atmung.

1.1.3 Wovon ist der Luftverbrauch eines Menschen abhängig?

1.1.4 Wie hoch ist der ungefähre Luftverbrauch eines erwachsenen Menschen bei
- a) Ruhe,
- b) leichter Arbeit,
- c) mittelschwerer Arbeit,
- d) schwerer Arbeit,
- e) kurzzeitiger Schwerstarbeit?

1.1.5 Nennen Sie die ungefähre Zusammensetzung der ein- und der ausgeatmeten Luft.

1.1.6 Welche Auswirkungen hat der Kohlenstoffdioxidgehalt der Umluft auf die Atmung?

1.1.7 Welche Aufgaben übernehmen die roten Blutkörperchen bei der Atmung?

1.1.8 Was versteht man unter dem Begriff »Exspiration«?

1.1.9 Welche Faktoren können außer körperlicher Belastung ebenfalls zu einer Steigerung der Atemfrequenz führen?

1.1.10 Wie hoch ist die ungefähre Atemfrequenz des Menschen in Ruhe?

1.2 Atemschutzgeräte

1.2.1 Welche besondere Rolle kommt dem Atemschutz bei Einsätzen der Feuerwehr zu?

1.2.2 In welche Gruppen werden die Atemschutzgeräte nach DIN EN 133 beziehungsweise FwDV 7 eingeteilt?

1.2.3   Welche Geräte werden als umluftunabhängige Atemschutzgeräte bezeichnet?

1.2.4   In welche Gruppen kann man die frei tragbaren Isoliergeräte unterteilen?

1.2.5   Welche Anforderungen werden an die Träger von Atemschutzgeräten gestellt?

1.2.6   Wer ist für die Feststellung der Atemschutztauglichkeit zuständig?

1.2.7   Was ist bei Einsatzkräften zu beachten, die die Anforderungen des Atemschutzes nicht erfüllen?

1.2.8   Was versteht man unter einem Atemanschluss?

1.2.9   Welche Atemanschlüsse kennt die DIN EN 134?

1.2.10   Welche Atemschutzmaske wird bei der Feuerwehr verwendet?

1.2.11   Erklären Sie die Begriffe Filterklasse und Partikelfilterklasse.

1.2.12   Mit Hilfe von Kennfarben lassen sich die Gasfilter unterscheiden. Nennen Sie die Kennfarben und den dazu gehörenden Filtertyp.

1.2.13   Welche Einsatzgrundsätze gelten beim Tragen von Filtergeräten?

1.2.14   Bei welcher Tätigkeit der Feuerwehr könnten Filtergeräte eingesetzt werden?

1.2.15   Was sind Brandfluchthauben?

1.2.16   Gegen welche Stoffe sollen Brandfluchthauben schützen?

1.2.17   Bei welchen Tätigkeiten können Schlauchgeräte verwendet werden?

1.2.18   Wie hoch ist in etwa die Gebrauchszeit eines Pressluftatmers?

1.2.19   Welche Faktoren beeinflussen die Gebrauchszeit eines Pressluftatmers?

1.2.20   Welche allgemeinen Einsatzgrundsätze sind beim Einsatz von Atemschutzgeräten zu beachten?

1.2.21   Bei welchen Einsätzen kann eine Person allein unter Atemschutz vorgehen?

1.2.22   Welche Regenerationsgeräte kennen Sie?

1.2.23   Geben Sie eine kurze Funktionsbeschreibung eines Regenerationsgerätes.

1.2.24   Welches Ziel soll durch die praktische Atemschutzausbildung erreicht werden?

1.2.25   Nennen Sie einige Anforderungen, die an eine praktische Atemschutzausbildung gemäß FwDV 7 gestellt werden.

1.2.26   In welchen Abständen sollten die Atemschutzübungen durchgeführt werden?

1.3   Atemschutzüberwachung

1.3.1   Wer ist nach FwDV 7 für die Sicherheit eines Atemschutzgeräteträgers verantwortlich?

1.3.2   Welches Ziel soll durch eine systematische Atemschutzüberwachung erreicht werden?

1.3.3   Was soll in der Registrierung bei der Atemschutzüberwachung festgehalten werden?

1.3.4   Welche Regelwerke bilden die rechtliche Grundlage für die Atemschutzüberwachung?

1.3.5   Um eine Atemschutzüberwachung im Einsatz zu erreichen, sollte eine sinnvolle taktische Einsatzgliederung aufgestellt werden. Wie könnte eine derartige Gliederung aussehen?

1.3.6   Welche Aufgabe kommt beim Einsatz auf jeden Atemschutzgeräteträger, unabhängig von der Atemschutzüberwachung, zu?

1.3.7   Für welche Aufgaben ist der Truppführer beim Atemschutzeinsatz verantwortlich?

1.3.8   Für welche Aufgaben trägt der Gruppenführer bei der Atemschutzüberwachung die Verantwortung?

1.3.9   Welche materiellen Voraussetzungen sind für die Atemschutzüberwachung erforderlich?

1.3.10   Worauf ist bei der Atemschutzüberwachung zu achten?

1.3.11   Welche Anforderungen werden an Personen gestellt, die die Atemschutzüberwachung durchführen?

1.4   Sicherheitstrupp

1.4.1   Wann muss ein Sicherheitstrupp in Bereitstellung stehen?

1.4.2   In welchen Fällen kann auf die Bereitstellung von Sicherheitstrupps verzichtet werden?

1.4.3   Wie ist der Sicherheitstrupp auszustatten?

1.4.4   Welche Besonderheit gilt an Einsatzstellen, an denen Atemschutztrupps über verschiedene Angriffswege in von außen nicht einsehbare Bereiche vorgehen?

2 Ausbilden

2.1 Was sind Lernziele?

2.2 Was soll durch die Festschreibung von Lernzielen erreicht werden?

2.3 Lernziele lassen sich in verschiedene Lernzielkategorien unterteilen. Welche Lernzielkategorien sind Ihnen bekannt?

2.4 Was versteht man unter kognitiven Lernzielen?

2.5 Was versteht man unter affektiven Lernzielen?

2.6 Was sind psychomotorische Lernziele?

2.7 Was sind Lernzielklassen?

2.8 Was sind Lernzielstufen?

2.9 Was ist bei der Gestaltung von Folien für eine PowerPoint-Präsentation zu beachten?

2.10 Was sollte man beim Arbeiten mit PowerPoint-Präsentationen beachten?

2.11 Was ist beim Einsatz von PowerPoint-Präsentationen zu beachten?

2.12 Was sollte beim Umgang mit einem Flipchart beachtet werden?

2.13 Wozu sollen die unterschiedlichen Medien (z. B. Folien und Arbeitsblätter) im Unterricht dienen?

2.14 Was sind visuelle Medien?

2.15 Nennen Sie einige Beispiele für auditive Medien.

2.16 Nennen Sie einige Beispiele für audiovisuelle Medien.

2.17 Was will man durch den Einsatz der unterschiedlichen Medien erreichen?

2.18 Worin besteht der Nachteil von Wandtafel und Flipchart als Ausbildungsmittel?

2.19 Worauf sollte beim Einsatz der verschiedenen Medientechniken während des Unterrichtes geachtet werden?

3 Baukunde

3.1 Nationale und europäische Rechtsgrundlagen

3.1.1   Was regelt die europäische Bauproduktenverordnung?

3.1.2   Welche wesentlichen Anforderungen an Bauwerke sind nach Bauproduktenverordnung für den Brandschutz vorgegeben?

3.1.3   Wie werden die Vorgaben der europäischen Bauproduktenverordnung in nationales Recht überführt?

3.1.4   Wie sind Bauprodukte und Bauarten nach Musterbauordnung (MBO) definiert?

3.1.5   Welche allgemeinen Anforderungen stellt das Baurecht an die Sicherheit von baulichen Anlagen?

3.1.6   Was sagt ein Übereinstimmungsnachweis (Ü-Zeichen) aus?

3.1.7   Was bedeuten die Bezeichnungen ÜH, ÜHP und ÜZ?

3.1.8   Was besagt der Konformitätsnachweis (CE-Zeichen)?

3.1.9   Was sind bauaufsichtlich eingeführte Technische Baubestimmungen?

3.1.10   Aus welchen Teilen besteht die Muster-Verwaltungsvorschrift Technische Baubestimmungen (MVV TB) und was beinhalten diese?

3.1.11   Was ist zu beachten, wenn Ü-Zeichen und CE-Kennzeichnung gleichzeitig auf einem Bauprodukt angegeben sind?

3.1.12   Benötigen auch Bauarten Ü-Zeichen?

3.1.13   Was versteht man unter allgemein anerkannten Regeln der Technik?

3.1.14   Welche Institutionen sind zuständig für:
        a) Allgemeine bauaufsichtliche Zulassungen,
        b) Allgemeine bauaufsichtliche Prüfzeugnisse,
        c) Zulassungen im Einzelfall?

3.1.15   Welche brandschutztechnischen Unterschiede bestehen zwischen Bauteilen und Baustoffen
nach Musterbauordnung?

3.1.16   Welche Kombinationen aus Feuerwiderstandsfähigkeit und Brandverhalten sind nach
Musterbauordnung denkbar?

3.1.17   Welches Bauteil ist nach Musterbauordnung hinsichtlich des Feuerwiderstandes wie auch des
Brandverhaltens verwendeter Baustoffe eindeutig definiert?

3.1.18   Welche brandschutztechnischen Anforderungen stellt die Musterbauordnung an Baustoffe?

3.2   Brandverhalten von Baustoffen und Bauteilen nach DIN 4102

3.2.1   Welchen Anwendungsbereich umfasst die DIN 4102?

3.2.2   Aus welchen Teilen besteht die DIN 4102?

3.2.3   Welche Unterscheidung trifft die DIN 4102-2 zwischen Bauteilen und Sonderbauteilen?

3.2.4   Welche Baustoffklassen sind nach DIN 4102-1 definiert und in welchem Zusammenhang stehen
sie mit bauordnungsrechtlichen Anforderungen an das Brandverhalten von Baustoffen?

3.2.5   Erläutern Sie die Prüfunterschiede zwischen einem Baustoff der Baustoffklasse A2 und einem
der Baustoffklasse B1 nach DIN 4102-1.

3.2.6   Welche Feuerwiderstandsklassen sind für folgende Sonderbauteile normiert:
- **a)** Feuerschutzabschlüsse,
- **b)** Lüftungsleitungen,
- **c)** Brandschutzklappen in Lüftungsleitungen,
- **d)** Kabelabschottungen,
- **e)** Rohrabschottungen,
- **f)** Installationsschächte und -kanäle?

3.2.7   Welche Bedeutungen haben nachfolgende Feuerwiderstandsklasse-Benennungen:
- **a)** F30-A,
- **b)** F30-B,
- **c)** F90-AB,
- **d)** F60-B,
- **e)** W30,
- **f)** T90,

g) K90,
h) E90,
i) G30?

3.2.8   Welche Unterschiede bestehen bei Brandschutzverglasungen nach DIN 4102-13?

3.2.9   Welche brandschutztechnische Aufgabe erfüllen Feuerschutzabschlüsse nach DIN 4102-5?

3.2.10   Erläutern Sie den Unterschied zwischen T30 und T30-RS Brandschutztüren.

3.2.11   Welche Art von Brandschutztür liegt bei der Bezeichnung T90-2 vor?

3.2.12   Mit welchem zusätzlichen Bauteil müssen zweiflüglige Brandschutztüren nach DIN 4102-18 ausgestattet sein?

3.2.13   Worin unterscheiden sich Feststellanlagen von Feststellvorrichtungen nach DIN 4102-18?

3.2.14   Welche grundsätzlichen Unterschiede bestehen zwischen Brandschutztüren nach DIN 4102-5 und Rauchschutztüren nach DIN 18095?

3.2.15   Wie groß darf die Leckrate bei einflügligen und zweiflügligen Rauchschutztüren nach DIN 18095 sein?

3.2.16   Welchen Anforderungen müssen Brandwände nach DIN 4102-3 genügen?

3.2.17   Aus welchen Bauprodukten können Brandwände nach DIN 4102-4 errichtet werden?

3.2.18   Erläutern Sie den Begriff »Einheits-Temperaturzeitkurve« (ETK) in Bezug auf die Bauteilprüfung nach DIN 4102-2.

3.2.19   Welche Unterschiede bestehen zwischen der ETK und Normbrandverläufen?

3.2.20   Welchen Anwendungsbereich umfasst die DIN 4102-4?

3.2.21   Nennen Sie Beispiele für klassifizierte Baustoffe nach DIN 4102-4.

3.3 Klassifizierung von Bauprodukten und Bauarten zu ihrem Brandverhalten nach DIN EN 13501

3.3.1   Welchen Anwendungsbereich umfasst die DIN EN 13501?

3.3.2   Aus welchen Teilen besteht die DIN EN 13501?

3.3.3   Welche Klassen von Bauprodukten unterscheidet DIN EN 13501-1 hinsichtlich des Brandverhaltens?

3.3.4   Welche Klassen zur Beurteilung des Brandverhaltens von Bauprodukten kennt die DIN EN 13501-1?

3.3.5   Welche Brandparallelerscheinungen werden im europäischen Klassifizierungssystem berücksichtigt?

3.3.6   Welche Baustoffklassen sind nach nationalem und europäischem Klassifizierungssystem weitestgehend identisch?

3.3.7   Welche charakteristischen Leistungseigenschaften zum Feuerwiderstandsverhalten sind in der Normenreihe DIN EN 13501 beschrieben?

3.3.8   Erläutern Sie die Leistungsmerkmale »Tragfähigkeit«, »Raumabschluss« und »Wärmedämmung« für Bauteile nach dem europäischen Klassifizierungssystem.

3.3.9   Welche Zuordnung der bauaufsichtlichen Anforderungen an den Feuerwiderstand eines Bauteils zur europäischen Klassifizierung besteht für tragende Bauteile mit und ohne Raumabschluss?

3.3.10   Worin unterscheidet sich das nationale vom europäischen Klassifizierungssystem für Bauteile?

3.3.11   Für welche Bedeutungen stehen die folgenden Klassifizierungen:
     a) REI 30,
     b) REI 90-M,
     c) EW 60,
     d) EI 60,
     e) RE 90?

3.3.12   Welche Feuerwiderstandsdauern sind im europäischen Klassifizierungssystem für Bauteile definiert?

3.3.13   Übersetzen Sie folgende nationale in europäische Bauteilklassifizierungen:
   a) Tragende Bauteile ohne Raumabschluss F60,
   b) Tragende Bauteile mit Raumabschluss F60,
   c) Nichttragende Innenwände F90,
   d) Tragende Brandwand F90-A,
   e) Brandschutzverglasung F90,
   f) Brandschutzverglasung G90,
   g) Brandschutztür T90,
   h) Rauchschutztür RS,
   i) Dichtschließende Tür.

3.4   Holzbau

3.4.1   Woraus besteht der Baustoff Holz?

3.4.2   Welche Holzarten sind für Bauhölzer hier zu Lande üblich?

3.4.3   Erläutern Sie die folgenden Anwendungsformen von Bauhölzern:
   a) Vollholz,
   b) Brettschichtholz,
   c) Holzwerkstoff.

3.4.4   In welchem Bereich liegt die Entzündungstemperatur von Holzbaustoffen?

3.4.5   Welche Parameter beeinflussen die Entzündung von Holzbaustoffen maßgeblich?

3.4.6   In welchen Phasen läuft die Verbrennung von Holz ab?

3.4.7   Welcher Baustoffklasse lässt sich Holz im Sinne der DIN 4102 zuordnen?

3.4.8   Welche Parameter beeinflussen die Abbrandrate von Holzbaustoffen maßgeblich?

3.4.9   In welcher Größenordnung liegt die Abbrandrate von Bauhölzern?

3.4.10   Welchen Einfluss übt die Holzart auf das Brandverhalten von Vollhölzern aus?

3.4.11   Welchen Einfluss üben Risse auf das Brandverhalten tragender Holzbauteile aus?

3.4.12   Bei welchen Temperaturen bildet sich im Brandfall eine Holzkohleschicht?

3.4.13   Warum schützt eine Holzkohleschicht den verbleibenden Holzquerschnitt im Brandfall?

3.4.14   Wie verhalten sich Vollhölzer unter thermischer Belastung hinsichtlich der Längenänderung?

3.4.15   Welchen Formänderungen unterliegen Holzleimbinder im Brandfall?

3.4.16   Welche vorbeugenden Schutzmaßnahmen gibt es, um a) das Brandverhalten von Holzbaustoffen zu verbessern, b) den Feuerwiderstand von Holzbauteilen zu erhöhen?

3.4.17   Erläutern Sie die Wirkungsweisen von Imprägnierungen und Feuerschutzanstrichen als Schutzmaßnahme für Holzbauteile im Brandfall.

3.4.18   Erläutern Sie die Wirkungsweisen von Bekleidungen und Überdimensionierungen als Schutzmaßnahme für Holzbauteile im Brandfall.

3.4.19   Nach welchem Abbrand rechnen Sie mit dem Stabilitätsversagen tragender Holzbauteile?

3.4.20   Wie verhalten sich Bauteile aus Holzbaustoffen bei Verlust der Tragfähigkeit?

3.4.21   Nach welcher Zeit versagt ein allseitig beflammter Holzbalken (b/h = 10/10 cm)?

3.4.22   Erläutern Sie den Begriff »Knotenpunkt« in Bezug auf tragende Holzbauteile.

3.4.23   Warum sind Knotenpunkte bei thermischer Belastung von besonderer Bedeutung?

3.5   Stahlbau

3.5.1   Warum sind Bauteile aus Stahl unter thermischer Belastung besonders stabilitätsgefährdet?

3.5.2   Welche Parameter beeinflussen die Erwärmung eines Stahlbauteils maßgeblich?

3.5.3   Welcher Zustand wird mit der kritischen Stahltemperatur ausgedrückt?

3.5.4   Wie hoch ist die kritische Stahltemperatur bei einem üblichen Ausnutzungsgrad der Stahlkonstruktion?

3.5.5   Wie verhalten sich Bau- und Betonstähle unter thermischer Belastung hinsichtlich der Längenänderung?

3.5.6   Um welches Maß dehnt sich ein zehn Meter langer Stahlträger bei einer Erwärmung um 400 Kelvin aus?

3.5.7   Wie verhalten sich Stahlbauteile, die während eines Brandes um mehr als 500 Kelvin erwärmt werden?

3.5.8   Bei welcher Temperatur ist die Streckgrenze von Baustahl auf 50 % der Streckgrenze bei Raumtemperatur abgefallen?

3.5.9   Worin unterscheiden sich Bauteile aus Baustahl und Gusseisen?

3.5.10   Wie lässt sich die Erwärmung eines Stahlbauteils verzögern?

3.5.11   Was drückt der Profilfaktor für Stahlbauteile aus?

3.5.12   Welche Größenordnung des Profilfaktors ist aus brandschutztechnischen Überlegungen günstig?

3.5.13   Welche Ummantelungen und Bekleidungen sind zum Schutz von Stahlbauteilen gegen Wärmeeinwirkung im Brandfall nach DIN 4102-4 klassifiziert?

3.5.14   Erklären Sie die Wirkungsweise eines Feuerschutzanstrichs für Stahlbauteile.

3.5.15   Warum verbessern sich die brandschutztechnischen Eigenschaften von Stahlbauteilen bei statischer Überdimensionierung des Profilquerschnitts?

3.5.16   In welchen Fällen ist bei Stahlbauteilen im Brandfall mit schlagartigem Stabilitätsversagen zu rechnen?

3.5.17   Mit welchen Gefahren müssen Sie nach einem Brand rechnen, bei dem Stahltragwerke temperaturbeaufschlagt wurden?

3.6   Massivbau: Stahl- und Spannbeton

3.6.1   Aus welchen Baustoffen bestehen Betonbauteile?

3.6.2   Für welche Betonarten liegen Bauteilklassifizierungen nach DIN 4102-4 vor?

3.6.3   Welche charakteristischen Eigenschaften kennzeichnen Normal-, Leicht-, Schwer- und Porenbeton?

3.6.4   Welche Festigkeitsverluste weisen Normal- und Leichtbeton bei Erwärmung auf 400 bis 500 °C auf?

3.6.5   Erklären Sie das Zusammenwirken von Stahl und Beton in bewehrten Betonbauteilen.

3.6.6   Erklären Sie das Wirkprinzip vorgespannter Stahlbetonbauteile.

3.6.7   Welche konstruktiven Vorteile bieten Spannbetonbauteile gegenüber konventionellen Stahlbetonbauteilen?

3.6.8   Aus welchem Grund ist die Verbundwirkung zwischen Beton und Stahl möglich?

3.6.9   Welchen Einfluss übt die Temperatur von Bewehrungsstählen auf das Tragverhalten von Stahlbetonbauteilen aus?

3.6.10   Wie ist die kritische Temperatur von Bewehrungsstählen nach DIN EN 1992-1-2 definiert?

3.6.11   In welcher Größenordnung liegen kritische Temperaturen bei einer Resttragfähigkeit von etwa 60 % des Bewehrungsstahls?

3.6.12   Durch welche konstruktiven Maßnahmen lässt sich die Erwärmung des Bewehrungsstahls verzögern?

3.6.13   Nennen Sie Versagensarten von Stahlbetonbauteilen im Brandfall.

3.6.14   Beschreiben Sie das Verhalten von Betonbaustoffen im Brandfall.

3.6.15   Warum kommt es im Brandfall zu Abplatzungen an Betonbauteilen?

3.6.16   Wie verändert sich das Tragverhalten bewehrter Betonbauteile bei großflächigen Abplatzungen?

3.7   Massivbau: Mauerwerk

3.7.1   Was versteht man unter dem Begriff »Mauerwerk«?

3.7.2   Erläutern Sie die nachstehenden Begriffe:
      a) bewehrtes Mauerwerk,
      b) vorgespanntes Mauerwerk,
      c) eingefasstes Mauerwerk.

3.7.3   Welche Mauersteinarten werden nach europäischer Klassifizierung unterschieden?

3

3.7.4   Welche Vorteile weisen künstliche Steine gegenüber natürlichen Steinen in Hinblick auf den Brandschutz auf?

3.7.5   Welche Größen sind bei der brandschutztechnischen Klassifizierung von Wänden aus Mauerwerk nach DIN 4102-4 maßgebend?

3.7.6   Welche Putze können zur Verbesserung der Feuerwiderstandsdauer nach DIN 4102-4 eingesetzt werden?

3.7.7   Unter welcher Bedingung begünstigt ein Wärmedämmverbundsystem den Feuerwiderstand einer Wand?

3.8   Verbundbau

3.8.1   Woraus bestehen Verbundbauteile?

3.8.2   Wie beeinflusst die Verbundwirkung das Tragverhalten von Verbundbauteilen?

3.8.3   Welche Arten von Verbundbauteilen gibt es?

3.8.4   Welche Auswirkungen hat der Verbund mit Beton auf das Temperaturverhalten von Stahlbauteilen?

3.8.5   Welche klassifizierten Verbundbauteile werden nach DIN EN 1994-1-2 unterschieden?

3.9   Allgemeine Fragen

3.9.1   Welchen Beitrag liefert das Themengebiet der Baukunde zur Planung einsatztaktischer Maßnahmen im Feuerwehreinsatz?

3.9.2   Bezeichnen Sie die nachfolgenden Bauteile mit den richtigen Fachausdrücken.

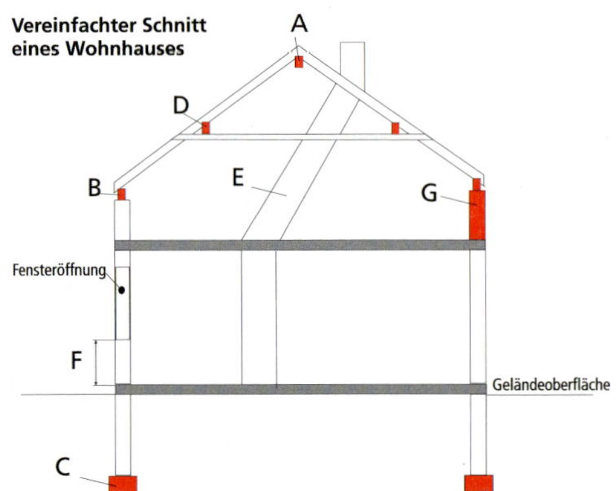

3.9.3   Wie wirkt sich die Abführung von hochtemperiertem Brandrauch auf das Tragverhalten von Stahlkonstruktionen aus?

3.9.4   Wie kann sich eine brandbelastete Stütze aus Gusseisen im ungünstigsten Fall verhalten, wenn sie mit Löschwasser beaufschlagt wird?

3.9.5   Was versteht man unter dem Begriff »abschmelzbare Fläche« bei Dächern?

3.9.6   Wie verhalten sich preußische Kappendecken im Brandfall?

3.9.7   Welche brandschutztechnische Maßnahme wurde zum Schutz der unteren Flansche von Kappendecken verwendet?

3.9.8   Welche Bauteile sind bei Dachstuhlbränden besonders zu schützen (kühlen)?

3.9.9   Nennen Sie die Ihnen bekannten Dachkonstruktionen.

3.9.10   Bezeichnen Sie die an nachfolgendem Dach gekennzeichneten Bauteile.

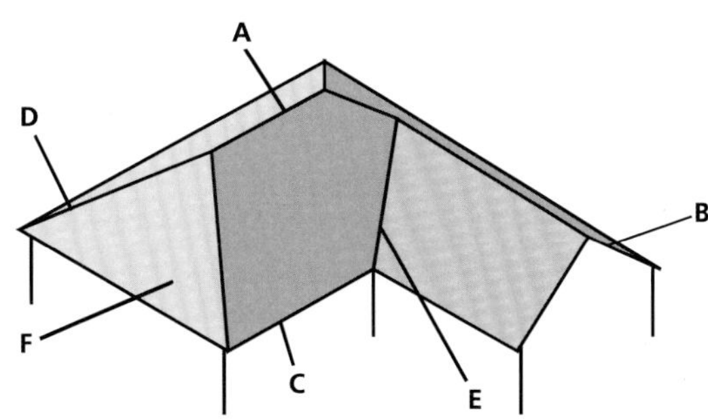

3.9.11   Beschreiben Sie die Konstruktion eines Pfettendaches.

3.9.12   Welche Aufgaben übernehmen die Windrispen in einem Sparrendach?

3.9.13   Was versteht man unter »gezogenen« bzw. »geschleiften« Schornsteinen?

3.9.14   Worin unterscheiden sich offene von geschlossenen Bauweisen?

3.9.15   Welche unterschiedlichen Arten von Einwirkungen beanspruchen ein Bauwerk?

3.9.16   Erläutern Sie die Begriffe »Tragfähigkeit« und »Festigkeit«.

3.9.17   Erklären Sie die Funktionen tragender, aussteifender und nichttragender Wände.

3.9.18   Wie unterscheiden sich Einfeld- von Mehrfeldträgern?

3.9.19   Welche Hauptgruppen von Kunststoffen werden als Baustoffe eingesetzt?

3.9.20   Wie unterscheiden sich Thermoplaste, Duromere und Elastomere hinsichtlich ihres Temperaturverhaltens?

3.9.21   Welche Gefahren resultieren aus der thermischen Zersetzung von Kunststoffen?

4 Brandlehre

4.1 Allgemeines

4.1.1 Worin besteht die Aufgabe der Brandlehre?

4.1.2 Welche Voraussetzungen sind für eine Verbrennung erforderlich?

4.1.3 Erklären Sie den Unterschied zwischen einem Brand und einem Feuer.

4.1.4 Was versteht man unter dem Begriff Brennen?

4.1.5 Was sind Brandklassen?

4.1.6 Wozu soll die Brandklasseneinteilung dienen?

4.1.7 Welche Brände umfasst die Brandklasse A?

4.1.8 Welche Brände gehören zur Brandklasse B?

4.1.9 Welche Brände umfasst die Brandklasse C?

4.1.10 Welche Brände gehören zur Brandklasse D?

4.1.11 Welche Brände gehören zur Brandklasse F?

4.1.12 Nennen Sie Beispiele für Stoffe, die sowohl mit Glut als auch mit Flamme verbrennen können.

4.1.13 Nennen Sie Beispiele für Stoffe, die nur mit Glut verbrennen können.

4.1.14 Was ist Glut?

4.1.15 Was sind Partikelfunken?

4.1.16 Welchen Einfluss übt der Sauerstoff auf die Verbrennungsgeschwindigkeit aus?

4.1.17 Erklären Sie die Begriffe Oxidation und Oxid.

4.1.18 Gibt es Stoffe, die zur Verbrennung keinen Sauerstoff aus der Umluft benötigen?

4.1.19 Was sind Katalysatoren?

4.1.20   Erklären Sie den Begriff homogene Katalyse.

4.1.21   Erklären Sie den Begriff heterogene Katalyse.

4.1.22   Nennen sie einige Beispiele für eine heterogene Katalyse.

4.1.23   Was sind Brandgase?

4.1.24   Erläutern Sie die Begriffe Rauch und Qualm.

4.1.25   Was ist eine exotherme Reaktion?

4.1.26   Was ist eine endotherme Reaktion?

4.1.27   Erklären Sie den Begriff Heizwert.

4.1.28   Welcher Unterschied besteht zwischen dem Brenn- und Heizwert eines Stoffes (unterer und oberer Heizwert)?

4.1.29   Was ist unter dem Begriff Abbrandrate zu verstehen?

4.1.30   Was ist eine Explosion?

4.1.31   Erklären Sie die Begriffe Detonation und Deflagration.

4.1.32   Was ist eine Verpuffung?

4.1.33   Erklären Sie den Begriff Staubexplosion und geben Sie Beispiele für Bereiche an, in denen eine Staubexplosion auftreten kann.

4.1.34   Erklären Sie den Begriff Implosion.

4.1.35   Erklären Sie den Begriff der Zündquelle und nennen Sie einige Beispiele hierzu.

4.1.36   Erklären Sie die Begriffe Wärmestau und Selbstentzündung.

4.1.37   Nennen Sie einige Beispiele für selbstentzündliche Stoffe.

4.1.38   Was beschreibt die van't Hoffsche Regel?

4.1.39   Erklären Sie den Begriff Brandtemperatur.

4.1.40   Was versteht man unter dem Begriff Mindestverbrennungstemperatur?

4.1.41   Wann besteht die Gefahr einer Raumdurchzündung?

4.1.42   Was versteht die DIN 14011 unter einer Rauchdurchzündung?

4.2   Wärme und Wärmeübertragung

4.2.1   Erklären Sie den Begriff Wärme.

4.2.2   In welcher Einheit wird die Wärme angegeben?

4.2.3   Erklären Sie den Begriff Temperatur.

4.2.4   Erklären Sie den Begriff Wärmeübertragung.

4.2.5   Unter welcher Voraussetzung kann eine Wärmeübertragung stattfinden?

4.2.6   Zwischen welchen Arten von Wärmetransport wird unterschieden?

4.2.7   Wie funktioniert die Wärmeleitung?

4.2.8   Wie funktioniert die Wärmeströmung?

4.2.9   Wie funktioniert die Wärmestrahlung?

4.2.10   Welche physikalischen Veränderungen können durch die Erwärmung von Stahl entstehen?

4.2.11   Warum dehnen sich Stoffe bei der Erwärmung aus?

4.2.12   Nennen Sie einige Beispiele für gute beziehungsweise schlechte Wärmeleiter.

4.2.13   Warum ist die Wärmeleitfähigkeit in den verschiedenen Materialien so unterschiedlich?

4.2.14   Wie kann es durch Wärmeleitung zu einer Brandentstehung kommen? Begründen Sie Ihre Antwort mit Hilfe eines Beispiels.

4.2.15   Welche Gefahren können sich durch die Erwärmung von Stahlträgern ergeben?

4.2.16   Welcher Körper kann Wärmestrahlung abgeben?

4.2.17   Von welchen Körpern wird die Wärmestrahlung besonders gut aufgenommen?

4.2.18   Wird die Wärmestrahlung stets vollständig absorbiert?

4.2.19   Was sagt das Abstandsgesetz aus?

4.2.20   Erläutern Sie kurz das Gesetz von Stefan-Boltzmann.

4.2.21   Nennen Sie die Ausbreitungsrichtung der drei Wärmetransportarten.

4.2.22   Was versteht man unter dem Begriff Wärmeübergang?

4.2.23   Erklären Sie den Begriff Wärmedurchgang.

4.3   Sicherheitstechnische Kennzahlen

4.3.1   Was sind sicherheitstechnische Kennzahlen und welche Aufgabe sollen sie erfüllen?

4.3.2   Nennen Sie einige Beispiele für sicherheitstechnische Kennzahlen.

4.3.3   Was ist eine explosionsfähige Atmosphäre?

4.3.4   Was ist ein explosionsfähiges Gemisch?

4.3.5   Erklären Sie den Begriff Explosionsbereich.

4.3.6   Erklären Sie die Begriffe untere und obere Explosionsgrenze.

4.3.7   Welche Stoffe sind gefährlicher, solche mit einem kleinen oder mit einem großen Explosionsbereich?

4.3.8   Nennen Sie einige Stoffe mit einem kleinen beziehungsweise einem großen Explosionsbereich.

4.3.9   Welche Gefahr kann sich durch das Ablöschen von brennbaren Flüssigkeiten oder Gasen in geschlossenen Räumen ergeben?

4.3.10   Was versteht man unter dem Flammpunkt einer brennbaren Flüssigkeit?

4.3.11   Wie unterscheidet sich der Brennpunkt einer brennbaren Flüssigkeit von ihrem Flammpunkt?

4.3.12   Was versteht man unter der Zündtemperatur einer explosionsfähigen Atmosphäre?

4.3.13   Erklären Sie den Begriff Verdunstungszahl.

4.3.14   Was versteht man unter dem Begriff Abbrandrate?

4.3.15   Wovon ist die Abbrandrate abhängig?

5 Brandmeldeanlagen

5.1 Allgemeines

5.1.1 Welche Aufgabe hat eine Brandmeldeanlage?

5.1.2 Warum werden Brandmeldeanlagen eingebaut?

5.1.3 Aus welchen übergeordneten Gründen werden Brandmeldeanlagen in Baugenehmigungsverfahren berücksichtigt?

5.1.4 Nennen Sie einige Sonderbauten, bei denen Brandmeldeanlagen per Rechtsvorschrift zu berücksichtigen sind.

5.1.5 Zu welchen übergeordneten Anlagen gehören Brandmeldeanlagen nach DIN VDE 0833?

5.1.6 Welche Vorteile für Brandbekämpfungsmaßnahmen resultieren aus der Branddetektion durch eine Brandmeldeanlage?

5.1.7 Welche Kategorien für den Schutzumfang der Überwachung durch Brandmeldeanlagen sind nach DIN 14675 zu unterscheiden?

5.1.8 Was ist nach DIN VDE 0833-2 zu beachten, wenn Melder von Brandmeldeanlagen in Feuerschutzabschlüssen verwendet werden?

5.2 Aufbau und Bestandteile von Brandmeldeanlagen

5.2.1 Welche Aufgaben hat eine Brandmelderzentrale?

5.2.2 Welche Anzeigemöglichkeiten bietet eine Brandmelderzentrale?

5.2.3 Warum werden Brandmeldeanlagen mit Feuerwehr-Bedienfeldern ausgerüstet?

5.2.4 Welche Anzeige- und Stellteile muss ein Feuerwehr-Bedienfeld haben?

5.2.5 Was ist bezüglich der Energieversorgung von Brandmeldeanlagen zu beachten?

5.2.6 Erklären Sie in Bezug auf Brandmeldeanlagen die Begriffe Primärleitung und Sekundärleitung.

5.2.7 Was erfasst eine Brandmelderzentrale?

5.2.8   Welche unterschiedlichen Betriebszustände können Brandmelderzentralen anzeigen?

5.2.9   Welche technische Einrichtung ermöglicht die einheitliche Bedienung von Brandmelder-
          zentralen?

5.2.10   Welche Bedeutung hat »rotes Dauerlicht« des Anzeigeteils »ÜE ausgelöst« im Feuerwehr-
          Bedienfeld?

5.2.11   Ist es erlaubt, Brandmeldeanlagen nur aus dem öffentlichen Stromnetz mit Energie zu
          versorgen?

5.2.12   Auf welche Störfaktoren werden Primärleitungen überwacht?

5.2.13   Welche Betriebsarten sind nach DIN VDE 0833-2 zur Vermeidung von Falschalarmen bei
          Brandmeldeanlagen mit automatischen Brandmeldern möglich?

5.2.14   Welche Anzeige- und Stellteile muss ein Feuerwehr-Anzeigetableau haben?

5.2.15   Was sind Feuerwehrschlüsseldepots (FSD)?

5.2.16   Was ist in Bezug auf den Anbringungsort eines Feuerwehrschlüsseldepots zu beachten?

5.2.17   Wie werden Feuerwehrschlüsseldepots nach DIN 14675 unterschieden?

5.2.18   Wozu dient ein Freischaltelement (FSE)?

5.2.19   Wozu dienen Feuerwehr-Laufkarten?

5.2.20   Wo müssen Feuerwehr-Laufkarten hinterlegt sein?

5.2.21   Nennen Sie exemplarisch Mindestinformationen, die Feuerwehr-Laufkarten entnommen
          werden können.

5.2.22   Wie viele Feuerwehr-Laufkarten müssen bereitgestellt werden?

5.2.23   Welche Verantwortung obliegt dem Betreiber einer BMA hinsichtlich der Feuerwehr-Lauf-
          karten?

5.3   Brandmelder

5.3.1   Erklären Sie den Unterschied zwischen einem automatischen und einem nicht automatischen Brandmelder.

5.3.2   Wie funktioniert ein Wärmemaximalmelder?

5.3.3   Was ist ein Wärmedifferenzialmelder?

5.3.4   Erklären Sie die Funktionsweise von Flammenmeldern.

5.3.5   Welche unterschiedlichen Arten von Rauchmeldern sind Ihnen bekannt?

5.3.6   Erklären Sie das Funktionsprinzip eines Streulichtmelders.

5.3.7   Wie arbeitet ein Ionisationsrauchmelder?

5.3.8   Ordnen Sie den nachfolgenden Brandkenngrößen mögliche Melderarten zu:
  a) Rauch,
  b) Temperatur,
  c) Strahlung.

5.3.9   Nennen Sie sinnvolle Standorte von Handfeuermeldern.

5.3.10   Erklären Sie den Unterschied zwischen Streulichtprinzip und Durchlichtprinzip in Bezug auf optische Rauchmelder.

5.3.11   Erklären Sie den »Tyndall-Effekt« in Bezug auf optische Rauchmelder.

5.3.12   Erläutern Sie die Wirkungsweise von Infrarot-Linearmeldern.

5.3.13   Wie groß ist die Fläche, die Sie mit einem Melderpaar Infrarot-Linearmelder abdecken können?

5.3.14   In einem Gebäude sind Ionisationsrauchmelder eingebaut worden. Was ist nach einem Brand unbedingt zu tun?

5.3.15   Nennen Sie die Ihnen bekannten Wärmemelder.

5.3.16   Erklären Sie die Wirkungsweise von Rauchansaugsystemen (RAS).

5.3.17   Wo werden Rauchansaugsysteme eingebaut? Nennen Sie einige Vorteile dieser Systeme.

6 Einsatzlehre

6.1 Einsatzplanung und -vorbereitung

6.1.1   Welche wichtigen Angaben sollten in einem Alarmplan enthalten sein?

6.1.2   Welche besondere Aufgabe kommt den Alarm- und Ausrückeordnungen zu?

6.1.3   Was soll durch die Alarm- und Ausrückeordnung festgelegt werden?

6.1.4   Auf eine gute Orts- und Objektkenntnis ist bei den Feuerwehren besonderer Wert zu legen. Warum?

6.1.5   Welche Faktoren gehören zu einer guten Ortskenntnis?

6.1.6   Welche Objekte können besonders gefährdet sein?

6.1.7   Feuerwehrpläne für bauliche Anlagen sind nach der DIN 14095 zu erstellen. Welche Aufgabe kommt einem solchen Feuerwehrplan zu?

6.1.8   An welcher Stelle des Feuerwehrplanes sollen die Hauptzufahrt beziehungsweise der Hauptzugang eingezeichnet sein?

6.1.9   Welche Angaben sollen in einem Feuerwehrplan enthalten sein?

6.1.10   Welche Bedeutung kommt den Farben Blau, Rot, Gelb und Grau in einem Feuerwehrplan zu?

6.1.11   Was bedeutet die Bezeichnung −1 +E +6 in einem Feuerwehrplan?

6.1.12   Welche Aufgaben haben Raster in einem Feuerwehrplan?

6.1.13   Welche Raster werden in der Regel bei Feuerwehrplänen verwendet?

6.2 Einsätze bei Waldbränden

6.2.1   In welcher Jahreszeit treten die meisten Waldbrände auf?

6.2.2   Wovon wird die Ausbreitungsgeschwindigkeit von Waldbränden beeinflusst?

6.2.3   Welche Arten von Waldbränden kennen Sie?

6.2.4   Welche zwei grundlegenden Vorgehensweisen bei Waldbränden kennen Sie?

6.2.5   Was sind Erdfeuer und mit welchen taktischen Maßnahmen lassen sie sich bekämpfen?

6.2.6   Was bedeutet offensives Vorgehen und was ist hierbei zu beachten?

6.2.7   Beschreiben Sie das defensive Vorgehen und was hierbei zu beachten ist.

6.2.8   Wie unterscheiden sich Schneisen und Wundstreifen von Schutzstreifen?

6.2.9   Welche Geräte können bei einem Waldbrand eingesetzt werden?

6.3   Einsätze bei Hochbauunfällen

6.3.1   Nennen Sie einige Einsturzursachen von Hochbauten.

6.3.2   Mit welchen spezifischen Gewichten haben Sie in etwa zu rechnen bei Bauteilen aus
- Nadelholz,
- Mauerwerk aus künstlichen Steinen,
- Stahl,
- Stahlbeton?

6.3.3   Welche Versorgungseinrichtungen sind nach einem Gebäudeeinsturz abzustellen beziehungsweise abzuschiebern?

6.3.4   In welche fünf Phasen lässt sich der Einsatzablauf bei Gebäudeeinstürzen unterteilen?

6.3.5   Welche Maßnahmengruppen umfassen die fünf Phasen des Einsatzablaufs bei Gebäudeeinstürzen?

6.3.6   Welche Last kann eine 2,50 m lange Rundholzstütze mit einem Durchmesser von 10 cm aus Nadelholz der Sortierklasse S10 und der Festigkeitsklasse C24 aufnehmen?

6.3.7   In einem teilweise eingestürzten Gebäude befindet sich eine Rutschfläche (abgestürztes Deckenelement in Schräglage – Dr. Maak). Wo vermuten Sie verschüttete Personen?

6.3.8   Benennen Sie die Ihnen bekannten Schadenelemente nach Dr. Maak.

6.3.9   Wodurch kann bei einem eingestürzten Gebäude eine Schichtung entstehen?

6.3.10   Welche Gefahr besteht, wenn Schichtungen bewegt werden?

6.3.11 Worin besteht der Unterschied zwischen einem ausgegossenen Raum und einem eingeschlämmten Raum nach Dr. Maak?

6.3.12 Was ist zu tun, um das Schadenselement eingeschlämmter Raum bei eingestürzten Gebäuden zu verhindern?

6.3.13 Woraus besteht das Füllmaterial eines mit Schichtung ausgepressten Raumes?

6.3.14 Bei einem eingestürzten Gebäude haben sich angeschlagene Räume gebildet. Wie beurteilen Sie die Überlebenschancen der darin befindlichen Personen?

6.3.15 Sie wollen eine Person aus einem Schwalbennest über die Drehleiter retten. Mit welcher Gefahr rechnen Sie beim Übersteigen auf die auskragende Deckenplatte?

6.4   Einsätze bei Tiefbauunfällen

6.4.1 Benennen Sie einige Ursachen für Tiefbauunfälle.

6.4.2 Welchen grundbauspezifischen Einwirkungen wird der Baugrund ausgesetzt und welche Widerstände wirken diesen entgegen?

6.4.3 Welcher Böschungswinkel ist i. d. R. bei Baugruben und Gräben mit einer Tiefe von mehr als 1,75 m ohne Nachweis der Standsicherheit einzuhalten?

6.4.4 Was haben Sie als Einsatzleiter bei eingestürzten Baugruben besonders zu beachten?

6.4.5 Bis zu welcher Tiefe dürfen Baugruben und Gräben bei stehenden Böden ohne Verbau erstellt werden?

6.4.6 Wie weit sind Aushub und Gerätschaften von Baugruben mindestens entfernt zu lagern, um unzulässige Belastungen und Einstürze zu vermeiden?

6.4.7 Welche Verbauarten können Sie an Tiefbaustellen vorfinden?

6.4.8 Beschreiben Sie mögliche Sicherungsmaßnahmen an Tiefbaustellen.

6.5   Einsätze von Überdruckbelüftern

6.5.1   Was soll durch eine Belüftung erreicht werden?

6.5.2   Welche Belüftungsverfahren kennen Sie?

6.5.3   Was sind mechanische Belüftungsmethoden?

6.5.4   Welche Arten von Überdruckbelüftung kennen Sie?

6.5.5   Wie können Überdruckbelüfter eingesetzt werden?

6.5.6   Welche Einsatzgrundsätze sind beim Einsatz von Überdruckbelüftern zu beachten?

6.5.7   Welche Gefahren können sich durch eine Überdruckbelüftung ergeben?

7 Fahrzeug- und Pumpenkunde, Strahlrohre

7.1 Fahrzeugkunde, Begriffe und Definitionen

7.1.1   In welcher DIN EN wird ein einheitliches Bezeichnungssystem für Feuerwehrfahrzeuge festgelegt?

7.1.2   Was legt die DIN EN 1846-1 für die Feuerwehrfahrzeuge fest?

7.1.3   Was macht ein Feuerwehrfahrzeug aus?

7.1.4   Was versteht man unter einem Abrollbehälter?

7.1.5   Benennen Sie die Masseklassen, in die Feuerwehrfahrzeuge mit mehr als drei Tonnen Gesamtgewicht einzuordnen sind.

7.1.6   Beschreiben Sie die Unterschiede zwischen:
    a) straßenfähigen,
    b) geländefähigen,
    c) geländegängigen Feuerwehrfahrzeugen.

7.1.7   Welche Fahrzeugtypen gehören zu den genormten Löschfahrzeugen?

7.1.8   Was ist ein Löschfahrzeug?

7.1.9   Nennen Sie die Ihnen bekannten Löschfahrzeuge.

7.1.10   Was ist ein Sonderlöschfahrzeug?

7.1.11   Erklären Sie den Begriff Hubrettungsfahrzeug.

7.1.12   Welche Fahrzeuge gehören zu der Gruppe der Hubrettungsfahrzeuge?

7.1.13   Was macht eine Drehleiter aus?

7.1.14   Welche Drehleitertypen sind derzeit genormt?

7.1.15   Aus welchen Konstruktionsbauteilen besteht eine Hubarbeitsbühne?

7.1.16   Für welche Einsatzfälle sind Rüst- und Gerätewagen konzipiert?

7.1.17   Nennen Sie die Norm für den Rüstwagen (RW).

7.1.18   Erläutern Sie den Begriff Krankenkraftwagen.

7.1.19   Nennen Sie die Ihnen bekannten Krankenkraftwagen.

7.1.20   Für welche Einsätze ist ein Gerätewagen Gefahrgut (GW-G) geeignet?

7.1.21   Welcher genormte Gerätewagen Gefahrgut ist Ihnen bekannt?

7.1.22   Wozu dienen Einsatzleitfahrzeuge?

7.1.23   Benennen Sie die Ihnen bekannten, genormten Einsatzleitwagen.

7.1.24   Erklären Sie den Begriff Leermasse in Bezug auf Feuerwehrfahrzeuge.

7.1.25   Wie muss die feuerwehrtechnische Beladung verlastet sein?

7.1.26   Welche Regelungen gelten für die Überhangwinkel von Feuerwehrfahrzeugen?

7.1.27   Erklären Sie nachfolgende Begriffe:
  a) Fahrzeuglänge,
  b) Fahrzeugbreite,
  c) Fahrzeughöhe,
  d) Radstand,
  e) Spurweite.

7.1.28   Was ist ein Rampenwinkel und wie wird er gemessen?

7.1.29   Erläutern Sie den Begriff Überhangwinkel in Bezug auf die zulässigen Steigungen von Feuerwehrzufahrten.

7.1.30   Was verstehen Sie unter dem Begriff Massenreserve eines Feuerwehrfahrzeuges?

7.1.31   Beschreiben Sie Aufbau und Einsatzwert eines Rüstwagens (RW) nach DIN 14555-3.

7.1.32   Welche Mindestangaben zur Bezeichnung von Feuerwehrfahrzeugen sind nach DIN EN 1846-1 erforderlich?

7.1.33   Woraus bestehen Hubeinrichtungen von Hubarbeitsbühnen nach DIN EN 1777?

7.1.34   Was sind Nachschubfahrzeuge?

7.1.35   Erklären Sie den Unterschied zwischen Leermasse und Gesamtmasse in Bezug auf Feuerwehrfahrzeuge.

7.1.36   Welche Antriebsarten für Feuerwehrfahrzeuge sind Ihnen bekannt?

7.1.37   Erklären Sie den Begriff »technischer Einsatzwert eines Feuerwehrfahrzeuges«.

7.1.38   Erklären Sie den Begriff »taktischer Einsatzwert eines Feuerwehrfahrzeuges«.

7.1.39   Was ist ein Gerätewagen Logistik?

7.2   Hubrettungsfahrzeuge

7.2.1   Zu welchem Zweck werden Hubrettungsfahrzeuge bei den Feuerwehren verwendet?

7.2.2   Nennen Sie die drei häufigsten Fahrzeuggruppen, die zu den Hubrettungsfahrzeugen gehören.

7.2.3   Aus welchen Bauteilen besteht ein Hubrettungsfahrzeug?

7.2.4   Erläutern Sie folgende Begriffe:
- Hubrettungssatz,
- Leitersatz,
- Hubeinrichtung,
- Rettungskorb.

7.2.5   Erläutern Sie folgende Begriffe:
- Aufrichtwinkel,
- Querneigungswinkel,
- Längsneigungswinkel.

7.2.6   Erklären Sie den Unterschied zwischen Rettungshöhe und Nennrettungshöhe in Bezug auf ein Hubrettungsfahrzeug der Feuerwehr.

7.2.7   Erklären Sie den Unterschied zwischen der horizontalen Ausladung und der Nennausladung.

7.2.8   Erklären Sie nachfolgende Begriffe:
- **a)** Nennlast,
- **b)** Prüflast,
- **c)** Nutzlast,
- **d)** Zusatzlast

in Bezug auf Hubrettungsfahrzeuge der Feuerwehr.

7.2.9   Wie sind Benutzungsfeld und Benutzungsgrenze sowie Freistandsfeld und Freistandsgrenze in Bezug auf Hubrettungsfahrzeuge der Feuerwehr definiert?

7.2.10   Was versteht man unter dem Begriff »Auflagefeld«?

7.2.11   Wie wird die Stützbreite gemessen?

7.2.12   Wie wird die Rüstzeit gemessen?

7.2.13   Erklären Sie den Unterschied zwischen statischer und dynamischer Prüfung in Bezug auf die Überprüfung der Standsicherheit von Hubrettungsfahrzeugen.

7.2.14   Ist die statische Überlastprüfung eine Standsicherheitsprüfung?

7.2.15   Welche Fahrzeuge verbergen sich hinter nachfolgenden Kurzbezeichnungen?
          a) DL
          b) DLK
          c) GM
          d) TM

7.2.16   Aus welchem Grund wird bei Hubrettungsfahrzeugen eine Getriebesperre eingebaut?

7.2.17   Nennen Sie einige Anforderungen, die an die Abstützung von Hubrettungsfahrzeugen gestellt werden.

7.2.18   Welche Einrichtungen für den Betrieb des Hubrettungssatzes sind Ihnen bekannt?

7.2.19   Hubrettungssätze können im Notbetrieb gefahren werden. Wie funktioniert das?

7.2.20   Welche Abhängigkeiten bestehen zwischen dem Hauptsteuerstand und dem Steuerstand im Korb einer Drehleiter?

7.2.21   Welche Anforderungen sind an die Steuerstände von Hubrettungsfahrzeugen zu stellen?

7.2.22   Erklären Sie die Funktion des Totmannschalters.

7.2.23   Welche maximal zulässigen Werte gelten für eine DLA oder DLAK der Leiterklasse 30:
          ▪ zulässige Gesamtmasse,
          ▪ Fahrzeuglänge,
          ▪ Fahrzeugbreite,
          ▪ Fahrzeughöhe?

7.2.24   Nennen Sie die genormten halbautomatischen Drehleitern (DLS) mit maschinellem Antrieb nach DIN EN 14044.

7.2.25   Was ist der Unterschied zwischen einer DL 18-12 und einer DLK 18-12?

7.2.26   Nennen Sie einige Anforderungen, die an Drehleitern gestellt werden.

7.2.27   Wie hoch ist die Brückenbelastbarkeit einer Drehleiter im aufgelegten Zustand?

7.2.28   Nennen Sie einige Anforderungen, die an Rettungskörbe zu stellen sind.

7.2.29   Welche Mindestangaben müssen auf einem Rettungskorb dauerhaft und deutlich an leicht sichtbarer Stelle angebracht sein?

7.2.30   Welche Zusatzeinrichtungen sind an Rettungskörben für zwei Personen zulässig?

7.2.31   Bis zu welcher Windgeschwindigkeit ist der Einsatz einer Drehleiter möglich?

7.2.32   Ist ein Positionswechsel der Drehleiter mit angehobenem Leitersatz zulässig?

7.2.33   Nennen Sie die genormten automatischen Drehleitern (DLA) mit maschinellem Antrieb nach DIN EN 14043.

7.2.34   Erklären Sie den Unterschied zwischen einer automatischen und einer halbautomatischen Drehleiter.

7.2.35   Drehleitern werden mit einem Notbetriebssystem und einem Notstromsystem ausgerüstet. Wie funktionieren diese Sicherheitseinrichtungen?

7.2.36   Nennen Sie die Ihnen bekannten Rüstzeiten für Drehleitern.

7.3   Feuerwehrpumpen

7.3.1   Wie wird eine Feuerlöschkreiselpumpe definiert?

7.3.2   Welche Arten von Feuerlöschkreiselpumpen sind zu unterscheiden?

7.3.3   Welche Feuerwehrpumpen zur Förderung von Wasser sind Ihnen bekannt?

7.3.4   Nennen Sie einige Pumpen zur Förderung sonstiger Flüssigkeiten.

7.3.5   Erklären Sie die Begriffe geodätische Saughöhe und geodätische Nennsaughöhe.

7.3.6   Erklären Sie den Begriff Schließdruck.

7.3.7   Was verstehen Sie unter dem Begriff Förderdruck?

7.3.8   Erklären Sie die Begriffe Nennförderdruck und Nennförderstrom.

7.3.9   Erklären Sie die Begriffe Nennförderleistung und Nenndrehzahl.

7.3.10   Was versteht man unter dem Begriff Entlüftungszeit?

7.3.11   Nennen Sie fünf allgemeine Anforderungen, die an Feuerlöschkreiselpumpen gestellt werden.

7.3.12   Was wird allgemein unter dem Begriff Garantiepunkt in Bezug auf Feuerlöschkreiselpumpen verstanden?

7.3.13   Welche Bezeichnung muss eine Feuerlöschkreiselpumpe nach DIN EN 1028-1 aufweisen? Geben Sie hierzu ein Beispiel an.

7.3.14   Welche genormten Feuerlösch- und Lenzkreiselpumpen nach DIN EN 1028-1 sind Ihnen bekannt?

7.3.15   Von welchen Faktoren ist die Leistung einer Feuerlöschpumpe abhängig?

7.3.16   Erklären Sie den Begriff Leitrad in Bezug auf Feuerlöschkreiselpumpen.

7.3.17   Laufräder werden bauartbedingt unterschieden. Welche Bauarten sind Ihnen bekannt?

7.3.18   Welche Entlüftungseinrichtungen für Feuerlöschkreiselpumpen kennen Sie?

7.3.19   Erklären Sie den Begriff Kavitation in Bezug auf Feuerlöschkreiselpumpen.

7.3.20   Welche physikalischen Bedingungen werden bei Leistungsangaben für Feuerlöschkreiselpumpen zugrundegelegt?

7.3.21   In Bezug auf Druckangaben für Feuerlöschkreiselpumpen finden Sie nachfolgende Kurzbezeichnungen: p_e, p_a und p_{a0}. Wofür stehen diese?

7.3.22   In welcher Maßeinheit werden Förderströme für Feuerlöschkreiselpumpen üblicherweise angegeben?

7.3.23   In welcher Maßeinheit wird die Förderleistung für Feuerlöschkreiselpumpen angegeben?

7.3.24   Nach welcher Formel kann die Förderleistung einer Feuerlöschkreiselpumpe überschlägig berechnet werden?

7.3.25   Erklären Sie den Begriff Pumpendrehsinn in Bezug auf Feuerlöschkreiselpumpen.

7.3.26   Erklären Sie die nachstehend aufgeführten Begriffe:
      a) Feuerlöschkreiselpumpe (FP),
      b) Normaldruckpumpe (FPN),
      c) Hochdruckpumpe (FPH),
      d) Tragkraftspritze (PFPN).

7.3.27   Definieren Sie den Begriff »Nennförderstrom« (QN).

7.3.28   Definieren Sie die Begriffe »Wirkungsgrad« und »Nennwirkungsgrad« in Bezug auf Feuerlöschkreiselpumpen.

7.3.29   Definieren Sie die drei Garantiepunkte von Feuerlöschkreiselpumpen mit Entlüftungseinrichtung.

7.3.30   Welche Entlüftungseinrichtungen für Feuerlöschkreiselpumpen sind Ihnen bekannt?

7.3.31   Welche Druckmessgeräte sollen für Normaldruckpumpen verwendet werden?

7.4   Strahlrohre

7.4.1   Definieren Sie den Begriff »Strahlrohr«.

7.4.2   Nennen Sie die Ihnen bekannten Mehrzweckstrahlrohre mit den zugehörigen Wasserdurchflussmengen.

7.4.3   Erklären Sie die Funktionsweise des Drallkörpers in einem CM-Strahlrohr.

7.4.4   Erklären Sie die Funktionsweise von Hohlstrahlrohren.

7.4.5   Welchen Vorteil bieten Hohlstrahlrohre gegenüber herkömmlichen Strahlrohren in Bezug auf die Löschwirkung?

7.4.6   Welche Aufgabe hat der Zahnkranz der Hohlstrahlrohre?

7.4.7   Welche Vorteile bietet ein rotierender Zahnkranz gegenüber einem festen Zahnkranz bei Hohlstrahlrohren?

7.4.8   Nennen Sie die unterschiedlichen Bauformen von Hohlstrahlrohren in Bezug auf den Wasserstrahl und den Wasserdurchfluss.

7.4.9   Wann soll bei Hohlstrahlrohren Sprühstrahl und wann Vollstrahl verwendet werden?

7.4.10   Was ist bei der Vornahme von Hohlstrahlrohren im Innenangriff zu beachten, um Verletzungsgefahren für den Angriffstrupp zu vermeiden?

8 Feuerwehr-Dienstvorschriften

8.1 Nennen Sie die zurzeit eingeführten Dienstvorschriften, welche für die Feuerwehr Bedeutung besitzen.

8.2 Was soll durch die bundeseinheitliche Einführung der Feuerwehr-Dienstvorschriften erreicht werden?

8.3 Wer ist für die Einführung der Feuerwehr-Dienstvorschriften in den Bundesländern verantwortlich?

8.4 Was ist bei der Fahrzeugaufstellung gemäß der Feuerwehr-Dienstvorschriften zu beachten?

8.5 Was ist entsprechend der Feuerwehr-Dienstvorschrift unter dem Begriff Retten zu verstehen?

8.6 Welchen Löscheinsatz kennt die FwDV 3?

8.7 Wann wird ein Einsatz mit Bereitstellung durchgeführt?

8.8 Welche Aufgaben hat ein Einheitsführer (Gruppe, Staffel oder selbstständiger Trupp) gemäß FwDV 3 zu beachten?

8.9 Welche Punkte hat ein Einheitsführer bei einem Löscheinsatz mit Bereitstellung in seinem Befehl anzusprechen?

8.10 Was ist bei einem Befehl zu einem Löscheinsatz ohne Bereitstellung anzusprechen?

8.11 Was hat zu geschehen, wenn von einer Einsatzkraft eine besondere Gefahr festgestellt wird?

8.12 Wie setzt sich der Zugtrupp nach FwDV 3 zusammen?

8.13 Welche Aufgabe kommt dem Führungsassistenten gemäß FwDV 3 zu?

8.14 Was wird durch die FwDV 8 geregelt?

8.15 Nennen Sie einige Anforderungen, die an Feuerwehrtaucher gestellt werden.

8.16 Erklären Sie den Unterschied zwischen einer Signalleine und einer Telefonleine.

8.17 Welche Aufgabe hat der Tauchereinsatzführer im Einsatz?

8.18 Was ist bei Wintertaucheinsätzen zu beachten?

8.19   Welche Rettungshöhen besitzen die nachfolgenden Leitern gemäß FwDV 10?
a) Klappleiter,
b) vierteilige Steckleiter,
c) dreiteilige Schiebleiter,
d) Hakenleiter,
e) zwei Multifunktionsleitern.

8.20   Auf welche beiden Arten lässt sich die Steckleiter vornehmen?

8.21   Worauf ist nach FwDV 10 beim Steigen einer Leiter zu achten?

8.22   Wie groß sollte der Anstellwinkel bei tragbaren Leitern sein?

8.23   Welche Einsatzgrundsätze sind bei der Klapp- und Hakenleiter zu beachten?

8.24   Was ist bei der Vornahme von Strahlrohren über tragbare Leitern zu beachten?

8.25   Was hat mit schadhaften Leitern zu erfolgen?

8.26   Welche Sicherheitsabstände sind beim Einsatz von tragbaren Leitern im Bereich spannungsführender Anlagen einzuhalten?

9 Führungslehre

9.1 Grundsätze

9.1.1   Erklären Sie den Begriff Führung.

9.1.2   Welche Faktoren bestimmen eine Führerpersönlichkeit?

9.1.3   Was ist ein Befehl?

9.1.4   Welche Arten von Befehlen kennt die FwDV 100?

9.1.5   Erklären Sie den Unterschied zwischen den einzelnen Befehlsarten nach der FwDV 100.

9.1.6   Wann darf ein Befehl nicht befolgt werden?

9.1.7   Wann muss ein Befehl nicht befolgt werden?

9.1.8   Durch welche Maßnahmen kann ein Befehl durchgesetzt werden?

9.1.9   Wodurch erhält der Befehlende seine Befugnis zum Befehlen?

9.1.10   Auf welchen Säulen basiert der Gehorsam?

9.1.11   Welche Führungsstile kennen Sie?

9.1.12   Erklären Sie kurz den Unterschied zwischen dem autoritären und dem kooperativen Führungsstil.

9.1.13   Erklären Sie den Laissez-faire-Führungsstil.

9.1.14   Welche Faktoren beeinflussen die Wahl des Führungsstils?

9.1.15   Welcher Führungsstil wird bei der Feuerwehr angewandt?

9.1.16   Welche Vor- und Nachteile besitzt der autoritäre Führungsstil? Nennen Sie einige Beispiele.

9.1.17   Welche Vor- und Nachteile besitzt der kooperative Führungsstil? Nennen Sie einige Beispiele.

9.1.18   Welche Vor- und Nachteile besitzt der Laissez-fair-Führungsstil? Nennen Sie einige Beispiele.

9.1.19   Wodurch kann ein Vorgesetzter seine Autorität festigen?

9.1.20   Welche Punkte sollte ein Vorgesetzter bei der Überwachung der Ausführung seiner Befehle und
Aufträge beachten?

9.2   Einsatztaktik

9.2.1   Was versteht man unter dem Begriff Taktik?

9.2.2   Auf welche Grundsätze sollte sich die Einsatztaktik stützen?

9.2.3   Welche Grundsätze zur Sicherheit des Einsatzpersonals sind zu beachten?

9.2.4   Was ist unter dem Begriff Strategie im Sinne des Brand- und Katastrophenschutzes zu
verstehen?

9.2.5   Erklären Sie den Unterschied zwischen der Auftragstaktik und der Befehlstaktik.

9.2.6   Wie kann ein Zug gemäß FwDV 3 eingesetzt werden?

9.2.7   Welche Bestandteile sollte der Befehl eines Zugführers mindestens enthalten?

9.2.8   Wann sollen die Befehlselemente »Mittel«, »Ziel« und »Weg« vom Zugführer verwendet
werden?

9.2.9   Um welche Befehlselemente kann der Befehl des Zugführers gemäß FwDV 3 ergänzt werden?

9.2.10   Wann sollte der Zugführer die Informationen über die »Lage« und zur »Durchführung« an seine
nachgeordneten Einheitsführer geben?

9.2.11   Welche Mannschaftsstärke sollte ein Zug in der Regel umfassen?

9.3   Führung im Einsatz

9.3.1   Aus welchen Teilen setzt sich das Führungssystem gemäß der FwDV 100 zusammen?

9.3.2   Welche Führungsgrundsätze sollten bei der Wahrnehmung von Führungsaufgaben beachtet
werden?

9.3.3   Was versteht man unter der Führungsorganisation?

9.3.4   Wie setzt sich eine Einsatzleitung entsprechend der FwDV 100 zusammen?

9.3.5   Welche Befugnisse können einer/einem Einsatzleiterin/Einsatzleiter auf Grund gesetzlicher Bestimmungen gegenüber Dritten übertragen worden sein?

9.3.6   Woraus sollte eine Führungseinheit mindestens bestehen?

9.3.7   Welche Führungseinheiten kennen Sie?

9.3.8   In welche Sachgebiete kann eine Einsatzleitung gegliedert werden und welche Aufgaben werden von den Sachgebieten wahrgenommen?

9.3.9   Das S 1 ist für den Bereich Personal/Innerer Dienst zuständig. Welche Aufgaben sind hier im Detail wahrzunehmen?

9.3.10   Welche wesentlichen Aufgaben gehören zum Tätigkeitsgebiet des S 2?

9.3.11   Nennen Sie einige Aufgabenfelder des S 3.

9.3.12   Welche Aufgabenbereiche hat das S 4 zu bearbeiten? Nennen Sie einige Beispiele.

9.3.13   Welche wesentlichen Aufgaben gehören zum Tätigkeitsgebiet des S 5?

9.3.14   Nennen Sie einige Aufgabenfelder des S 6.

9.3.15   Welche Vertreter anderer Behörden können in einem Stab der Einsatzleitung zugegen sein?

9.3.16   Welche Arten von Befehlsstellen kennt die FwDV 100?

9.3.17   Was versteht man unter einer Führungsebene?

9.3.18   Was versteht man unter dem Führungsvorgang?

9.3.19   In welche Teile untergliedert sich der Führungsvorgang?

9.3.20   Worauf kommt es bei der Erkundung an?

9.3.21   Welche Fragen gilt es bei der Beurteilung der Lage zu klären?

9.3.22   Wozu dient die Beurteilung?

9.3.23   Welche Teile muss ein Befehl immer enthalten?

9.3.24   Welche Aufgabe hat die Kontrolle?

9.3.25   Welche Aufgaben erfüllen Führungsmittel?

9.3.26   Welche Einteilung für Führungsmittel kennen Sie?

9.3.27   Nennen Sie einige Beispiele für Mittel zur Informationsgewinnung.

9.3.28   Was sind Verbindungsorgane?

9.4 Kfz-Marsch geschlossener Verbände

9.4.1   Was versteht man unter einem Kfz-Marsch?

9.4.2   Über welche wesentlichen Merkmale muss ein geschlossener Verband verfügen?

9.4.3   Was soll durch einen Kfz-Marsch eines geschlossenen Verbandes erreicht werden?

9.4.4   Aus wie vielen Fahrzeugen sollte eine Kfz-Kolonne maximal bestehen?

9.4.5   Wann ist eine Aufteilung des marschierenden Verbandes in Einzelgruppen sinnvoll?

9.4.6   Welche Aufgabe hat der Führer eines geschlossenen Verbandes zu erfüllen?

9.4.7   Welche Aufgabe kommt dem Marschführer beim Fahren im geschlossenen Verband zu?

9.4.8   An welcher Stelle sollte das schwerste Fahrzeug des geschlossenen Verbandes fahren?

9.4.9   Von welchen Kriterien hängt die festzulegende Marschgeschwindigkeit ab?

9.4.10   Welche Richtwerte sollten für die Marschgeschwindigkeit auf den unterschiedlichen Straßen angesetzt werden?

9.4.11   Welche Fahrzeugabstände sind innerhalb eines geschlossenen Verbandes einzuhalten?

9.4.12   Was ist bei der Erkundung der Marschstrecke zu berücksichtigen?

9.4.13   Welche Angaben sollten in einem Marschbefehl enthalten sein?

9.4.14   Was ist vom Marschführer beim Befahren von Steigungen und Gefällen zu beachten?

9.4.15   Wie sollten sich Fahrer verhalten, deren Fahrzeug während des Marsches ausfällt?

9.4.16   Bei wem sind die beabsichtigten Marschvorhaben anzumelden?

10 Gefahren der Einsatzstelle

10.1 Allgemeine Gefahren

10.1.1 Welche Gefahren werden durch das allgemeine Gefahrenschema AAAACEEEE beschrieben?

10.1.2 Werden durch das allgemeine Gefahrenschema alle Gefahren erfasst mit denen man an Einsatzstellen konfrontiert werden kann?

10.1.3 Durch welche Umstände können sich Gefahren im Verkehrsbereich ergeben?

10.1.4 Worauf sollten Sie achten, wenn Ihre Einsatzkräfte im Verkehrsbereich tätig werden?

10.1.5 Mit welchen Mitteln lassen sich Einsatzstellen im Verkehrsbereich absichern?

10.1.6 In welchem Abstand sind Einsatzstellen auf einer Bundesautobahn abzusichern?

10.1.7 In welchem Abstand ist die Absicherung der Einsatzstelle auf Bundes- und Landstraßen vorzunehmen?

10.1.8 Innerhalb einer geschlossenen Ortschaft ist eine Absicherung der Straße durchzuführen. In welchem Abstand soll dies erfolgen?

10.1.9 Was ist beim Rückwärtsfahren von Einsatzfahrzeugen zu beachten?

10.1.10 Welche besonderen Gefahren können sich für Einsatzkräfte bei Einsätzen auf dem Gelände der Deutschen Bahn AG ergeben?

10.1.11 Was veranlassen Sie als Einsatzleiter bei Einsätzen auf dem Gelände der Deutschen Bahn AG?

10.1.12 Durch welche Maßnahmen können Unfälle an Einsatzstellen weitestgehend ausgeschlossen werden?

10.1.13 Welche umwelt- und witterungsbedingten Gefahren können sich an einer Einsatzstelle ergeben?

10.2 Ausbreitung des Schadenereignisses

10.2.1 Was versteht man in der Gefahrenlehre unter dem Begriff Ausbreitung des Schadenereignisses?

10.2.2   Welche baulichen Mängel können zu einer Brandausbreitung beitragen? Nennen Sie einige Beispiele hierzu.

10.2.3   Nennen Sie einige Beispiele für betriebliche Mängel, die zu einer Brandausbreitung beitragen können.

10.2.4   Was ist eine Feuerbrücke?

10.2.5   Erklären Sie den Unterschied zwischen einem Flugfeuer und Funkenflug.

10.2.6   Welche Wärmeübertragungsarten sind Ihnen bekannt?

10.2.7   Erläutern Sie den Begriff Wärmestau an einem praktischen Beispiel.

10.2.8   Wie können löschtechnische Fehler zu einer Brandausbreitung beitragen?

10.2.9   In welchen Betrieben kann mit einer Staubexplosion gerechnet werden?

10.2.10   Was haben vorgehende Einsatzkräfte zu beachten, damit Staubexplosionen nach Möglichkeit verhindert werden?

10.2.11   Was haben Sie als Einsatzleiter zu veranlassen, wenn Sie vermuten, dass durch Giftstoffe verunreinigtes Löschwasser anfällt?

10.2.12   An welcher Stelle der Brandstelle ist die Wärmestrahlung größer, an der dem Wind zugewandten oder der dem Wind abgewandten Seite?

10.3   Atomare Gefahren

10.3.1   Nennen Sie einige Bereiche, in denen es zur Anwendung von radioaktiven Stoffen kommen kann.

10.3.2   Zwischen welchen Strahlungsarten wird unterschieden?

10.3.3   Welche Reichweiten besitzen die verschiedenen Strahlungsarten?

10.3.4   Mit Hilfe welcher Materialien lassen sich die unterschiedlichen Strahlenarten abschirmen?

10.3.5   Nennen Sie mögliche Auswirkungen der radioaktiven Strahlung auf den menschlichen Körper.

10.3.6   Von welchen Faktoren hängt der Grad der Schädigung bei einer Gamma-Bestrahlung ab?

10.3.7   Entsprechend der FwDV 500 werden Räume und Bereiche, in denen radioaktive Stoffe gelagert oder verwendet werden, in Gefahrengruppen unterteilt. Welche Gefahrgruppen sind dies und wie werden sie voneinander unterschieden?

10.3.8   Welche Anforderungen werden an die Schutzkleidung der Einsatzkräfte für einen Einsatz mit radioaktiven Stoffen gestellt?

10.3.9   Wie ist bei Unfällen im Zusammenhang mit Transporten radioaktiver Stoffe vorzugehen?

10.3.10   Wie erfolgt die Kennzeichnung von Versandstücken für radioaktive Stoffe nach der ADR?

10.3.11   Welche besonderen Gefahren können sich an Einsatzstellen mit radioaktiven Substanzen für die Einsatzkräfte der Feuerwehr ergeben?

10.3.12   Erklären Sie den Begriff Kontamination.

10.3.13   Erklären Sie den Begriff Inkorporation.

10.3.14   Wie kann es zu einer Inkorporation kommen?

10.3.15   Mit welchen Maßnahmen kann man sich vor einer Inkorporation schützen?

10.3.16   Durch welche Schutzmaßnahmen lässt sich eine Reduzierung der äußeren Bestrahlung erreichen?

10.3.17   Beim Transport von radioaktivem Material auf der Straße ist es zu einem Unfall gekommen. Der Fahrer des Fahrzeuges ist schwer verletzt. Kann in einem solchen Fall zur Menschenrettung auch ohne Sonderausrüstung vorgegangen werden?

10.4   Atemgifte

10.4.1   Was sind Atemgifte?

10.4.2   Bei welchen Einsätzen muss man mit dem Vorhandensein von Atemgiften rechnen?

10.4.3   In welche Gruppen werden die Atemgifte im Hinblick auf ihre physiologische Wirkung eingeteilt?

10.4.4   Welche Eigenschaften weisen die Atemgifte der Gruppe 1 auf?

10.4.5   Was kennzeichnet die Atemgifte der Gruppe 2?

10.4.6   Methan gehört zur Gruppe 1 der Atemgifte. In welchen Bereichen muss mit der Anwesenheit von Methan gerechnet werden?

10.4.7   Nennen Sie einige Vertreter der Atemgiftgruppe 1.

10.4.8   Wo muss mit dem Vorhandensein von Chlor gerechnet werden?

10.4.9   Was sind nitrose Gase und wo muss mit ihrem Auftreten gerechnet werden?

10.4.10   Welches Atemgift der Gruppe 2 kann in Fäkaliengruben oder der Kanalisation neben Methan noch entstehen?

10.4.11   Nennen Sie weitere Vertreter der Atemgifte der Gruppe 2.

10.4.12   Erläutern Sie kurz den Unterschied zwischen Kohlenstoffmonoxid und Kohlenstoffdioxid.

10.4.13   Was ist Stadtgas?

10.4.14   Wie können Sie ermitteln, ob Atemgifte leichter oder schwerer sind als Luft?

10.4.15   Welche Kriterien ziehen Sie zur Beurteilung von Atemgiften heran?

10.4.16   Nennen Sie einige Atemgifte der Gruppe 3.

10.4.17   Bei der Zersetzung welcher Kunststoffe ist mit der Bildung von Blausäure zu rechnen?

10.5   Angstreaktion

10.5.1   Was versteht man unter Angst?

10.5.2   Welche Gefahren können sich durch Angstreaktionen ergeben?

10.5.3   Nennen Sie Beispiele für Angstreaktionen.

10.5.4   Was ist bei Personen, welche Angstzustände zeigen, zu beachten?

10.5.5   Kann Angst auch bei Tieren auftreten?

10.5.6   Was versteht man unter Panik?

10.6 Chemische Stoffe

10.6.1   Was ist unter dem Begriff chemische Stoffe zu verstehen?

10.6.2   Welche Eigenschaften können chemische Stoffe aufweisen?

10.6.3   Was sind ätzende Stoffe?

10.6.4   Was sind reizende Stoffe?

10.6.5   Welche Möglichkeiten der Giftaufnahme in den menschlichen Körper kennen Sie?

10.6.6   Über welche Eigenschaften können umweltgefährdende Chemikalien verfügen?

10.6.7   Was sind stickstoffhaltige Düngemittel und welche Gefahr kann von ihnen ausgehen?

10.6.8   Welche Gefahren können sich durch das unkontrollierte Freiwerden von Mineralölprodukten ergeben?

10.6.9   In welchen Betrieben müssen Sie mit dem Vorhandensein von Laugen und Säuren rechnen?

10.6.10   Erklären Sie den Begriff Neutralisation.

10.6.11   Was ist der pH-Wert?

10.6.12   Was sind Indikatorpapiere und wozu dienen sie?

10.6.13   Was sind polychlorierte Biphenyle und wo werden sie eingesetzt?

10.6.14   Welche Pyrolyseprodukte können bei der thermischen Zersetzung von polychlorierten Biphenylen auftreten?

10.6.15   Nach einem Brandeinsatz ergaben die Analysenwerte eine erhöhte Kontamination der Einsatzkleidung und -geräte mit Dioxin. Wie ist in einem solchen Fall zu verfahren?

10.6.16   Wie sind Einsatzkräfte zu behandeln, bei denen der Verdacht einer Kontamination oder einer Inkorporation mit Dioxinen vorliegt?

10.7   Explosionen

10.7.1   Was ist eine elektrostatische Aufladung und wie lässt sie sich verhindern?

10.7.2   Erklären Sie den Begriff Temperaturklasse.

10.7.3   Erklären Sie den Zusammenhang zwischen der Temperaturklasse eines elektrischen Betriebs-mittels und der Zündtemperatur eines brennbaren Stoffes.

10.7.4   In welche beiden Gruppen können die ex-geschützten elektrischen Betriebsmittel eingeteilt werden?

10.7.5   Was ist eine Implosion?

10.7.6   Wozu dienen Explosimeter?

10.7.7   Welche Sicherheitsmaßnahmen sind bei Einsätzen in explosionsgefährdeten Bereichen zu beachten?

10.7.8   Gase werden häufig in Stahldruckflaschen transportiert. In welchen Aggregatzuständen können die Gase in diesen Behältnissen vorliegen?

10.7.9   Nennen Sie einige Beispiele für Gase, die unter Druck verdichtet, unter Druck verflüssigt oder unter Druck gelöst transportiert werden.

10.7.10   Was besagt das Gesetz von Boyle-Mariotte und wo findet es seine Anwendung?

10.7.11   Erklären Sie das Gesetz von Gay-Lussac.

10.7.12   Erklären Sie das Gesetz von Amontons.

10.7.13   Durch welche äußeren Einflüsse kann es bei Acetylen zu einer Zersetzung kommen und welche besondere Gefahr besteht hierbei?

10.7.14   Welche Gefahr kann sich für einen vorgehenden Trupp durch die Erwärmung von Spraydosen ergeben?

10.7.15   Ein Behältnis wurde vollständig mit einer Flüssigkeit gefüllt und fest verschlossen. Was kann bei einer Erwärmung des Behältnisses und damit der Flüssigkeit geschehen?

10.7.16   Was versteht man unter einer Raumdurchzündung?

10.7.17   Was sind Anzeichen für eine Raumdurchzündung?

10.7.18   Erläutern Sie den Begriff Rauchexplosion.

10.7.19   Was sind Anzeichen für eine Rauchexplosion?

10.8   Elektrizität

10.8.1   Wie lautet das Ohm'sche Gesetz?

10.8.2   Ab welcher Stromstärke können Unfälle an elektrischen Anlagen für Menschen tödlich sein?

10.8.3   Zu welchen Verletzungen kann ein elektrischer Schlag von 230 V führen?

10.8.4   Ab welcher Spannung spricht man von einer Hochspannungsanlage?

10.8.5   Was ist ein Spannungstrichter?

10.8.6   Unter welchen Bedingungen rechnen Sie mit einem besonders großen und wann mit einem kleinen Spannungstrichter?

10.8.7   Eine Menschenrettung macht es erforderlich, dass Sie sich einem Spannungstrichter nähern müssen. Was haben Sie hierbei zu beachten?

10.8.8   Das Ende einer gerissenen Hochspannungsleitung liegt auf dem Boden. Bis zu welchem Abstand können Sie sich der Auftreffstelle etwa zu einer Menschenrettung nähern?

10.8.9   Welche Mindestabstände haben Sie bei der Vornahme von Einsatzgeräten im Bereich von Hochspannungsanlagen mit einer Spannung von 380 kV, 220 kV, 110 kV und 1 kV einzuhalten?

10.8.10   Sie führen eine Brandbekämpfung in einer elektrischen Anlage durch, deren Spannung Ihnen unbekannt ist. Welche Mindestabstände sind bei der Vornahme eines C-Rohres einzuhalten?

10.8.11   Eine spannungsführende Leitung (Fahrdraht) der Deutschen Bahn AG ist zwar abgeschaltet, aber nicht geerdet. Welcher Sicherheitsabstand ist einzuhalten?

10.8.12   Welche Sicherheitsregeln sind bei Einsätzen in spannungsführenden Anlagen zu beachten?

10.9   Einsturz

10.9.1   Bei welchen Mauerwerksbauteilen rechnen Sie im Brandfall insbesondere mit Einsturzgefahren?

10.9.2   Welche Spannungsarten können vom Mauerwerk gut, und welche schlecht aufgenommen werden?

10.9.3   Sie stellen als Einsatzleiter bei der Erkundung fest, dass etwa 50 % einer tragenden Holzkonstruktion abgebrannt sind. Außerdem nehmen Sie knarrende Geräusche wahr. Womit rechnen Sie?

10.9.4   Welche Bauteile einer Dachkonstruktion sind zu schützen (kühlen), um Einsturzgefahren im Brandfall zu verhindern?

10.9.5   In welchen Fällen können Baukonstruktionen aus dem Baustoff Stahl schlagartig einstürzen?

10.9.6   Infolge Brandeinwirkung ist ein Gebäudeteil großflächig eingestürzt. Was haben Sie als Einsatzleiter generell zu veranlassen?

10.9.7   Nennen Sie einige Einsturzursachen von Hochbauten.

10.9.8   Nennen Sie einige Einsturzursachen von Tiefbaustellen.

10.9.9   Mit welchen spezifischen Gewichten haben Sie in etwa zu rechnen bei Bauteilen aus
- Nadelholz,
- Mauerwerk aus künstlichen Steinen,
- Stahl,
- Stahlbeton?

10.9.10   Welche Last kann eine 2,50 m lange Rundholzstütze mit einem Durchmesser von 10 cm aus Nadelholz der Sortierklasse S10 und der Festigkeitsklasse C24 aufnehmen?

10.9.11   Sie haben den Auftrag, Sicherungsmaßnahmen an einem Gebäude vorzunehmen, das einsturzgefährdet ist. Welche Stützen stehen zur Verfügung?

10.9.12   Welche Schadenklassen für Bauteile kann man unterscheiden?

10.9.13   Welche Rissbreiten treten in Stahlbetondecken, Stahlbetonwänden und Mauerwerkswänden auf bei
- leicht beschädigten Bauwerken,
- erheblich beschädigten Bauwerken,
- schwerwiegend beschädigten Bauwerken?

10.10 Erkrankung/Verletzung

10.10.1   Was ist unter einer Erkrankung/Verletzung im Sinne des Gefahrenschemas zu verstehen?

10.10.2   Auch Feuerwehrangehörige können im Einsatzgeschehen verletzt werden. Nennen Sie Körperpartien, die besonders gefährdet sind.

10.10.3   Wodurch kann man Verletzungen vorbeugen?

10.10.4   Zu welchen Verletzungen kann es oftmals bei Feuerwehrangehörigen im Einsatz kommen?

11 Gefährliche Stoffe und Güter

11.1 Chemische Grundlagen

11.1.1 Wie werden die nachfolgenden Aggregatzustandsänderungen bezeichnet?
- **a)** fest → flüssig,
- **b)** flüssig → gasförmig,
- **c)** fest → gasförmig,
- **d)** gasförmig → fest,
- **e)** gasförmig → flüssig,
- **f)** flüssig → fest.

11.1.2 Worin besteht der Unterschied zwischen einem reinen Stoff und einem Stoffgemenge?

11.1.3 Was sind Elemente und wie viele natürlich vorkommende Elemente gibt es auf der Erde?

11.1.4 Nach welchem Schema sind die Elemente im Periodensystem der Elemente (PSE) angeordnet?

11.1.5 Erklären Sie den Atomaufbau anhand des Modells von Niels Bohr.

11.1.6 Aus welchen Elementarteilchen ist der Atomkern aufgebaut?

11.1.7 Welche Bedeutung kommt den Protonen und Neutronen beim Atomaufbau zu?

11.1.8 Welche Aufgabe kommt den Neutronen im Atomkern zu?

11.1.9 Wie sind die Elektronen am Atomaufbau beteiligt?

11.1.10 Was sind Valenzelektronen?

11.1.11 Wie lassen sich die Elemente im periodischen System unterteilen?

11.1.12 Welche Gemeinsamkeiten haben die Elemente einer Gruppe?

11.1.13 Über welche Gemeinsamkeit verfügen die Elemente einer Periode?

11.1.14 Nennen Sie die Namen für die acht Hauptgruppen des Periodensystems der Elemente.

11.1.15 Was sind Isotope?

11.1.16 Erklären Sie die Begriffe absolute und relative Atommasse.

11.1.17   Erklären Sie den Begriff der atomaren Masseneinheit.

11.1.18   Was versteht man unter der Molekülmasse?

11.1.19   Was besagt das Gesetz von der Erhaltung der Masse?

11.1.20   Was besagt das Gesetz von den konstanten Proportionen?

11.1.21   Was besagt das Gesetz von den multiplen Proportionen?

11.1.22   Was wird durch eine chemische Gleichung beschrieben?

11.1.23   Was ist ein Mol?

11.1.24   Was sind Ionen?

11.1.25   Erklären Sie den Begriff Kationen.

11.1.26   Was sind Anionen?

11.1.27   Welche Arten von chemischen Bindungen kennen Sie?

11.1.28   Erklären Sie das Prinzip der Ionenbindung.

11.1.29   Erklären Sie das Prinzip der Atombindung.

11.1.30   Erklären Sie das Prinzip der Metallbindung.

11.1.31   Über welche Eigenschaften verfügen Stoffe mit einer Ionenbindung?

11.1.32   Über welche Eigenschaften verfügen Stoffe mit einer Atombindung?

11.1.33   Über welche Eigenschaften verfügen Stoffe mit einer Metallbindung?

11.2   Rechtliche Grundlagen

11.2.1   Welchen Zweck soll das Chemikaliengesetz erfüllen?

11.2.3   Was bedeutet die Abkürzung BetrSichV?

11.2.4   Was sind Munitionsbrandklassen?

11.2.5   Welche Gefahr kann von den unterschiedlichen Munitionsbrandklassen ausgehen?

11.2.6   Zusätzlich zu einer Kennzeichnung mit den Munitionsbrandklassenschildern können Zusatz-
schilder mit einer Kurzbezeichnung des Stoffes vorhanden sein. Was bedeuten in diesem
Zusammenhang die Abkürzungen:

     a) WP,
     b) NP,
     c) CN,
     d) HC,
     e) TH?

11.2.7   Bei den gefährlichen Stoffen und Gütern wird zwischen verschiedenen Sicherheitskennzeichnungen unterschieden. Welche sind Ihnen bekannt?

11.2.8   Auch Rohrleitungen können, entsprechend dem Durchflussstoff, farblich gekennzeichnet sein.
Für welche Durchflussstoffe steht hierbei die Farbe:

     a) grün,
     b) orange,
     c) violett?

11.2.9   Welche Vorschrift regelt den Gefahrguttransport auf der Straße?

11.2.10   Entsprechend ihrer Gefahreigenschaften werden die gefährlichen Stoffe nach der ADR in
verschiedene Klassen eingeteilt. Welche Klassen sind Ihnen bekannt?

11.2.11   Zur Kennzeichnung von Tankfahrzeugen beim Transport von Gefahrgut werden oftmals
orangefarbene Warntafeln mit Nummern verwendet. Wie lautet die Bezeichnung für die Ziffern
in der oberen beziehungsweise unteren Hälfte dieser Tafeln?

11.2.12   Welche Bedeutung kommt den einzelnen Ziffern der Gefahrnummer zu?

11.2.13   Worauf weist eine Verdopplung einer Ziffer innerhalb der Gefahrnummer hin?

11.2.14   Welche Bedeutung besitzt die Gefahrnummer 22?

11.2.15   Welche Bedeutung besitzt die Gefahrnummer 333?

11.2.16   Welche Bedeutung besitzt die Gefahrnummer 99?

11.2.17   Was sind Gefahrzettel?

11.2.18   Wie sind Eisenbahnkesselwagen zu kennzeichnen, wenn sie verflüssigte Gase enthalten?

11.2.19   Ein Binnenschiff ist mit einem blauen Kegel gekennzeichnet. Was bedeutet dies?

11.2.20   Welche Kennzeichnung muss ein Binnenschiff beim Transport von explosionsgefährlichen
Stoffen führen?

11.2.21   Wofür steht die Abkürzung TUIS?

11.2.22   Welche Hilfe kann TUIS leisten?

11.3   Messgeräte und Schutzkleidung

11.3.1   Was sind Kurzzeitröhrchen?

11.3.2   Welche Unterschiede bestehen zwischen Skalen- und Farbabgleichprüfröhrchen?

11.3.3   Warum ist in einigen Kurzzeitröhrchen eine Reagenzampulle enthalten?

11.3.4   Erklären Sie den Begriff Querempfindlichkeit.

11.3.5   Warum kann die Kombination von Prüfröhrchen und Pumpsystemen unterschiedlicher
Hersteller bei quantitativen Messungen zu Messfehlern führen?

11.3.6   Was ist eine Simultanmessung?

11.3.7   Was ist bei der Lagerung von Prüfröhrchen zu beachten?

11.3.8   Was ist bei der Entsorgung verwendeter Prüfröhrchen zu beachten?

11.3.9   Wozu dienen Explosimeter?

11.3.10   Kann mit Hilfe der Explosimeter eine genaue Schadstoffkonzentration ermittelt werden?

11.3.11   Von Zeit zu Zeit, beziehungsweise nach jedem Einsatz, bedürfen Explosimeter einer erneuten
Kalibrierung. Warum?

11.3.12   Erklären Sie kurz das Prinzip der Sauerstoffmessgeräte.

11.3.13   Vor welchen Gefahren soll der Träger eines Chemikalienschutzanzuges geschützt werden?

11.3.14   Welche Faktoren beeinflussen die Schutzwirkung der Chemikalienschutzanzüge?

11.3.15   Welcher Chemikalienschutzanzug wird bei den Feuerwehren am häufigsten verwendet?

11.3.16   Chemikalienschutzanzüge sind häufig aus mehreren Schichten aufgebaut. Welche Aufgabe haben die einzelnen Schichten?

11.3.17   Welches Material wird wahrscheinlich am häufigsten zur Herstellung der Außenbeschichtung der Chemikalienschutzanzüge verwendet?

11.4   Gefahrguteinsätze

11.4.1   Erklären Sie den Begriff Gaspendelverfahren.

11.4.2   Ist Torf ein geeignetes Mittel zur Aufnahme von ausgelaufener konzentrierter Salpetersäure?

11.4.3   Häufig sind Gefahrgut-Umfüllpumpen nicht selbstansaugend, welches Problem kann hierdurch im Einsatz entstehen?

11.4.4   Häufig werden Stoffe phlegmatisiert transportiert. Was ist hierunter zu verstehen?

11.4.5   Für wen gilt die Betriebssicherheitsverordnung?

11.4.6   Was versteht man im Sinne der Betriebssicherheitsverordnung unter einem explosionsgefährdeten Bereich?

11.4.7   Was versteht man im Sinne der Betriebssicherheitsverordnung unter einer explosionsfähigen Atmosphäre?

11.4.8   Entsprechend der Betriebssicherheitsverordnung werden zur Vermeidung von Explosionen die explosionsgefährdeten Bereiche in Zonen unterteilt. Welche Zonen kennen Sie und welche Bedingungen können in den verschiedenen Zonen herrschen?

11.4.9   Welche gasförmigen Stoffe können bei der Reaktion von Säuren mit Metallen entstehen?

11.4.10   Warum ist die Identifizierung des Stoffes bei Gefahrgutunfällen so wichtig?

11.4.11   Vor welche Probleme kann man gestellt werden, wenn es zu einem Unfall mit Stückgut gekommen ist?

11.4.12   Welche Möglichkeiten der Identifikation von Gefahrgut sind bei den unterschiedlichen Transportmitteln vorhanden?

11.4.13   Welche Möglichkeiten zur Identifizierung von Gefahrgut können in Gebäuden oder stationären Anlagen vorhanden sein?

11.4.14   Worauf ist bei der Aufstellung der Einsatzfahrzeuge an einer Einsatzstelle mit Gefahrgut zu achten?

11.4.15   Welchen Sicherheitsabstand sollten nicht unmittelbar beteiligte Einsatzkräfte zunächst von der Einsatzstelle einhalten?

11.4.16   Welche Maßnahmen sind in der Regel bei allen Einsätzen und Gefahrenlagen mit gefährlichen Gütern zu treffen?

11.4.17   Welche Bedeutung hat die GAMS-Regel?

11.4.18   Welche abschließenden Maßnahmen sind nach einem Gefahrguteinsatz durchzuführen?

11.4.19   Was hat mit den Personen zu erfolgen, die unmittelbaren Kontakt mit gefährlichen Stoffen hatten?

11.5   Einsätze in Gegenwart von biologischen Arbeitsstoffen

11.5.1   Welche Richtlinie macht eine Aussage über den Feuerwehreinsatz in Anlagen mit biologischen Arbeitsstoffen?

11.5.2   Über welchen Geltungsbereich verfügt die vfdb-Richtlinie 10/02?

11.5.3   Was sind biologische Arbeitsstoffe im Sinne der vfdb-Richtlinie 10/02?

11.5.4   Welchen Gesundheitsgefahren können Kräfte, die an Einsatzorten tätig werden an denen biologische Arbeitsstoffe vorhanden sind, ausgesetzt sein?

11.5.5   Wie können biologische Arbeitsstoffe inkorporiert werden?

11.5.6   Wie werden Bereiche, in denen mit biologischen Arbeitsstoffen umgegangen wird, für die Feuerwehr eingeteilt?

11.5.7   Wie sind Einsatzkräfte zu schützen, die in Bereichen der Gefahrengruppe I B tätig werden müssen?

11.5.8   Wie sind Einsatzkräfte zu schützen, die in Bereichen der Gefahrengruppe II B tätig werden müssen?

11.5.9 Wie sind Einsatzkräfte zu schützen, die in Bereichen der Gefahrengruppe III B tätig werden müssen?

11.5.10 Wie ist im Zusammenhang mit Transportunfällen mit Gefahrgütern der Klasse 6.2 ADR beziehungsweise RID vorzugehen?

11.5.11 Wer kann eine sachkundige Person im Sinne der vfdb-Richtlinie 10/02 sein?

11.5.12 Welche Objekte mit biologischen Arbeitsstoffen sind zu erfassen?

11.5.13 Für welche Objekte sind Feuerwehrpläne zu erstellen?

11.5.14 Welche wichtigen Punkte sollten in den Feuerwehrplänen für biologische Anlagen enthalten sein?

11.5.15 Wie setzt sich die Mindestausrüstung für Einsätze im Bereich der Gefahrengruppe II B zusammen?

11.5.16 Wie setzt sich die Mindestausrüstung für Einsätze im Bereich der Gefahrengruppe III B zusammen?

11.5.17 Wonach richtet sich die Festlegung des Absperrbereiches bei Einsätzen mit biologischen Arbeitsstoffen?

11.5.18 Dürfen Türen und Fenster in Anlagen mit biologischen Arbeitsstoffen geöffnet werden?

11.5.19 Der Bereich einer biologischen Anlage ist mit einer Schleuse versehen. Was haben Sie hierbei zu beachten?

11.5.20 Wie lässt sich eine Kontamination oder Inkorporation mit biologischen Stoffen an der Einsatzstelle feststellen?

11.5.21 Unter Einhaltung welcher Schutzmaßnahmen kann eine Menschenrettung im Bereich der Gefahrengruppe III B durchgeführt werden?

11.5.22 Was ist bei der Rettung von Tieren zu beachten?

11.5.23 Was ist bezüglich des anfallenden Löschwassers in biologischen Anlagen zu beachten?

11.5.24 Welche Informationen sind für den Einsatzablauf in biologischen Anlagen von Bedeutung?

11.5.25   Wie sollen die Versorgung und der Transport von kontaminationsverdächtigen Verletzten erfolgen?

11.5.26   Welche Verletzungen von Einsatzkräften in Bereichen mit biologischen Arbeitsstoffen sind dem Einsatzleiter zu melden?

11.5.27   Was hat mit kontaminationsverdächtigen Personen und Gegenständen zu erfolgen?

11.5.28   Welche speziellen Hygienemaßnahmen sind für das Einsatzpersonal durchzuführen?

11.5.29   Was ist bei der Dokumentation von Einsätzen mit biologischen Arbeitsstoffen zu beachten?

11.5.30   Wie lange ist die Dokumentation von Einsätzen mit biologischen Arbeitsstoffen aufzubewahren?

11.5.31   Wie ist bei späteren Erkrankungen zu verfahren, die im Zusammenhang mit den biologischen Arbeitsstoffen stehen könnten?

11

12 Gerätekunde

12.1 Rettungsgeräte

12.1.1 Welche feuerwehrtechnische Ausrüstung für Feuerwehrfahrzeuge ist nach DIN 14800 derzeit genormt?

12.1.2 Welche tragbaren Leitern kommen bei der Feuerwehr zum Einsatz?

12.1.3 Wie sind tragbare Leitern grundsätzlich in Stellung zu bringen, um Verletzungen zu vermeiden?

12.1.4 Welche Sicherheitsabstände sind einzuhalten, wenn tragbare Leitern in der Nähe von spannungsführenden Anlagen aufgestellt werden?

12.1.5 Skizzieren Sie die Seilführung der dreiteiligen Schiebleiter.

12.1.6 Beschreiben Sie vereinfacht, wie die dreiteilige Schiebleiter aus Holz geprüft wird.

12.1.7 Bis zu welchem Geschoss kann der zweite Rettungsweg über die vierteilige Steckleiter sichergestellt werden?

12.1.8 Wie wird die vierteilige Steckleiter geprüft?

12.1.9 Wie lang darf die Rüstzeit und die Zeit zur Wiederherstellung der Einsatzbereitschaft zwischen zwei Sprüngen beim Sprungpolster SP 16 maximal sein?

12.1.10 Wie unterscheiden sich Sprungpolster und Sprungretter?

12.1.11 Welche Geräte dienen der Feuerwehr zur Versorgung von Verletzten?

12.1.12 Erklären Sie Funktion und Wirkungsweise der Schaufeltrage.

12.1.13 In welcher Form sind Hebebänder aus synthetischen Fasern wiederkehrend zu prüfen?

12.1.14 Wie sind Hebebänder aus synthetischen Fasern aufzubewahren und zu reinigen?

12.1.15 Wann sind Hebebänder aus synthetischen Fasern auszumustern?

12.1.16 Mit welchen Rettungsgeräten kann ein Löschfahrzeug bei Gewichts- und Raumreserve zusätzlich beladen werden?

12.1.17   Nach welchen Vorschriften sind die Rettungsgeräte der Feuerwehr zu prüfen und zu warten?

12.1.18   Welcher Personenkreis ist berechtigt, die Wartung und Prüfung von Rettungsgeräten der Feuerwehr durchzuführen?

12.2   Elektrische Betriebsmittel

12.2.1   Welche Beleuchtungsgeräte finden bei der Feuerwehr Verwendung?

12.2.2   Warum muss Blendung bei der Ausleuchtung von Einsatzstellen vermieden werden?

12.2.3   Wovon ist die Schattenbildung bei der Ausleuchtung von Einsatzstellen abhängig?

12.2.4   Sie finden auf einem Beleuchtungsgerät die Kennzeichnung IP 23. Welche Bedeutung hat diese Kennzeichnung?

12.2.5   Wie hoch ist die maximal zulässige Oberflächentemperatur von elektrischen Betriebsmitteln in den Temperaturklassen T1 bis T6?

12.2.6   Wie lang darf die Kabelleitung, die Sie an die Steckdose eines Stromerzeugers anschließen, maximal sein?

12.2.7   Welche tragbaren Stromerzeuger finden bei der Feuerwehr Verwendung?

12.2.8   Wozu eignen sich tragbare und fest eingebaute Stromerzeuger der Feuerwehr?

12.2.9   Welche Schutzmaßnahme wird für Stromerzeuger in Bezug auf das Auftreten von gefährlichen Berührungsspannungen angewandt?

12.2.10   Welche Prüfungen sind für den Antriebsmotor von tragbaren Stromerzeugern durchzuführen?

12.2.11   Welche Prüfungen sind für den Generator tragbarer Stromerzeuger durchzuführen?

12.2.12   Wozu dienen Lüftungsgeräte der Feuerwehr?

12.2.13   Wozu dienen elektrische Tauchpumpen der Feuerwehr?

12.2.14   In Bezug auf elektrische Betriebsmittel werden explosionsgefährdete Bereiche in Zonen eingeteilt. Welche Zonen sind Ihnen bekannt und welche Bedeutung haben diese Zonen?

12.2.15   Welche Kennzeichnung von explosionsgeschützten Betriebsmitteln ist Ihnen in Bezug auf die Zündschutzarten bekannt?

12.2.16   Welche Sensoren für Messgeräte sind Ihnen bekannt?

12.2.17   Erläutern Sie den Begriff »kalibrieren« in Bezug auf die Messgeräte der Feuerwehr.

12.3   Arbeitsgeräte

12.3.1   Welche Arbeitsgeräte stehen der Feuerwehr zur Technischen Hilfeleistung zur Verfügung?

12.3.2   Nennen Sie einige technische Geräte zum Bewegen von Lasten.

12.3.3   Was bedeutet die Bezeichnung »AS35/750-X«?

12.3.4   Was bedeutet die Bezeichnung »AC138F-X«?

12.3.5   Was bedeutet die Bezeichnung »TR180/300-60/150-X«?

12.3.6   Wozu werden Hebekissensysteme bei Feuerwehreinsätzen vorwiegend eingesetzt?

12.3.7   Welche Typen von Hebekissen sind zu unterscheiden?

12.3.8   In welchen Zeitabständen sind Drahtseile einer Sichtprüfung zu unterziehen?

12.3.9   Wann sind Drahtseile auszumustern?

12.3.10   Was besagt die Bezeichnung TP 4/1? Zu welchem Zweck wird dieses Arbeitsgerät verwendet?

12.3.11   Welche Ausbildung zur Aneignung von Fachkenntnissen ist für Einsatzkräfte, die mit Motorkettensägen umgehen, vorgeschrieben?

12.3.12   Welche Persönliche Schutzausrüstung ist beim Umgang mit Motorkettensägen zu tragen?

12.3.13   Nennen Sie die Bauteile einer Motorkettensäge, die zum sicheren Betrieb beitragen.

12.3.14   Wie groß ist der Fallbereich eines Baumes anzusehen?

12.3.15   Nennen Sie einige Arbeitsgeräte, die sich auf dem Dekontaminationsfahrzeug befinden.

12.3.16   Welche Strahlenschutzmessgeräte kennen Sie?

12.3.17   Sind mit einem Dosisleistungswarngerät Alpha- und Beta-Strahlung erfassbar?

12.4   Prüfungen

12.4.1   Wann ist ein Feuerwehr-Haltegurt betriebssicher?

12.4.2   Nach welcher Zeitdauer sind Feuerwehrleinen auszumustern?

12.4.3   In welcher Form sind erfolgte Prüfungen an Sprungpolstern nachzuweisen?

12.4.4   In welcher Form hat die jährliche Prüfung für Hebekissen mit einem zulässigen Betriebsdruck von 0,5 oder 1,0 bar zu erfolgen?

12.4.5   Mit welchem Gewicht und wie lange wird die Hakenleiter zu Prüfzwecken belastet?

12.4.6   Wann ist eine Hakenleiter im Rahmen der Sicht- und Funktionsprüfung betriebssicher?

12.4.7   In welchen Zeitabständen sind bei Multifunktionsleitern Sicht- und Belastungsprüfungen durchzuführen?

12.4.8   Beschreiben Sie die Prüfanordnung für eine Multifunktionsleiter.

12.4.9   Nennen Sie den Prüfdruck für Druckschläuche nach DIN 14811:2008-01 und DIN 14811/A1:2012-03.

12.4.10   Beschreiben Sie die Prüfanordnung für Saugschläuche.

12.4.11   Wann ist ein Drahtseil nicht mehr betriebssicher?

13 Kartenkunde

13.1 Wie bezeichnet man die kürzeste Verbindung vom Nord- zum Südpol?

13.2 Erklären Sie kurz die Einteilung der Erdkugel in Längengrade.

13.3 Wie erfolgt die Einteilung der Erdkugel in Breitengrade?

13.4 Auf einer Karte finden Sie die Bezeichnung UTM-Gitter. Wofür steht diese Bezeichnung?

13.5 Wie sind UTM-Gitterkarten eingeteilt?

13.6 Worauf beziehen sich die Höhenangaben auf den in Deutschland gebräuchlichen Karten?

13.7 Was sind Höhenlinien?

13.8 Mit welchen Kartenmaßstäben wird im Feuerwehrdienst gearbeitet?

13.9 Wie lang ist eine 1,0 km lange Naturstrecke, wenn sie auf einer Karte im Maßstab 1:50 000 wiedergegeben wird?

13.10 Wie genau ist die Koordinatenangabe MC 805789?

13.11 Welcher Unterschied besteht zwischen Magnetisch Nord, Gitter-Nord und Geographisch Nord?

13.12 Über Funk wird Ihnen die Koordinate MC 31657 mitgeteilt. Wie werten Sie diese Angabe?

13.13 Was sind Pläne?

13.14 Was bedeutet die Bezeichnung »TK 50«?

13.15 Was ist eine »DGK 5«?

13.16 Was ist eine »TÜK 200«?

13.17 Was ist eine »ÜK 500«?

13.18 Nach welchen Kriterien erfolgt die Bezeichnung der TK 50-Kartenblätter?

13.19 Wie erfolgt die Bezeichnung der TK 100-Kartenblätter?

13.20 Wie werden die Kartenblätter einer TÜK 200 bezeichnet?

13.21   Welche Kartenblätter (TK 50) umfasst die TÜK 100 C 4310?

13.22   Wozu dienen Geländeschnitte?

13.23   Wie wird ein Geländeschnitt erstellt?

13.24   Mit welchen Hilfsmitteln lassen sich Entfernungen im Gelände besser abschätzen?

13.25   Welche Angaben sind für eine genaue Richtungsangabe erforderlich?

13.26   Was ist bei der Angabe der Bezugsrichtung zu beachten?

13.27   Welche Unterschiede bestehen zwischen dem Richtungswinkel, dem magnetischen Streich-
          winkel und dem Azimut?

13.28   Wann wird ein Geländeabschnitt als
          a) eben,
          b) wellig,
          c) hügelig,
          d) bergig,
          e) alpin,
bezeichnet?

13.29   Geländesteigungen werden in Prozent angegeben. Was bedeuten in diesem Zusammenhang
          die Bezeichnungen:
          a) sanft,
          b) steil,
          c) sehr steil,
          d) übersteil,
          e) schroff?

14 Löschlehre

14.1 Allgemeines

14.1.1   Was sind Löschmittel?

14.1.2   Welche Löschwirkungen sind Ihnen bekannt?

14.1.3   Ordnen Sie die verschiedenen Löschmittel ihren Hauptlöschwirkungen zu.

14.1.4   Welche Verfahren sind Ihnen bekannt, um einen Brand zu ersticken?

14.1.5   Bei welchen brennbaren Stoffen ist das Löschen durch Abkühlen besonders wirksam?

14.1.6   Erklären Sie den Begriff Inhibition.

14.1.7   Bei einem Wohnungsbrand strömt Gas aus einer Leitung. Ein Abdichten der Leitung beziehungsweise ein Absperren der Gaszufuhr ist nicht möglich. Wie verhalten Sie sich?

14.1.8   Was sind inerte Gase?

14.1.9   Welche Gefahren können durch den Einsatz gasförmiger Löschmittel in geschlossenen Räumen entstehen?

14.1.10   Welches Löschmittel würden Sie beim Brand folgender Stoffe verwenden? Begründen Sie Ihre Antwort.
        a) Holzstapel,
        b) Dieselkraftstoff,
        c) Erdgas,
        d) Magnesium,
        e) Teer in einem Teerkocher,
        f) Methylalkohol.

14.1.11   In welcher DIN wird der Einsatz von Löschmitteln im Bereich spannungsführender Anlagen behandelt?

14.1.12   Darf das Löschmittel Schaum in spannungsführenden Anlagen eingesetzt werden?

14.1.13   Welche Löschmittel würden Sie zum Ablöschen einer brennenden Person einsetzen?

14.2   Das Löschmittel Wasser

14.2.1   Welche physikalischen Eigenschaften des Wassers sind Ihnen bekannt?

14.2.2   Auf welchen physikalischen Eigenschaften beruht die gute Löschwirkung des Wassers?

14.2.3   Warum darf Wasser beim Brand der nachfolgend genannten Stoffe als Löschmittel nicht verwendet werden? Begründen Sie Ihre Antwort.
- **a)**   Calciumcarbid,
- **b)**   gebrannter Kalk,
- **c)**   Leichtmetall,
- **d)**   Koks,
- **e)**   Ruß in einem Kamin.

14.2.4   Was ist unter der Dissoziation des Wassers zu verstehen und ab welcher Temperatur beginnt sie?

14.2.5   Warum soll das Löschmittel Wasser meist in Form eines Sprühstrahles abgegeben werden?

14.2.6   Was soll durch die Zugabe von Netzmitteln zum Wasser erreicht werden und bei welchen Bränden ist der Einsatz von Netzmitteln sinnvoll?

14.2.7   Erklären Sie das Phänomen einer Fettexplosion.

14.2.8   Welchen Wasserdurchfluss besitzen die genormten Strahlrohre?

14.2.9   Ein mit Ethanol gefüllter Tank steht in Flammen. Würden Sie es für sinnvoll halten diesen Brand mit Wasser zu löschen? (Begründen Sie Ihre Antwort.)

14.2.10   Warum ist es schwierig, Brände von weißem Phosphor mit Wasser zu bekämpfen?

14.2.11   Welche Reaktion ist möglich, wenn Natrium oder Kalium mit Löschwasser in Berührung kommt?

14.2.12   Mit welchen Gefahren müssen Sie beim Einsatz von Wasser im Bereich spannungsführender Anlagen rechnen?

14.2.13   Wie verhalten sich quellfähige Stoffe bei der Wasserzugabe? Nennen Sie einige Beispiele für quellfähige Stoffe.

14.2.14   Welcher wesentliche Unterschied besteht, wenn Sie Wasser bei
- **a)**   brennendem Benzin,
- **b)**   brennendem Alkohol

als Löschmittel einsetzen?

14.2.15   Was versteht man unter der Anomalie des Wassers?

14.2.16   Es ist zu einer Düngemittelzersetzung in einem landwirtschaftlichen Anwesen gekommen. Wie beurteilen Sie den Einsatz von Löschwasser?

14.2.17   Was versteht man unter einem Wasserschaden?

14.2.18   Was ist Knallgas?

14.2.19   Kann Wasser auch als Löschmittel in der Brandklasse C verwendet werden?

14.2.20   Welche Löschwasserzusätze kennen Sie?

14.3   Das Löschmittel Schaum

14.3.1   Aus welchen Komponenten setzt sich das Löschmittel Schaum zusammen?

14.3.2   Worauf beruht die Löschwirkung des Schaumes?

14.3.3   Was ist die Verschäumungszahl?

14.3.4   Geben Sie die Verschäumungszahlen für Schwer-, Mittel- und Leichtschaum an.

14.3.5   Was versteht man unter der Zumischung?

14.3.6   Wodurch kann die Höhe der Zumischrate beeinflusst werden?

14.3.7   Erklären Sie den Begriff Wasserhalbzeit.

14.3.8   Was versteht man unter dem Abbrandwiderstand des Schaumes?

14.3.9   Was ist unter der Fließfähigkeit des Schaumes zu verstehen?

14.3.10   Worin unterscheiden sich Protein-Schaummittel und Mehrbereichsschaummittel?

14.3.11   Worauf müssen Sie beim Umgang mit Proteinschaum besonders achten?

14.3.12   Was sind wasserfilmbildende Schaummittel (AFFF Aqueous Film Forming Foam)?

14.3.13   Worin unterscheiden sich Protein-Schaummittel von den Fluor-Protein-Schaummitteln?

14.3.14   Für welche Brandklassen ist der Schwerschaum geeignet?

14.3.15   Geben Sie die Einsatzbereiche für Mittel- und Leichtschaum an.

14.3.16   Was ist Light Water?

14.3.17   Was ist zu beachten, bevor Sie einen Raum mit Schaum fluten?

14.3.18   Brennender Alkohol soll mit Schaum gelöscht werden. Ist dies ohne weiteres möglich? Begründen Sie Ihre Antwort.

14.3.19   Was kann geschehen, wenn der Druckverlust am Zumischer über 2 bar beträgt?

14.3.20   Können Koksbrände mit Schwerschaum gelöscht werden?

14.3.21   Warum ist es möglich, dass die Schaumbildung in Räumen mit starker Ruß-oder Flockenbildung unterbleibt?

14.3.22   Welche Punkte würden Sie aufführen, wenn Sie die Nachteile des Einsatzes von Leichtschaum erläutern müssten?

14.3.23   Welche Schaummenge lässt sich mit einem Leichtschaumgenerator in zehn Minuten erzeugen, wenn der Zulauf 200 l/min Wasser-Schaummittel-Gemisch und die Verschäumungszahl 1 000 beträgt?

14.3.24   Welche Sicherheitsvorkehrungen veranlassen Sie, wenn ein mit Schaum gefluteter Raum zur Erkundung betreten werden soll?

14.3.25   Was bedeutet die Abkürzung M4-75?

14.3.26   Was ist bei Übungen mit dem Löschmittel Schaum zu beachten?

14.4   Das Löschmittel Pulver

14.4.1   Nennen Sie einige Anforderungen, welche an das Löschmittel Pulver gestellt werden.

14.4.2   Warum werden Löschpulver hydrophobiert?

14.4.3   Welche Löschwirkung besitzt das ABC-Löschpulver in der Brandklasse A?

14.4.4   ABC- und BC-Löschpulver eignen sich zur Brandbekämpfung bei Flüssigkeits- und Gasbränden. Welche Löschwirkung besitzen die Pulver in diesen Brandklassen?

14.4.5   Warum wird die Löschfähigkeit eines Löschpulvers bei Flüssigkeits- oder Gasbränden im Wesentlichen durch die Größe der Pulverteilchen bestimmt?

14.4.6   Welcher Grundstoff wird häufig für die Herstellung von BC-Löschpulver verwendet?

14.4.7   Aus welchen Grundstoffen werden die ABC-Löschpulver in der Regel hergestellt?

14.4.8   Welche Löschwirkung besitzt das D-Löschpulver bei Metallbränden?

14.4.9   Bei einem Metallbrand steht kein D-Löschpulver zur Verfügung. Welche Stoffe können als Ersatzlöschmittel dienen?

14.4.10   Können D-Löschpulver bei jedem Metallbrand eingesetzt werden?

14.4.11   Erklären Sie den Begriff Sinterschicht.

14.4.12   Sie haben einen Flüssigkeitsbrand mittels Pulver gelöscht. Welche Gefahr kann weiterhin bestehen?

14.4.13   Was ist beim kombinierten Schaum-Pulver-Einsatz zu beachten?

14.4.14   Welche Einsatzgrundsätze sind beim Löschmittel Pulver zu beachten?

14.4.15   Nennen Sie einige Nachteile des Löschmittels Pulver.

14.4.16   Bei welchen Einsätzen sollte das Löschpulver stoßweise abgegeben werden und wann ist eine kontinuierliche Pulverabgabe sinnvoll?

14.4.17   Ist es sinnvoll, Pulverlöscher im Bereich von Großküchen einzusetzen? Begründen Sie Ihre Antwort.

14.4.18   Aus welcher Richtung zum Wind muss mit Löschpulver im Freien gelöscht werden und warum?

14.4.19   Wie sind Löschpulver zu entsorgen?

14.5   Das Löschmittel Kohlenstoffdioxid

14.5.1   Nennen Sie einige physikalische Eigenschaften des Gases Kohlenstoffdioxid.

14.5.2   Wann kann es bei einer Verbrennung zur Bildung von Kohlenstoffdioxid kommen?

14.5.3   Was versteht man unter Sublimieren?

14.5.4   Aus welchem Produkt wird das Kohlenstoffdioxid für Löschzwecke gewonnen?

14.5.5   Erklären Sie die Begriffe kritische Temperatur und kritischer Druck.

14.5.6   Worauf beruht die Löschwirkung des Kohlenstoffdioxid?

14.5.7   In welchen Aggregatzuständen gelangt das Löschmittel Kohlenstoffdioxid zur Anwendung?

14.5.8   Welche Gefahr besteht, wenn der Kohlenstoffdioxidstrahl direkt auf einen Menschen gerichtet wird?

14.5.9   Wie wirkt Kohlenstoffdioxid als Atemgift auf den Menschen?

14.5.10   Wo halten Sie den Einsatz von Kohlenstoffdioxid für angebracht?

14.5.11   Welche Nachteile besitzt Kohlenstoffdioxid als Löschmittel? Nennen Sie einige Beispiele.

14.5.12   Würden Sie Kohlenstoffdioxid zur Brandbekämpfung bei Metallen einsetzen? Begründen Sie ihre Antwort.

14.5.13   Welche Gefahr kann sich durch den Einsatz von Kohlenstoffdioxid in engen, schlecht belüftbaren Räumen ergeben?

14.5.14   Für welche Brandklassen ist Kohlenstoffdioxid geeignet?

14.5.15   Welche Konzentration von Kohlenstoffdioxid ist zum Löschen erforderlich?

14.5.16   Wie viel Kohlenstoffdioxid wird benötigt, um einen Raum mit drei Quadratmetern Grundfläche und zwei Metern Höhe zu etwa 50 % mit gasförmigen Kohlenstoffdioxid zu füllen?

14.5.17   Warum lassen sich Glutbrände nicht oder nur sehr schlecht mit Kohlenstoffdioxid löschen?

14.6 Sonstige Löschmittel

14.6.1   Was sind Halone?

14.6.2   Warum wurde der Einsatz von Halonen als Löschmittel verboten?

14.6.3   Durch welche Löschmittel wurden die Halone in den stationären Löschanlagen überwiegend ersetzt?

14.6.4   Was ist Inergen?

14.6.5   Welche Löscheigenschaft besitzt Inergen?

14.6.6   Wofür steht die Bezeichnung Inergen?

14.6.7   Wofür steht die Abkürzung »CAF«?

14.6.8   Wie unterscheidet sich der Druckluftschaum vom herkömmlich produzierten Schaum?

14.6.9   Nennen Sie einige Vorteile von Druckluftschaum gegenüber dem herkömmlich erzeugten Schaum.

14.6.10   Nennen Sie einige Nachteile des Druckluftschaumverfahrens.

15 Löschwasserförderung

15.1 Welche Arten von Schaltreihen sind Ihnen bekannt?

15.2 Erklären Sie, wie bei der offenen und wie bei der geschlossenen Schaltreihe Löschwasser gefördert wird?

15.3 Welcher verfügbare Druck (pV) steht Ihnen bei der offenen, und welcher verfügbare Druck bei der geschlossenen Schaltreihe zur Verfügung?

15.4 Erklären Sie den Unterschied zwischen einem natürlichen und einem künstlichen Gefälle.

15.5 Sie wollen die Fließgeschwindigkeit des Wassers verdoppeln. Welcher Druck ist zu wählen?

15.6 Wie werden Förderströme berechnet?

15.7 Mit welchem Druckverlust rechnen Sie bei einer Löschwasserfördermenge von 800 l/min bei zehn Metern Höhenunterschied und 100 Metern B-Schlauchleitung?

15.8 Wie hoch ist der Ausgangsdruck bei einer Löschwasserförderung über lange Wegestrecken zu wählen?

15.9 Wie hoch soll der Eingangsdruck bei einer geschlossenen Schaltreihe sein und warum wird ein sogenannter Sicherheitsfaktor eingebaut?

15.10 Bezeichnen Sie die Bestandteile der nachstehend aufgeführten Förderstrecke. Tragen Sie die Bezeichnungen in die dafür vorgesehenen Kästchen ein.

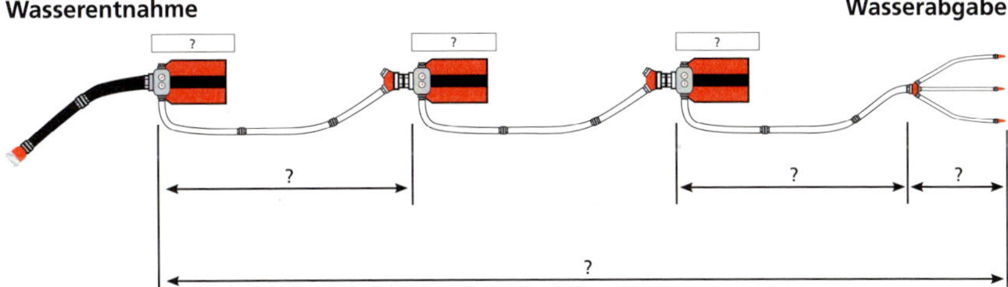

15.11 Sie fördern:
- **a)** 500 l/min,
- **b)** 600 l/min,
- **c)** 800 l/min,
- **d)** 1 000 l/min Löschwasser.

Wie hoch sind jeweils die Druckreibungsverluste in einer B-Schlauchleitung?

15.12 Wie errechnen Sie den Abstand der Förderpumpen im ebenen Gelände?

15.13 Sie wollen ein Objekt über eine lange Wegestrecke mit Löschwasser versorgen. Welche Angaben benötigen Sie, um eine lange Wegestrecke einrichten zu können?

15.14 Aus einem Löschwasserteich mit einem Inhalt von 2 000 m³ sollen jeweils 800 l/min von drei Löschgruppen entnommen werden. Wie lange kann Löschwasser abgegeben werden?

15.15 Durch einen B-Schlauch werden 800 l/min Löschwasser gefördert. Wie hoch ist der Druckverlust durch Reibung bei einer Schlauchlänge von insgesamt drei Kilometern?

15.16 Ordnen Sie den nachstehend aufgeführten Kurzbezeichnungen die Bedeutung zu: Q, Q_{ges}, s, H_{geo}, p, p_a, p_e und p_{str}.

15.17 Welcher Zusammenhang besteht zwischen Höhenunterschied und Fließgeschwindigkeit?

15.18 Nach welcher Gleichung wird die Fließgeschwindigkeit berechnet?

15.19 Welche Möglichkeiten stehen Ihnen zur Verfügung, wenn Sie einen Förderstrom vergrößern wollen?

15.20 Erklären Sie den Unterschied zwischen einer laminaren und einer turbulenten Strömung.

15.21 Wodurch wird die äußere Reibung bei der Löschwasserförderung hervorgerufen?

15.22 Warum ist es erforderlich, auch bei abfallendem Gelände Verstärkerpumpen einzusetzen?

15.23 Unter welchen Umständen kann eine Wasserversorgung mittels Pendelverkehr sinnvoll sein?

15.24 Welche Aufgaben sind zur Bemessung des Zeitbedarfs je Umlauf eines Fahrzeuges im Pendelbetrieb zu kalkulieren?

16 Löschwasserversorgung

16.1 Gesetzliche Grundlagen, Allgemeines

16.1.1 Wer ist rechtlich für die Löschwasserversorgung verantwortlich?

16.1.2 In welchen Fällen kann der Eigentümer/Bauherr dazu verpflichtet werden, selbst Löschwasser bereitzustellen?

16.1.3 Wer ist für die Wartung und Pflege der Hydranten verantwortlich?

16.1.4 Welche Anforderungen werden an die Sammelwasserversorgung gestellt?

16.1.5 In welchen Abständen werden Hydranten in der zentralen Löschwasserversorgung vorgesehen?

16.1.6 Was ist im Zuge des Baugenehmigungsverfahrens in Bezug auf die Löschwasserversorgung zu beachten?

16.1.7 Was besagt der Begriff Vorhaltekosten in Bezug auf die Löschwasserversorgung?

16.1.8 Welche Möglichkeiten der Löschwasserbedarfsermittlung sind Ihnen bekannt?

16.1.9 Welche Farbkennzeichnung ist für Löschwasserentnahmestellen in Feuerwehrplänen vorgesehen?

16.1.10 Was ist hinsichtlich der Löschwasserversorgung in einem Löschbereich zu berücksichtigen?

16.1.11 Was besagt die Geschossflächenzahl im Hinblick auf die Löschwasserversorgung?

16.1.12 Für die Auslegung der Löschwasserversorgung sind die örtlichen Verhältnisse einer Gemeinde ausschlaggebend. Durch welche Faktoren werden die örtlichen Verhältnisse definiert?

16.1.13 Erhöhte Anforderungen an die Löschwasserversorgung werden für Objekte mit erhöhtem Brandrisiko, Objekte mit erhöhtem Personenrisiko und für sonstige Objekte gefordert. Nennen Sie einige Beispiele für diese Objektgruppen.

16.2 Die zentrale Löschwasserversorgung

16.2.1 Benennen Sie die verschiedenen Bestandteile der Sammelwasserversorgung.

16.2.2   Welche Hydrantenarten sind Ihnen bekannt?

16.2.3   Welche Vorteile bietet der Unterflurhydrant gegenüber dem Überflurhydranten?

16.2.4   Welche Nachteile weist der Unterflurhydrant gegenüber dem Überflurhydranten auf?

16.2.5   Welche Vorteile hat der Überflurhydrant gegenüber dem Unterflurhydranten?

16.2.6   Welche Nachteile bietet der Überflurhydrant gegenüber dem Unterflurhydranten?

16.2.7   Sie entnehmen Löschwasser über einen Unterflurhydranten auf einer Versorgungsleitung DN 100. Mit welcher Löschwassermenge können Sie ungefähr rechnen?

16.2.8   Sie entnehmen Löschwasser über einen Überflurhydranten auf einer Versorgungsleitung DN 100. Mit welchen Löschwassermengen können Sie ungefähr rechnen?

16.2.9   Welche Angaben befinden sich auf Hinweisschildern für Hydranten nach DIN 4066?

16.2.10   Erklären Sie die Wirkungsweise von selbsttätiger Entleerung und Druckwasserschutz bei Hydranten.

16.2.11   In welchen Zeitabständen sollen Hydranten überprüft werden?

16.2.12   Welche Bauformen von Überflurhydranten sind Ihnen bekannt?

16.2.13   Welche Bauformen des Überflurhydrantenschlüssels sind Ihnen bekannt und wie unterscheiden sich diese voneinander?

16.2.14   Erklären Sie die Funktion des Sicherungsbolzens beim Überflurhydranten mit Fallmantel.

16.2.15   Überflurhydranten werden mit so genannten Sollbruchstellen ausgestattet. Wie funktioniert diese Sicherheitseinrichtung?

16.2.16   Nach welchen Normen sind Überflurhydranten und Unterflurhydranten ausgelegt?

16.2.17   Was ist die DVGW e. V. und was besagen die Arbeitsblätter W 331 und W 405?

16.2.18   Von welchen Faktoren ist die Wasserlieferung eines Hydranten abhängig?

16.2.19   Unterflurhydranten auf einer Versorgungsleitung DN 100 liefern etwa 1 500 l/min Löschwasser. Kann diese Löschwassermenge in der Praxis entnommen werden?

16.3   Die unabhängige Löschwasserversorgung

16.3.1   Welche unerschöpflichen Löschwasserentnahmestellen sind Ihnen bekannt?

16.3.2   Nennen Sie die Ihnen bekannten, erschöpflichen Löschwasserentnahmestellen.

16.3.3   Welche Anforderungen sind zu erheben, damit ein offenes Gewässer als Löschwasserentnahmestelle genutzt werden kann?

16.3.4   Wie müssen Feuerwehrzufahrten zu Löschwasserentnahmestellen beschaffen sein?

16.3.5   Wie kann beurteilt werden, ob ein offenes Gewässer als Wasserentnahmestelle für Feuerlöschzwecke ausreicht?

16.3.6   Über welchen Zeitraum müssen unerschöpfliche Löschwasserentnahmestellen die geforderten
Wassermengen mindestens liefern?

16.3.7   Wie werden Löschwasserbrunnen nach DIN 14220 eingeteilt?

16.3.8   Was besagen nachfolgende Bezeichnungen?
       a)   Löschwasserbrunnen, DIN 14220/400 S,
       b)   Löschwasserbrunnen, DIN 14220/800 T.

16.3.9   Nach welcher Zeit muss ein Löschwasserbrunnen betriebsbereit sein?

16.3.10   Wie werden unterirdische Löschwasserbehälter nach ihrem Fassungsvermögen unterschieden?

16.3.11   Welchem Gewicht muss die Behälterabdeckung eines unterirdischen Löschwasserbehälters
standhalten?

16.3.12   Mit welcher Anzahl von Saugrohren muss ein mittlerer unterirdischer Löschwasserbehälter
ausgestattet sein?

16.3.13   Ist es erlaubt, Schmutzwasser in einen unterirdischen Löschwasserbehälter oder in einen
Löschwasserteich einzuleiten?

16.3.14   Nennen Sie einige sonstige, für die Löschwasserentnahme geeignete Behälter.

16.3.15   Welchen Wert soll die geodätische Saughöhe bei der Wasserentnahme aus natürlichen
Gewässern nicht überschreiten?

16.3.16   Wie lang darf eine fest verlegte Saugleitung zu einem offenen Gewässer maximal sein?

16.3.17   Löschwasser kann im Saugbetrieb und mittels Tiefpumpe aus Löschwasserbrunnen entnommen werden. Erklären Sie beide Verfahren.

16.3.18   In welcher Zeit müssen Löschwasserbrunnen entlüftet werden können?

16.3.19   Nennen Sie einige allgemeine Anforderungen, die an unterirdische Löschwasserbehälter zu stellen sind.

16.3.20   Was sind Behelfslöschwasserbehälter und welche Anforderungen werden an diese gestellt?

16.4   Löschwassereinrichtungen und Wandhydranten

16.4.1   Für die Versorgung von Löschwasser in Gebäuden kommen drei unterschiedliche Ausführungen von Löschwasseranlagen zur Anwendung. Nennen Sie diese.

16.4.2   Erklären Sie den Aufbau einer Löschwasseranlage »nass«.

16.4.3   Erklären Sie den Aufbau einer Löschwasseranlage »trocken«.

16.4.4   Erklären Sie Aufbau und Wirkungsweise einer Löschwasseranlage »nass/trocken«.

16.4.5   Welche Vorteile bieten Löschwasseranlagen »nass/trocken« gegenüber Löschwasseranlagen »nass«?

16.4.6   Wer führt mit der Löschwasseranlage »nass« und der Löschwasseranlage »nass/trocken« in erster Linie die Brandbekämpfung in Gebäuden durch?

16.4.7   Sie führen eine Sichtprüfung bei einer Löschwasserleitung im Gebäude durch. Worauf haben Sie zu achten?

16.4.8   Welche Bauarten von Wandhydranten gibt es?

16.4.9   Welche Durchflussmengen können Wandhydranten entnommen werden?

17 Mechanik

17.1 Grundlagen, Größen, Einheiten

17.1.1 Erklären Sie den Begriff Mechanik.

17.1.2 Was sind SI-Einheiten?

17.1.3 Welche Basisgrößen sind Ihnen bekannt?

17.1.4 Welche Basisgrößen finden in der Mechanik Verwendung?

17.1.5 Was sind von Basiseinheiten abgeleitete Einheiten?

17.1.6 Zur Abkürzung von sehr großen beziehungsweise sehr kleinen Zahlen werden griechische und lateinische Zahlenwörter verwendet. Welche Bedeutung haben nachgenannte Vorsilben?
    a) Giga,
    b) Mega,
    c) Kilo,
    d) Hekto,
    e) Deka,
    f) Dezi,
    g) Zenti,
    h) Milli.

17.1.7 Erklären Sie die Begriffe Größe und Einheit in Bezug auf die Mechanik.

17.1.8 Womit beschäftigt sich die Kinematik?

17.1.9 Was versteht man unter dem Begriff »Leistung«?

17.1.10 Nennen Sie von der Längeneinheit Meter abgeleitete Einheiten.

17.1.11 Was versteht man unter dem Begriff »Beschleunigung«?

17.1.12 Erklären Sie den Zusammenhang zwischen Kraft und Masse.

17.1.13 Was besagt die »Goldene Regel der Mechanik«?

17.1.14 Erklären sie den Unterschied zwischen Arbeit und Leistung.

17.1.15   Wie ist der Druck definiert?

17.1.16   Was wissen Sie über den Druck am Boden einer Flüssigkeitssäule?

17.1.17   Wie lautet der Satz des Archimedes?

17.1.18   Worin besteht der Unterschied zwischen Dichte und Wichte?

17.1.19   Welcher Zusammenhang besteht zwischen der Strömungsgeschwindigkeit einer Flüssigkeit und dem Querschnitt des Rohres, durch das die Flüssigkeit strömt?

17.1.20   Was besagt das Gesetz von Boyle-Mariotte?

17.1.21   Erklären Sie den Begriff Viskosität.

17.1.22   Was verstehen Sie unter Wärme?

17.1.23   Benennen Sie Stoffe mit guter Wärmeleitung und Stoffe mit schlechter Wärmeleitung.

17.1.24   Erklären Sie den Begriff »Anomalie des Wassers«.

17.1.25   Wie verändert sich das Volumen einer bestimmten Wassermenge beim Übergang in den festen Zustand?

17.2   Geschwindigkeit, Beschleunigung, Kraft, Reibung

17.2.1   Was verstehen Sie unter dem Begriff »Geschwindigkeit«?

17.2.2   Was verstehen Sie unter dem Begriff »Beschleunigung«?

17.2.3   Woran erkennen Sie, dass Kräfte auf einen Körper einwirken?

17.2.4   Welche Merkmale kennzeichnen eine Kraft?

17.2.5   Nennen Sie Formel und Kurzzeichen zur Definition einer Kraft.

17.2.6   Zeichnen Sie für die nachstehend aufgeführte Darstellung ein Kräfteparallelogramm. Wie groß ist die Resultierende Kraft (R)?

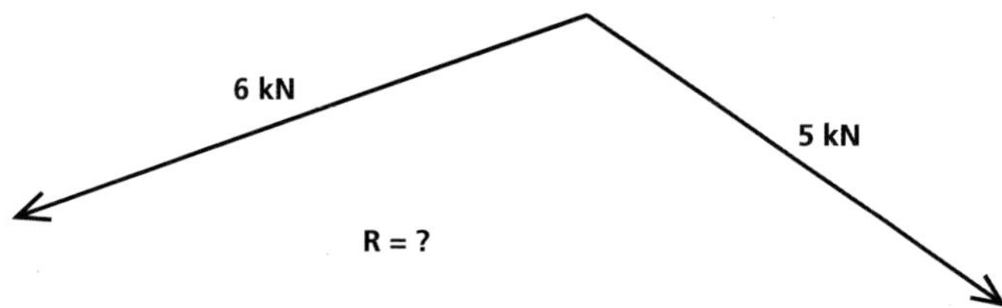

17.2.7   Zerlegen Sie die nachstehend aufgeführte Kraft in eine horizontale und eine vertikale Komponente.

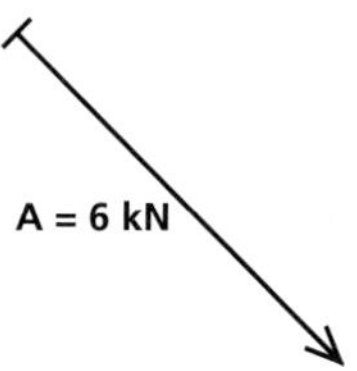

17.2.8   Welche Reibungsarten sind Ihnen bekannt?

17.2.9   Ein Körper soll gezogen werden. Wovon ist die Reibung abhängig?

17.2.10   Mit welchen Gleitreibungskoeffizienten (trocken) rechnen Sie bei den Materialpaarungen:
        a) Gummi auf Asphalt?
        b) Gummi auf Beton?

17.2.11   Was ist ein Newton?

17.2.12   Ein LF 10 soll als Festpunkt genutzt werden. Mit welcher Zugkraft kann das Fahrzeug auf trockenem Asphaltbelag beaufschlagt werden?

17

17.2.13   Auf einer schiefen Ebene befindet sich eine Rolle mit einer Gewichtskraft von 50 kN. Zerlegen Sie die Gewichtskraft zeichnerisch in eine Normalkraft und eine Hangabtriebskraft.

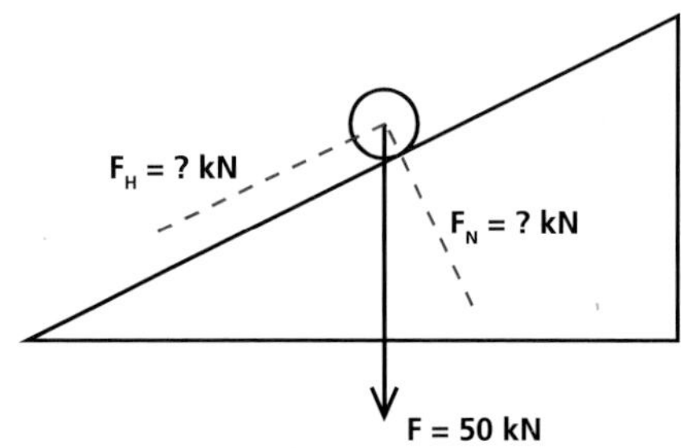

17.2.14   Ein Fahrzeug bewegt sich mit einer gleichmäßigen Geschwindigkeit von 100 km/h. Welche Strecke legt es in 10 Sekunden zurück?

17.2.15   Was bedeutet konstante Beschleunigung auf einer geradlinigen Bahn?

17.2.16   Erklären Sie das Geschwindigkeits-Zeit-Gesetz.

17.2.17   Erklären Sie das Weg-Zeit-Gesetz.

17.2.18   Ein Fahrzeug wird in 170 Sekunden von Null (v) auf 60 km/h (v) beaeschleunigt. Wie groß ist die Beschleunigung?

17.2.19   Welche Geschwindigkeit hat ein frei fallender Körper nach 10 Sekunden, wenn man ihn aus der Ruhe loslässt? Welchen Weg hat er in dieser Zeit zurückgelegt?

17.2.20   Erklären Sie den Begriff gleichförmige Kreisbewegung oder Rotation.

17.2.21   Von welchen Faktoren hängt die Zentrifugalkraft ab?

17.2.22   Eine Feuerlöschkreiselpumpe läuft bei geschlossenen Abgängen mit einer Drehzahl von 2 500 U/min. Der Laufraddurchmesser beträgt 250 Millimeter. Mit welcher Geschwindigkeit bewegen sich die Wasserteilchen am Rande des Laufrades? Welche Kraft wirkt auf jedes »Volumenelement« von 1 cm³ (entspricht der Masse 1 g) Wasser?

17.2.23   Beschreiben Sie die Newtonschen Axiome.

17.2.24   Erläutern Sie das Trägheitsprinzip in Bezug auf einen Körper.

17.2.25   Erklären Sie das Wechselwirkungsprinzip in Bezug auf zwei Körper.

17.2.26   Was ist die Wirkungslinie einer Kraft?

17.2.27   Wie wird die Resultierende von Kräften, die in einem gemeinsamen Punkt angreifen, gefunden?

17.2.28   Sie wollen eine Last mit Seilen anheben. Welcher Anschlagwinkel soll beim Anheben der Last nicht überschritten werden?

17.2.29   Auf einer vier Meter langen Rampe soll ein Rollreifenfass der Masse 100 Kilogramm auf eine 1,5 Meter hohe Ladefläche gerollt werden. Welche Kraft muss dazu aufgewendet werden und welche Arbeit wird verrichtet?

17.2.30   Ein Einsatzfahrzeug legt in sechs Minuten sieben Kilometer zurück. Wie groß ist die durchschnittliche Geschwindigkeit?

17.2.31   Ein Rüstwagen soll mittels fest eingebauter Zugvorrichtung drei gleich schwere, durch Drahtseile miteinander verbundene Anhänger ziehen. Zur Verfügung stehen sechs Drahtseile gleicher Länge und Zugfestigkeit. Wie sind diese am zweckmäßigsten zu verteilen?

17.2.32   Während einer Alarmfahrt taucht plötzlich ein Hindernis auf. Weshalb ist der Bremsweg eines Feuerwehrfahrzeuges mit blockierenden Rädern länger als mit rollenden Rädern (Stotterbremsung oder ABS)?

17.3   Hebel, lose und feste Rolle

17.3.1   Wie lautet das Hebelgesetz?

17.3.2   Ergänzen Sie den nachstehend gezeichneten Hebel.

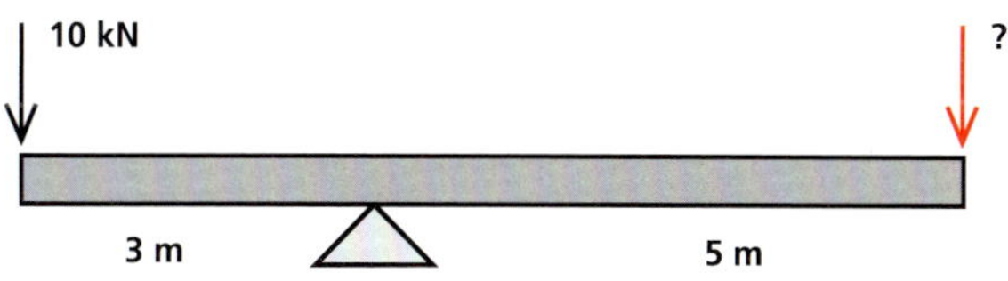

17.3.3   Ein 12 Meter langer und 250 kN schwerer Güterwagon ist mit der Vorderachse entgleist. Der Achsabstand beträgt 8,0 Meter. Welche Kraft ist am Wagenende anzusetzen, um den Wagon wieder einzugleisen?

17.3.4   Ein Feuerwehrfahrzeug steht mit der Vorderachse auf der Waage. Die Waage zeigt 750 kg an. Steht die Hinterachse auf der Waage, zeigt diese 520 kg an. Welche Entfernung l1 hat der Schwerpunkt des Fahrzeuges von der Hinterachse, wenn der Achsabstand l = 4,5 m beträgt?

17.3.5   Erklären Sie den Unterschied zwischen einer losen und einer festen Rolle.

17.3.6   Tragen Sie die auftretenden Kräfte in die dafür vorgesehenen Felder ein.

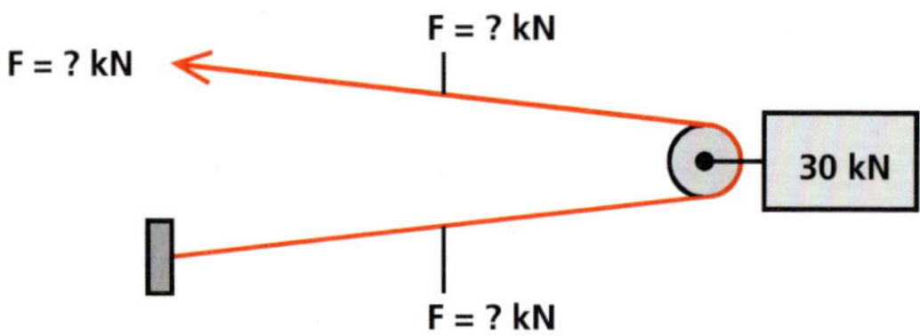

17.3.7   Welche Kräfte treten an den gekennzeichneten Stellen auf?

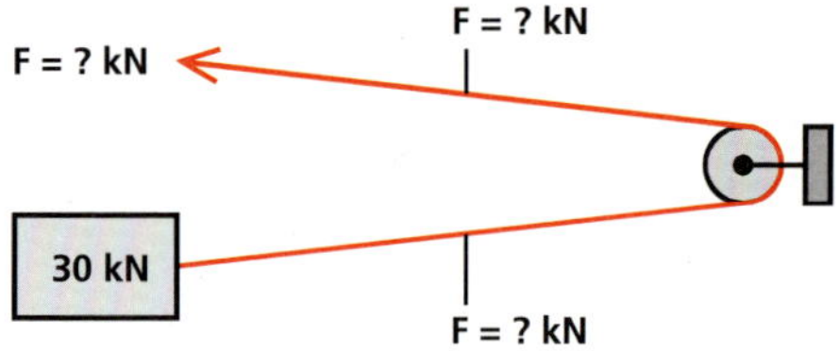

17.3.8   Tragen Sie die auftretenden Kräfte in die dafür vorgesehenen Felder ein.

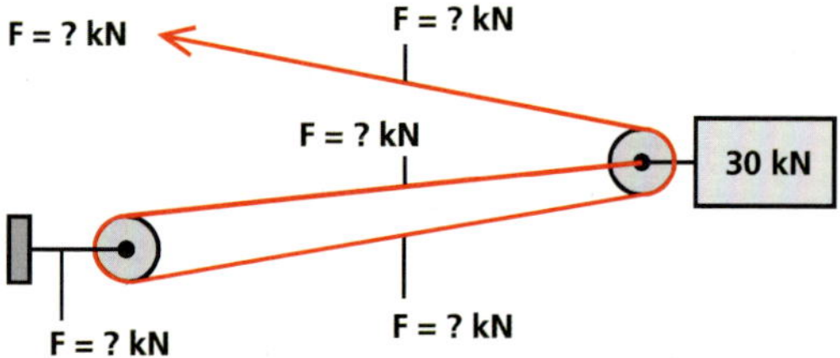

17.3.9   Welche Kräfte treten an den gekennzeichneten Stellen auf?

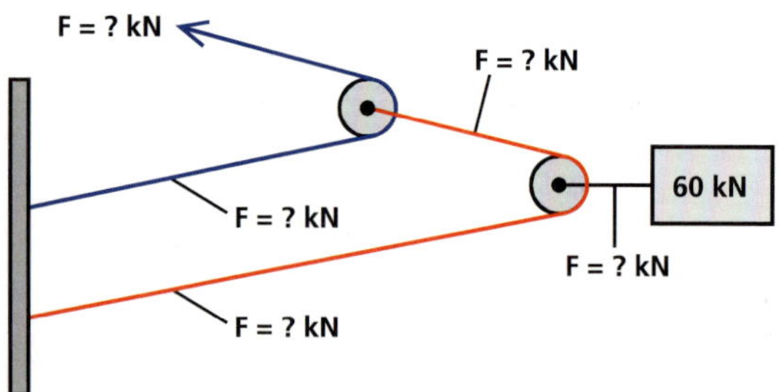

17.3.10   Was ist beim Anschlagen von Lasten bezüglich des »Spreizwinkels« zu beachten?

17.3.11   Wie groß muss die Kraft F sein, um das dargestellte Gewicht zu heben?

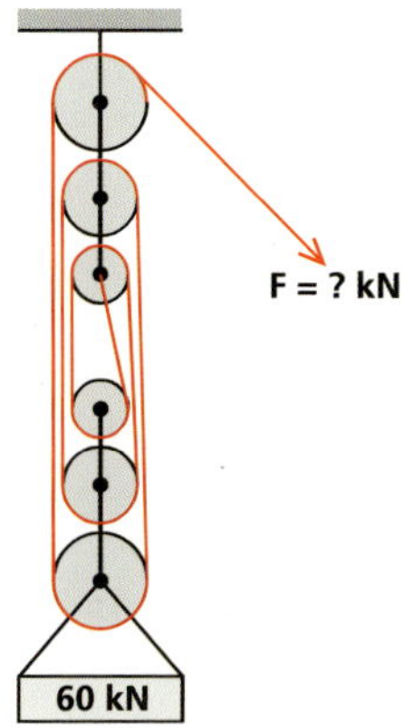

17.3.12   Welche Kraft F ist erforderlich, um die Last G = 900 N im Gleichgewicht zu halten, wenn jede
Rolle 30 N schwer ist?

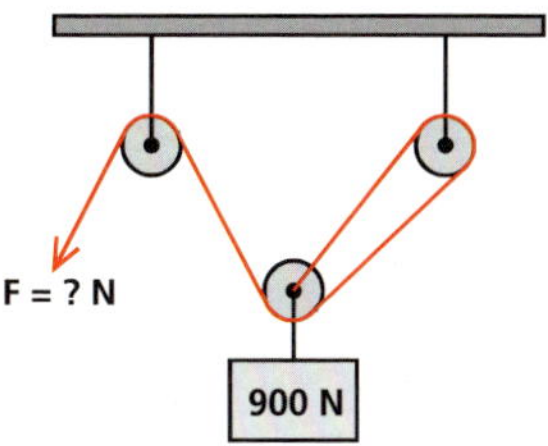

17.3.13   Mit einem zweiarmigen Hebel soll ein Lkw von 30 Tonnen Gesamtmasse vorn angehoben
werden (die Gewichtskraft verteilt sich im Verhältnis 1:2 auf die vordere und die hintere Achse).
Der Lastarm hat eine Länge von 0,5 Metern, der Kraftarm von 2,5 Metern. Mit welcher Kraft
muss der Kraftarm heruntergedrückt werden?

17.3.14   Welches Drehmoment erzeugt die maschinelle Zugeinrichtung eines Rüstwagens, wenn der
Durchmesser der Seiltrommel 18 Zentimeter beträgt?

18 Mitarbeiterführung

18.1   Welche Grundregeln sollten bei der Mitarbeiterführung beachtet werden?

18.2   Was bedeutet Mitsprache?

18.3   Was versteht man unter Delegation?

18.4   Was wird im Bereich der Mitarbeiterführung als Partizipation bezeichnet?

18.5   Was versteht man unter »Empowerment«?

18.6   Welche Bedeutung kommt dem Mitarbeitergespräch zu?

18.7   Wovon hängt die Qualität eines Mitarbeitergespräches ab?

18.8   Wozu sollen Mitarbeitergespräche dienen?

18.9   Nennen Sie einige Ursachen, warum Mitarbeitergespräche oftmals nicht den gewünschten Erfolg bringen.

18.10   Wie sollten Sie sich als Führungskraft auf ein Mitarbeitergespräch vorbereiten?

18.11   Als Führungskraft müssen Sie ein Kritikgespräch führen. Was haben Sie bei der Durchführung des Gespräches zu beachten?

18.12   Was soll durch Kritik erreicht werden?

18.13   Eine Aufgabe einer guten Führungskraft besteht in der Motivation der eigenen Mitarbeiter. Wodurch lässt sich Motivation erreichen?

18.14   Als Führungskraft muss man häufig Beurteilungen über seine Mitarbeiter abgeben. Dabei kann es natürlich auch zu Fehlbeurteilungen kommen. Durch welche Maßnahmen lassen sich diese Fehler reduzieren?

18.15   Welche Reaktionen können als Folge eines belastenden Ereignisses auftreten?

18.16   Was sind akute Belastungsreaktionen?

18.17   Während eines Einsatzes kann es zu einer akuten Belastungsreaktion von Einsatzkräften kommen. Wer ist hier in erster Linie gefordert, diesen Einsatzkräften beizustehen?

18.18   Anhand welcher Symptomatik können akute Belastungsreaktionen erkannt werden?

18.19   Bei einem Kollegen ist während eines Einsatzes eine akute Belastungsreaktion aufgetreten. Wie sollte man sich ihm gegenüber verhalten?

18.20   Was können die Auslöser einer akuten Belastungsreaktion sein?

18.21   Ein Mittel zur Bewältigung von Belastungsreaktionen besteht in der Durchführung von Einsatznachbesprechungen. Was ist hierbei zu beachten?

18.22   Wer kann ebenfalls Hilfe bei der Bewältigung von Belastungsreaktionen geben?

18.23   Was versteht man unter der Abkürzung PTSD?

18.24   Welche Symptome können auf eine posttraumatische Belastungsstörung hindeuten?

18.25   Wer kann von PTSD betroffen werden?

18.26   Wodurch kann das Risiko, an einer PTSD zu erkranken, heruntergesetzt werden?

18.27   Was ist das Besondere an posttraumatischen Belastungsstörungen?

18

19 Rechtsgrundlagen

19.1 Beamtenrecht

19.1.1 Welche Gesetze gelten insbesondere für Beamte?

19.1.2 Welche Bindung besteht zwischen einem Beamten und seinem Dienstherrn?

19.1.3 Wann ist eine Berufung in das Beamtenverhältnis zulässig?

19.1.4 Welche Arten von Beamtenverhältnissen kennen Sie?

19.1.5 Welche Voraussetzungen muss ein Bewerber erfüllen, der sich um eine Berufung in das Beamtenverhältnis bemüht?

19.1.6 Wann bedarf es einer Ernennung?

19.1.7 Wie erfolgt die Ernennung?

19.1.8 Welcher Wortlaut muss in einer Urkunde zur Begründung des Beamtenverhältnisses enthalten sein?

19.1.9 Kann eine Ernennung auch auf einen zurückliegenden Zeitpunkt erfolgen?

19.1.10 Wann ist eine Ernennung zum Beamten auf Lebenszeit zulässig?

19.1.11 Nach welcher Zeitspanne ist ein Beamtenverhältnis auf Probe in ein Beamtenverhältnis auf Lebenszeit spätestens umzuwandeln?

19.1.12 Wie hat die Handhabung von Ernennungen zu erfolgen?

19.1.13 Wann ist eine Ernennung zurückzunehmen? Nennen Sie zwei Beispiele.

19.1.14 Welche Laufbahngruppen sind Ihnen bekannt?

19.1.15 Wodurch endet das Beamtenverhältnis?

19.1.16 Nennen Sie einige Pflichten, die sich für den Beamten aus dem Beamtenrechtsrahmengesetz ergeben.

19.1.17   Der Beamte muss eine Gewähr dafür bieten, dass er jederzeit für die freiheitliche demokratische Grundordnung im Sinne des Grundgesetzes eintritt. Was ist hierunter zu verstehen?

19.1.18   Was ist bei der Übernahme einer Nebentätigkeit zu beachten?

19.1.19   Welche Nebentätigkeiten sind nicht genehmigungspflichtig?

19.1.20   Unter welchen Voraussetzungen ist die Genehmigung einer Nebentätigkeit zu versagen?

19.1.21   Nennen Sie einige Rechte, welche dem Beamten nach dem Beamtenrechtsrahmengesetz zustehen.

19.1.22   Wer kann Dienstherr von Beamten sein?

19.1.23   Nach dem Art. 33 Abs. 5 GG ist das Recht des öffentlichen Dienstes unter Berücksichtigung der hergebrachten Grundsätze als Berufsbeamtentum zu regeln. Nennen Sie einige dieser hergebrachten Grundsätze.

19.1.24   Wann gilt ein Grundsatz als hergebracht?

19.2   Staatsbürgerkunde

19.2.1   Welche drei Elemente werden mit dem Staatsbegriff verknüpft?

19.2.2   Welche Bereiche werden zum Staatsgebiet gerechnet?

19.2.3   Durch welche Maßnahmen können sich Änderungen des Staatsgebietes ergeben?

19.2.4   Erklären Sie die Begriffe Staatsvolk und Nation.

19.2.5   Was versteht man unter der Staatsgewalt?

19.2.6   Erklären Sie den Begriff Staatsform.

19.2.7   Welche Staatsformen sind Ihnen bekannt?

19.2.8   Welche Staatsform besitzt die Bundesrepublik Deutschland?

19.2.9   Erklären Sie den Begriff Rechtsstaat.

19.2.10   Nennen Sie einige Merkmale über die ein Rechtsstaat verfügen sollte.

19

19.2.11   Was ist ein Bundesstaat?

19.2.12   Nennen Sie die verfassungsrechtlichen Institutionen (obersten Bundesorgane) der Bundesrepublik Deutschland.

19.2.13   Über welche Zuständigkeitsbereiche verfügt der Bundestag nach dem Grundgesetz?

19.2.14   Wie werden die Abgeordneten des Bundestages gewählt?

19.2.15   Welche Unterschiede bestehen zwischen einer Mehrheitswahl und einer Verhältniswahl?

19.2.16   Welches Wahlsystem wird in der Bundesrepublik Deutschland angewandt?

19.2.17   Wozu dient die 5 %-Klausel?

19.2.18   Was ist eine Fraktion?

19.2.19   Wozu dienen Untersuchungsausschüsse?

19.2.20   Wie unterscheiden sich die Enquetekommissionen von anderen Untersuchungsausschüssen?

19.2.21   Welche zentralen Aufgaben hat der Bundesrat wahrzunehmen?

19.2.22   Wovon ist die Anzahl der Vertreter eines Bundeslandes im Bundesrat abhängig?

19.2.23   Welche wichtigen Aufgaben hat der Bundesrat wahrzunehmen?

19.2.24   Welche Zeitspanne umfasst die Amtszeit des Bundesratspräsidenten?

19.2.25   Welche Aufgabe kommt der Bundesversammlung zu?

19.2.26   Wie setzt sich die Bundesversammlung zusammen?

19.2.27   Welche Aufgabe hat der Bundeskanzler?

19.2.28   Wie erfolgt die Wahl des Bundeskanzlers?

19.2.29   Nennen Sie einige Zuständigkeiten des Bundeskanzlers.

19.2.30   Nennen Sie die Bundeskanzler der Bundesrepublik Deutschland und deren Amtszeit.

19.2.31   Welche Aufgaben hat die Bundesregierung?

19.2.32   Welche Zeitspanne umfasst die Amtszeit des Bundespräsidenten?

19.2.33   Welche Rechte und Pflichten hat der Bundespräsident?

19.2.34   Nennen Sie die Bundespräsidenten der Bundesrepublik Deutschland und ihre Amtszeit.

19.2.35   In welchen Bereichen besitzt der Bund ausschließliche Gesetzgebungskompetenz?

19.2.36   Was versteht man unter konkurrierender Gesetzgebung?

19.2.37   Was versteht man unter einer Rahmengesetzgebung?

19.2.38   In welchen Bereichen liegt die Gesetzgebungskompetenz ausschließlich bei den Ländern?

19.2.39   Welche Aufgabe hat der Vermittlungsausschuss und wie setzt er sich zusammen?

19.3   Straßenverkehrsordnung

19.3.1   Welches sind die wichtigsten Grundregeln der Straßenverkehrsordnung?

19.3.2   Welche Sorgfaltspflichten sind beim Ein- und Aussteigen von Fahrzeugen zu beachten?

19.3.3   Unter welcher Voraussetzung kann die Feuerwehr von den Vorschriften der Straßenverkehrsordnung befreit werden?

19.3.4   Erklären Sie den Begriff hoheitliche Aufgabe.

19.3.5   Unter welchen Voraussetzungen können Fahrzeuge des Rettungsdienstes von den Vorschriften
der Straßenverkehrsordnung befreit werden?

19.3.6   Was ist bei der Inanspruchnahme der Sonderrechte nach § 35 StVO zu beachten?

19.3.7   Während einer Einsatzfahrt (Alarmfahrt) nähern Sie sich als Maschinist einer Kreuzung, deren
Ampel Rot zeigt. Was haben Sie beim Überfahren der Kreuzung zu beachten?

19.3.8   Wann dürfen Einsatzhorn und blaues Blinklicht zusammen verwendet werden?

19.3.9   Wann darf das blaue Blinklicht alleine verwendet werden?

19.3.10   Wer ist für die Erteilung der Erlaubnis einer Fahrt als geschlossener Verband zuständig?

19.3.11   Zur Erfüllung dringender hoheitlicher Aufgaben sollen Feuerwehreinheiten im geschlossenen Verband verlegt werden. Ist hierfür die Erlaubnis der zuständigen Straßenverkehrsbehörde einzuholen?

19.3.12   Unter welchen Voraussetzungen können Einheiten der Feuerwehr im geschlossenen Verband verlegt werden, ohne dass eine Erlaubnis der zuständigen Straßenverkehrsbehörde erforderlich ist?

19.4   Einsatzrecht

19.4.1   Wer ist für den Schutz der Zivilbevölkerung (Zivilschutz) in Deutschland verantwortlich und was bildet hierfür die Grundlage?

19.4.2   Wo liegt in der Bundesrepublik Deutschland die Zuständigkeit für den Katastrophenschutz?

19.4.3   Worin liegt der Unterschied zwischen dem Katastrophenschutz und dem Schutz der Zivilbevölkerung (Zivilschutz)?

19.4.4   Was sind Grundrechte?

19.4.5   Wo werden die Grundrechte geregelt?

19.4.6   Kann der Staat in Grundrechte eingreifen?

19.4.7   Welche Voraussetzungen gelten für einen Grundrechtseingriff?

19.4.8   Nennen Sie Beispiele, in denen die Feuerwehr im Einsatzfall zur Gefahrenabwehr in Grundrechte eingreift. Benennen Sie auch das Grundrecht, in welches eingegriffen wird.

19.4.9   Nennen und beschreiben Sie die Punkte der Verhältnismäßigkeitsprüfung.

19.4.10   Welche Voraussetzung muss erfüllt sein, damit die Feuerwehr hoheitlich handelt.

19.4.11   Erklären Sie die Begriffe Verhaltensstörer, Zustandsstörer und Nichtstörer.

19.4.12   Zur Verwaltungsvollstreckung, also dem Durchsetzen einer geforderten Handlung, gibt es Zwangsmittel. Nenn Sie Ihnen bekannte Zwangsmittel und beschreiben Sie diese kurz.

19.4.13   Was ist bei der Anwendung von Zwangsmitteln zu beachten?

19.4.14   Zwischen welchen Arten der Zuständigkeit wird unterschieden?

19.4.15   Erklären Sie die sachliche Zuständigkeit.

19.4.16   Erklären Sie die instanzielle Zuständigkeit.

19.4.17   Erklären Sie die örtliche Zuständigkeit.

19.4.18   Erklären Sie den Begriff der Amtshilfe.

19.4.19   In welchen Fällen kann eine Behörde um Amtshilfe ersuchen?

19.4.20   In welchen Fällen darf die ersuchte Behörde Amtshilfe nicht leisten?

19.4.21   In welchen Fällen braucht die ersuchte Behörde die Amtshilfe nicht leisten?

19.4.22   Nach welchem Recht richtet sich die Zulässigkeit der Maßnahme, welche im Rahmen der Amtshilfe verwirklicht werden soll?

19.4.23   Nach welchem Recht richtet sich die Durchführung der Amtshilfe?

19.4.24   Welche Behörde trägt die Verantwortung für die Rechtmäßigkeit der zu treffenden Maßnahme?

19.4.25   Welche Behörde ist für die Durchführung der Amtshilfe verantwortlich?

19.4.26   Die Feuerwehr fordert bei einem Verkehrsunfall die Polizei zur Verkehrsregelung an. Handelt es sich in diesem Fall um Amtshilfe? Begründen Sie Ihre Antwort.

19.4.27   Innerhalb einer Stadt unterstützt die Feuerwehr das Umweltamt, in dem es einen Hof ausleuchtet. Handelt es sich in diesem Fall um Amtshilfe? Begründen Sie Ihre Antwort.

19

20 Funk

20.1 Sprechfunk

20.1.1   Für wen gilt die FwDV/DV 810?

20.1.2   Was haben Teilnehmer des Sprechfunkverkehrs zu beachten?

20.1.3   Welche Arten von Sprechfunknachrichten sind Ihnen bekannt?

20.1.4   Was ist ein Gespräch?

20.1.5   Was versteht man unter einer Durchsage?

20.1.6   Was ist ein Spruch?

20.1.7   In welche Teile gliedert sich ein Spruch?

20.1.8   Woraus besteht ein Gruppenruf?

20.1.9   Wie erfolgen Anrufe an alle oder mehrere Teilnehmer einer Rufgruppe?

20.1.10   Wie werden Fragen eingeleitet?

20.1.11   Welche Statusmeldungen sind in der FwDV/DV 810 vorgesehen?

20.1.12   Welche Meldungen der Leitstelle an die Teilnehmer sind in der FwDV/DV 810 definiert?

20.1.13   Welche Vorrangstufen der Nachrichten sind Ihnen bekannt?

20.1.14   Was kennzeichnet eine Einfach-Nachricht?

20.1.15   Was sind Sofort-Nachrichten?

20.1.16   Was ist beim Absetzen einer Sofort-Nachricht in einer Fernmeldebetriebsstelle zu beachten?

20.1.17   Was sind Blitz-Nachrichten?

20.1.18   Wie sind Blitz-Nachrichten von der Fernmeldebetriebsstelle zu behandeln?

20.1.19   Unter welchen Voraussetzungen dürfen Blitz-Nachrichten aufgegeben werden?

20.1.20   Dürfen vom Betriebspersonal der Fernmeldebetriebsstelle eigenmächtige Änderungen von Nachrichten durchgeführt werden?

20.2   Digitalfunk

20.2.1   Auf welchem Standard basiert das einheitliche und flächendeckende BOS Digitalfunknetz?

20.2.2   Wer ist für Aufbau, Betrieb, Funktionsfähigkeit und Weiterentwicklung des BOS Digitalfunknetzes verantwortlich?

20.2.3   Nennen Sie die wesentlichen Merkmale des Digitalfunks der BOS.

20.2.4   Welche zwei Betriebsarten werden im Digitalfunk der BOS unterschieden?

20.2.5   Was ist ein Gateway und wofür wird dieser eingesetzt?

20.2.6   Was ist ein DMO-Repeater und wofür wird dieser eingesetzt?

20.2.7   Worauf ist bei einem Rufgruppenwechsel während eines Einsatzes zu achten?

20.2.8   Was passiert durch das Auslösen eines Notrufes im TMO-Betrieb?

20.2.9   Was passiert durch das Auslösen eines Notrufes im DMO-Betrieb?

20

21 Stationäre Löschanlagen

21.1 Allgemeines

21.1.1   Nennen Sie die Ihnen bekannten ortsfesten Löschanlagen.

21.1.2   Was ist eine ortsfeste Löschanlage?

21.1.3   Welche Vorteile weist eine stationäre Löschanlage gegenüber baulichen Brandschutz-
konzeptionen auf?

21.1.4   Wie unterscheiden sich selbsttätige Feuerlöschanlagen von handbetätigten Feuerlöschanlagen?

21.2 Sprinkleranlagen

21.2.1   Was ist eine Sprinkleranlage?

21.2.2   In einem Glasfasssprinkler befindet sich jeweils eine:
   a) rote,
   b) gelbe,
   c) blaue
Flüssigkeit. Ordnen Sie diesen Flüssigkeiten die zugehörigen Auslösetemperaturen zu.

21.2.3   Nennen Sie die Hauptbestandteile einer Sprinkleranlage.

21.2.4   Welche Arten von Sprinkleranlagen sind Ihnen bekannt?

21.2.5   Erklären Sie in Bezug auf Sprinkleranlagen den Begriff Tandemanlage.

21.2.6   Wie hoch soll die Auslösetemperatur eines Sprinklers mindestens über der Raumtemperatur
liegen?

21.2.7   Nennen Sie die Bestandteile eines Sprinklers.

21.2.8   Nennen Sie einige Sprinklerarten.

21.2.9   In ein Gebäude sollen eine Sprinkleranlage und eine Rauch- und Wärmeabzugsanlage eingebaut werden. Wie kann verhindert werden, dass die Rauch- und Wärmeabzugsanlage die
Funktion der Sprinkleranlage unterläuft?

21.2.10   Welche brandschutztechnische Anforderung wird an die Stromversorgung elektrisch angetriebener Pumpen von Sprinkleranlagen gestellt?

21.2.11   Welche Vorschriften gelten für den Bau von Sprinkleranlagen und wer gibt diese heraus?

21.2.12   Erklären Sie die folgenden Begriffe:
- Trocken-Anlage,
- Nass-Anlage,
- vorgesteuerte Anlage.

21.2.13   Erklären Sie den Unterschied zwischen:
- Normal-Sprinkler,
- Schirm-Sprinkler,
- Flachschirm-Sprinkler.

21.2.14   Von welchen Faktoren ist die Anordnung der Sprinklerdüsen abhängig?

21.2.15   Nennen Sie Beispiele baulicher Anlagen, die häufig durch Sprinkleranlagen geschützt werden.

21.2.16   Was drückt der Trägheits-Index »RTI« aus?

21.2.17   Welche RTI-Werte sind den Ansprech-Klassen zugeordnet?

21.2.18   Wie werden Brandgefahren zur Bemessung von Sprinkleranlagen eingestuft?

21.2.19   Nennen Sie Beispiele für Nutzungen der Brandgefahrenklassen LH, OH und HH.

21.3   Schaumlöschanlagen

21.3.1   Welche ortsfesten Schaumlöschanlagen sind Ihnen bekannt?

21.3.2   Wo werden ortsfeste Schaumlöschanlagen eingebaut?

21.3.3   Nennen Sie die Bestandteile einer ortsfesten Schaumlöschanlage.

21.3.4   Über welchen Zeitraum muss die erforderliche Wassermenge für eine ortsfeste Schaumlöschanlage zur Verfügung stehen?

21.3.5   Festdachtanks werden mit Schaumlöschanlagen ausgerüstet. Warum werden am oberen Tank zwischen Schaumleitung und Schaumeinführungsstutzen sogenannte Schaumtöpfe eingebaut?

21.3.6   Welche Aufgabe hat der Schaumkrümmer bei Festdachtanks?

21.3.7   Erläutern Sie den Begriff »Sub-Surface Methode« in Bezug auf die Tankinnenbeschäumung.

21.4 CO_2-Löschanlagen

21.4.1   Welche Objekte sind zum Einbau einer CO_2-Löschanlage geeignet?

21.4.2   Erklären Sie den Unterschied zwischen einer CO_2-Hochdrucklöschanlage und einer CO_2-Niederdrucklöschanlage.

21.4.3   In ein Objekt soll eine CO_2-Löschanlage eingebaut werden. Welche Anforderungen sind an Raum und Anlage zu stellen?

21.4.4   Nennen Sie die Ihnen bekannten Sicherheitseinrichtungen bei CO_2-Löschanlagen.

21.4.5   Welche Vorkehrungen sind bei CO_2-Flutungen bezüglich des Personenschutzes zu treffen?

21.4.6   Nennen Sie einige Stoffe, bei denen CO_2-Löschanlagen zur Anwendung kommen.

21.4.7   Erklären Sie die Wirkungsweise einer CO_2-Löschanlage.

21.5   Sauerstoffreduzierungsanlagen

21.5.1   Beschreiben Sie die Wirkungsweise von Sauerstoffreduzierungsanlagen.

21.5.2   Wo können Sauerstoffreduzierungsanlagen eingesetzt werden?

21.5.3   Aus welchen Anlageteilen bestehen Sauerstoffreduzierungsanlagen?

21.5.4   Wie unterscheidet sich die partielle von der totalen Inertisierung?

21.6   Pulverlöschanlagen

21.6.1   Nennen Sie die Bestandteile einer Pulverlöschanlage.

21.6.2   Wie lange darf die maximale Flutungszeit betragen?

21.6.3   Welche Auslösemöglichkeiten sind Ihnen bei Pulverlöschanlagen bekannt?

21.6.4   Nennen Sie einige Anwendungsbereiche für Pulverlöschanlagen.

22 Strahlenschutz

22.1 Grundbegriffe und Einheiten

22.1.1 Erklären Sie den Begriff Radioaktivität.

22.1.2 Was versteht man unter der Aktivität eines radioaktiven Stoffes?

22.1.3 In welcher Einheit wird die Aktivität angegeben?

22.1.4 Was versteht man unter der Energiedosis einer ionisierenden Strahlung?

22.1.5 In welcher Einheit wird die Energiedosis angegeben?

22.1.6 Was ist unter der Äquivalentdosis zu verstehen?

22.1.7 Wie wird die Äquivalentdosis errechnet?

22.1.8 Welche Zahlenwerte besitzen die Bewertungsfaktoren für Alpha-, Beta- und Gamma-Strahlung?

22.1.9 In welcher Einheit wird die Äquivalentdosis angegeben?

22.1.10 Was versteht man unter der Ionendosis?

22.1.11 Was versteht man unter der Dosisleistung?

22.1.12 Was ist eine Korpuskularstrahlung?

22.1.13 Erklären Sie die nachfolgenden Begriffe
- a) Isotope,
- b) Isotone,
- c) Isobare,
- d) Isomere.

22.1.14 Was versteht man unter der Halbwertszeit eines radioaktiven Stoffes?

22.1.15 Erklären Sie den Begriff Halbwertsdicke.

22.1.16 Was besagt das Abstandsgesetz?

22.1.17 Auf welche Effekte ist die Schwächung der Gamma-Strahlung in Materie zurückzuführen?

22.2   Einsätze im Strahlenschutz

22.2.1   Nennen Sie die zur Zeit geltenden Dosisrichtwerte für Strahlenschutzeinsätze.

22.2.2   Dürfen Personen auch vor Vollendung ihres 18. Lebensjahres bei Feuerwehreinsätzen der Strahlung ausgesetzt werden?

22.2.3   Unter welchen Voraussetzungen darf eine effektive Dosis von 250 mSv überschritten werden?

22.2.4   Welchen Wert darf die Körperdosis bei der Aus- und Fortbildung pro Jahr nicht überschreiten?

22.2.5   Welchen Abstand sollen Kräfte vom Schadenobjekt mindestens einhalten, die nicht unmittelbar am Strahlenschutzeinsatz beteiligt sind?

22.2.6   Die genaue Absperrgrenze ist auf Grund von Strahlenmessungen festzulegen. Welcher Dosisleistungsrichtwert ist hierbei außerhalb des Absperrbereiches nicht zu überschreiten?

22.2.7   Welchem Zweck dienen die Dosisrichtwerte überhaupt?

22.2.8   Wer ist für die ordnungsgemäße Durchführung der Strahlenschutzausbildung einschließlich der regelmäßigen Einsatzübungen verantwortlich?

22.2.9   Welche Kriterien sind bei Strahlenschutzeinsätzen zu beachten?

22.2.10   Die Lagefeststellung an Einsatzstellen mit atomaren Gefahren wird maßgeblich von Art und Menge der radioaktiven Stoffe bestimmt. Geben Sie an, welche Fragen bei A-Einsätzen insbesondere zu klären sind!

22.2.11   Welche Aufgabe obliegt dem Gruppenführer beim Strahlenschutzeinsatz einer Gruppe?

22.2.12   Wer soll die Registrierung der Personendosimeter im Strahlenschutz durchführen?

22.2.13   Welche Aufgabe sollen Dosiswarngeräte erfüllen?

22.2.14   Welche Formen der persönlichen Sonderausrüstung für den Strahlenschutzeinsatz sind Ihnen bekannt und wann ist welcher Typ zu tragen?

22.2.15   Wann ist ein Dekontaminationsplatz (Dekon-Platz) gemäß FwDV 500 einzurichten?

22.2.16   Worauf ist bei der Wahl der Lage des Dekontaminationsplatzes im Strahlenschutzeinsatz zu achten?

22.2.17   Wann gilt eine Person oder ein Gegenstand als kontaminiert?

22.2.18   Worin besteht der einsatztaktische Unterschied zwischen einem Dosiswarngerät und einem Dosisleistungswarngerät?

22.2.19   Können Kontaminationsnachweisgeräte auch zum Nachweis einer Inkorporation verwendet werden?

22.2.20   Welche Aufgabe sollen Filmdosimeter erfüllen?

22.2.21   Welche Krankheitsbilder können durch Strahlenschäden hervorgerufen werden?

22.2.22   Bei welcher Einmalbestrahlungsdosis ist mit
         a) 50 %,
         b) 100 %
Todesfällen bei Menschen zu rechnen?

22.2.23   Radioaktive Stoffe senden Strahlung aus. Nennen Sie die Ursachen für dieses Phänomen.

23 Unfallverhütungsvorschrift Feuerwehren

23.1   Für wen gilt die Unfallverhütungsvorschrift Feuerwehren?

23.2   Klären Sie folgende Begriffe im Sinne der UVV Feuerwehren:
        a) Feuerwehren,
        b) Feuerwehreinrichtungen,
        c) Feuerwehrangehörige,
        d) Feuerwehrdienst,
        e) Einsatzort,
        f) Unternehmer.

23.3   Welche allgemeinen Anforderungen werden an eine bauliche Anlage gestellt?

23.4   Welche Anforderung wird an Verkehrswege und Durchfahrten von Feuerwehrhäusern gestellt?

23.5   Worauf ist bei der Einrichtung von Atemschutz-Übungsanlagen zu achten?

23.6   Über welche Einrichtung müssen maschinell betriebene Leitern und Hubrettungsgeräte verfügen?

23.7   Was ist bezüglich kraftbetriebener Aggregate zu beachten?

23.8   Welche Anforderungen werden an Luftheber gestellt?

23.9   Wie müssen hydraulisch betätigte Rettungsgeräte gestaltet sein?

23.10   Was ist über die Schwimmfähigkeit von Kleinbooten für die Feuerwehr zu sagen?

23.11   Welche persönliche Schutzausrüstung muss einem Feuerwehrangehörigen zur Verfügung gestellt werden?

23.12   Welche persönlichen Anforderungen sind an Feuerwehrangehörige zu stellen?

23.13   Wann kann von den Bestimmungen der UVV Feuerwehren abgewichen werden?

23.14   Was ist zu beachten, wenn Feuerwehrangehörige durch Straßenverkehr gefährdet werden?

23.15   Was ist bei der Vornahme von tragbaren Feuerwehrgeräten zu beachten?

23.16   Wie sind Feuerwehranwärter einzusetzen?

23.17   Was ist beim Einsatz von Angehörigen der Jugendfeuerwehr zu beachten?

23.18   Was ist bei Übungen mit Sprungrettungsgeräten zu beachten?

23.19   Worauf ist bei Abseilübungen zu achten?

23.20   Worauf ist beim Aufstellen von Lufthebern zu achten?

23.21   Worauf ist bei Einsätzen an oder auf Gewässern zu achten?

23.22   Was ist zu beachten, wenn es zu einer Gefährdung durch den elektrischen Strom kommen kann?

23.23   Wann sind Feuerwehr-Haltegurte oder Leitern einer Sichtprüfung zu unterziehen?

24 Vorbeugender Brandschutz

24.1 Gesetzliche Grundlagen, Allgemeines

24.1.1   Wer trifft Maßnahmen zur Verhütung von Bränden?

24.1.2   Welche Maßnahmen zur Verhütung von Bränden kennen Sie?

24.1.3   Welche Sonderbauverordnungen kennen Sie?

24.1.4   Was sind bauliche Anlagen besonderer Art oder Nutzung nach § 51 der Musterbauordnung (MBO)?

24.1.5   Welche Gebäude gehören zur Gebäudeklasse 1 nach § 2 MBO?

24.1.6   Definieren Sie den Begriff Hochhaus.

24.1.7   Was sind Aufenthaltsräume im Sinne der Landesbauordnungen und der Musterbauordnung?

24.1.8   Erklären Sie den Begriff Fliegende Bauten.

24.1.9   Nennen Sie jeweils zwei Beispiele für Gebäude und bauliche Anlagen.

24.1.10   In welchen Abständen sind Brandwände in ausgedehnten Objekten nach Musterbauordnung zu errichten?

24.1.11   Welche Gebäude gehören zur Gebäudeklasse 5 nach § 2 Abs. 3 MBO?

24.1.12   Wann liegt eine normale Brandgefährdung vor?

24.2 Brandausbreitung

24.2.1   Was ist zu beachten, wenn Leitungen durch Brandwände hindurchgeführt werden?

24.2.2   In eine Brandwand wird
    a) ein Lüftungskanal,
    b) eine Tür,
    c) eine Kabeldurchführung
eingebaut. Welche Vorkehrungen sind zu treffen, damit im Brandfall Feuer und Rauch nicht übertragen werden?

24.2.3   Was verstehen Sie unter dem Begriff Rauchschutztür nach DIN 18095?

24.2.4   Welches besondere Bauteil finden Sie an zweiflügligen Feuerschutztüren oder zweiflügligen Rauchschutztüren vor, die sich in ständig geöffnetem Zustand befinden?

24.2.5   Ein ausgedehntes Gebäude soll durch Gebäudetrennwände in Brandabschnitte unterteilt werden. In welchen Abständen sind diese Gebäudetrennwände einzubauen?

24.2.6   In eine Brandwand soll eine Verglasung eingebaut werden. Welche Verglasung ist zu wählen?

24.2.7   Welche Anforderungen können an Baustoffe gestellt werden, um eine Brandausbreitung insbesondere in der Anfangsphase eines Brandes zu verhindern?

24.3   Rettungswege

24.3.1   Erläutern Sie den Begriff erster Rettungsweg.

24.3.2   Was verstehen Sie unter dem zweiten Rettungsweg?

24.3.3   Wie lang darf der erste Rettungsweg nach der Musterbauordnung (MBO) maximal sein?

24.3.4   Sie sehen ein grünes Schild mit einer weißen Tür und einem Pfeil, der nach rechts zeigt. Was besagt dieses Schild?

24.3.5   Wie kann bei Gebäuden der Gebäudeklasse 1 der zweite Rettungsweg sichergestellt werden?

24.3.6   Wie wird der zweite Rettungsweg bei einem Hochhaus sichergestellt?

24.3.7   Erklären Sie den Begriff Sicherheitstreppenraum.

24.3.8   Warum werden Rauch- und Wärmeabzugsanlagen (RWA) in Treppenräume eingebaut?

24.3.9   Wie wird in einem innenliegenden Sicherheitstreppenraum der Eintritt von Brandrauch verhindert?

24.3.10   Welche generellen Anforderungen werden an den ersten Rettungsweg gestellt?

24.3.11   Ist es erlaubt, anstelle eines Treppenraumes einen Personenaufzug als Rettungsweg einzubauen?

24.3.12   Nennen Sie mindestens fünf Anforderungen, die ein Feuerwehraufzug erfüllen muss.

24.3.13 Wie lang ist die maximal zulässige Rettungsweglänge nach der Versammlungsstättenverordnung?

24.3.14 Ein Fenster soll als zweiter Rettungsweg genutzt werden. Welche Anforderungen müssen an das Fenster gestellt werden?

24.3.15 Was ist in Versammlungsstätten bezüglich der Aufschlagrichtung von Türen zu beachten?

24.3.16 Warum werden bei Sonderbauten i. d. R. zwei voneinander unabhängige bauliche Rettungswege verlangt?

24.3.17 Wer ist für die früh-/rechtzeitige Räumung von Sonderbauten im Brandfall verantwortlich?

24.3.18 Bis zu welcher Personenzahl wird die Personenrettung über Rettungsgeräte der Feuerwehr für durchführbar erachtet?

24.3.19 Welche Personengruppen sind in Hinblick auf eine Selbst- bzw. Fremdrettung wichtig zu unterscheiden?

24.3.20 Welche Art von Türen sind in Rettungswegen nicht zulässig?

24.3.21 Unter welchen Voraussetzung ist eine Sicherheitsbeleuchtung in Rettungswegen erforderlich?

24.4 Zugänge und Zufahrten für die Feuerwehr

24.4.1 Nennen Sie mindestens drei Anforderungen, die an Feuerwehrzufahrten gestellt werden.

24.4.2 In welchen Fällen werden Feuerwehrzufahrten gefordert?

24.4.3 Wie hoch und wie breit muss ein Durchgang sein, um beispielsweise ein rückwärtiges Gebäudeteil zu erreichen?

24.4.4 Erläutern Sie die Begriffe »Aufstellfläche« und »Bewegungsfläche«.

24.4.5 Welche Anforderungen werden an Aufstellflächen parallel zur Außenwand eines Gebäudes gestellt?

24.5   Brandsicherheitswachdienst

24.5.1   Nach welchen gesetzlichen Grundlagen werden Brandsicherheitswachen in den Bundesländern durchgeführt?

24.5.2   Wann ist ein Brandsicherheitswachdienst durchzuführen?

24.5.3   Worauf haben Sie als Führer eines Brandsicherheitswachdienstes besonders zu achten?

24.5.4   Wann muss nach Muster-Versammlungsstättenverordnung eine Brandsicherheitswache gestellt werden?

24.5.5   Wie lange vor einer Veranstaltung soll der Brandsicherheitswachdienst etwa am Objekt sein?

24.5.6   Welche Überprüfung verlangen Sie als Führer eines Brandsicherheitswachdienstes im Theater vom Bühnenmeister oder Spielleiter vor der Veranstaltung?

24.5.7   Welche für Sie wichtigen Angaben finden Sie im Szeneriebuch bei der Durchführung eines Brandssicherheitswachdienstes in einem Theater?

24.5.8   Warum soll vor Beginn einer Veranstaltung vom Brandsicherheitswachdienst ein Kontrollgang durchgeführt werden?

24.5.9   Worauf achten Sie als Führer einer Brandsicherheitswache vor Beginn der Veranstaltung besonders?

24.5.10   Was haben Sie bei der Durchführung des Brandsicherheitswachdienstes zu veranlassen, wenn in Bereichen, in denen Rauchverbot besteht, rauchende Personen angetroffen werden?

24.5.11   Sie führen in einem Theater einen Brandsicherheitswachdienst durch. Bei Begehung vor Spielbeginn werden Beanstandungen festgestellt. Was ist zu tun?

24.5.12   Welche Aufgaben hat der Brandsicherheitswachdienst während der Durchführung einer Veranstaltung?

24.5.13   Sie haben als Führer einer Brandsicherheitswache einen Brandausbruch festgestellt. Was ist sofort zu tun?

24.5.14   Was hat der Brandsicherheitswachdienst nach einer Veranstaltung zu tun?

24.6   Brandschau

24.6.1   In welchen Zeitabständen ist die Brandschau in brandschaupflichtigen Objekten längstens durchzuführen?

24.6.2   Nennen Sie einige brandschaupflichtige Objekte.

24.6.3   Wer ist berechtigt, die Brandschau durchzuführen?

24.6.4   Wozu werden Brandschauen durchgeführt?

24.6.5   Bei einer Brandschau wurden bauliche Mängel festgestellt. Wer ist für die Durchsetzung der Mängelbeseitigung verantwortlich?

24.6.6   Bei einer Brandschau wurden betriebliche Mängel festgestellt. Wer ist für die Durchsetzung der Mängelbeseitigung verantwortlich?

24.6.7   Welche Aspekte einer baulichen Anlage soll eine Brandschau prüfen?

24.7   Rauch- und Wärmeableitung

24.7.1   Welche Maßnahmen sieht die MBO zur Ableitung von Brandrauch aus Rettungswegen vor?

24.7.2   Welchem Zweck dienen bauliche Maßnahmen zur Rauchableitung?

24.7.3   Was versteht man unter dem Oberbegriff RWA?

24.7.4   Erläutern sie die Abkürzungen NRA, MRA und WA.

24.7.5   Was versteht man unter dem Prinzip der Rauchableitung durch Verdünnung?

24.7.6   Was versteht man unter dem Prinzip der Rauchableitung durch Schichtbildung?

24.7.7   Was beschreibt der Begriff »aerodynamisch wirksame Rauchabzugsfläche«?

24.7.8   Wozu dient ein Wärmeabzug?

24.7.9   Welche Flächen sind für den Wärmeabzug nutzbar?

24.7.10   Wodurch unterscheiden sich RWA und WA im Wesentlichen?

24.8   Industriebau

24.8.1   Wonach werden Sicherheitskategorien von Industriebauten unterschieden?

24.8.2   Worin unterscheiden sich Einbauten von Ebenen?

24.8.3   Worin unterscheiden sich Geschossdecken von Ebenen?

24.8.4   Von welchen Faktoren wird die höchstens zulässige Rettungsweglänge im Industriebau beeinflusst?

24.8.5   Woraus resultieren Anforderungen an den Feuerwiderstand und das Brandverhalten von Baustoffen der tragenden und aussteifenden Bauteile im Industriebau?

24.8.6   In welchen Fällen sind Wärmeabzugsflächen im Industriebau erforderlich?

24.8.7   Was versteht man unter Industriebauten?

24.8.8   Worin unterscheiden sich Brandabschnitte von Brandbekämpfungsabschnitten?

24.8.9   Welche Sicherheitskategorien sind in der IndBauRL definiert?

24.8.10   Welche Bemessungsverfahren sind nach IndBauRL zulässig?

24.8.11   Welcher Löschwasserbedarf wird für Industriebauten mindestens gefordert?

24.8.12   Welchen Einfluss hat die Größe der Grundfläche auf die Gestaltung der Rettungswege?

24.8.13   Unter welchen Umständen wird die maximal zulässige Rettungsweglänge erreicht?

24.8.14   Darf ständig anwesendes Personal als begünstigender Sicherheitsaspekt in Ansatz gebracht werden?

24.9   Organisatorischer Brandschutz

24.9.1   Wie wird das Löschvermögen von Feuerlöschern beschrieben?

24.9.2   Welche Maßnahmen sind zur Alarmierung von Personen geeignet?

24.9.3   In wie fern beeinflusst die Grundfläche eines Gebäudes die Ausstattung mit Feuerlöschern?

24.9.4   Durch welche zusätzlichen organisatorischen Maßnahmen können erhöhte Brandgefähr-
dungen kompensiert werden?

24.9.5   In welchen grundlegenden Dokumenten sind organisatorische Maßnahmen zur Verhütung von
Bränden und richtigem Verhalten im Ereignisfall definiert?

24.9.6   Wozu dienen Sicherheits- und Gesundheitsschutzkennzeichnungen in Arbeitsstätten?

24.9.7   Was sind langnachleuchtende Sicherheitszeichen?

24.9.8   Was ist bei Leuchtzeichen hinsichtlich ihrer Energieversorgung zu beachten?

24.9.9   Welche Anforderungen sind bei Verwendung von Schallzeichen zu berücksichtigen?

24.9.10   Was ist bei der Gestaltung von Flucht- und Rettungsplänen zu beachten?

Antworten

1 Atmung, Atemschutzgeräte, Atemschutzüberwachung

1.1 Atmung

1.1.1 Zu den oberen Atemwegen gehören die Nase, der Rachen und der Kehlkopf (in mancher Literatur bereits den unteren Atemwegen zugeordnet). Zu den unteren Atemwegen werden die Luftröhre, der Bronchialbaum und die Lungen gerechnet.

1.1.2 Der Gasaustausch, der zwischen dem Blut und der eingeatmeten Luft in der Lunge stattfindet, wird als »äußere Atmung« bezeichnet. Als »innere Atmung« wird der Gasaustausch zwischen dem Blut und den Körperzellen verstanden.

1.1.3 Der Luftverbrauch eines Menschen ist von seinem Lebensalter und von seiner körperlichen Belastung abhängig.

1.1.4 Der Luftverbrauch eines erwachsenen Menschen beträgt bei

    a) Ruhe: zwischen 8 bis 10 l/min,
    b) leichter Arbeit: bis zu 30 l/min,
    c) mittelschwerer Arbeit: zwischen 40 bis 60 l/min,
    d) schwerer Arbeit: zwischen 70 bis 80 l/min,
    e) kurzzeitiger Schwerstarbeit: bis zu 100 l/min.

1.1.5

Zusammensetzung der eingeatmeten Luft	Zusammensetzung der ausgeatmeten Luft
21 Vol.-% Sauerstoff	17 Vol.-% Sauerstoff
78 Vol.-% Stickstoff	78 Vol.-% Stickstoff
0,96 Vol.-% Edelgase	0,96 Vol.-% Edelgase
0,04 Vol.-% Kohlenstoffdioxid	4,04 Vol.-% Kohlenstoffdioxid

1.1.6 Der Kohlenstoffdioxidgehalt der Umluft hat einen direkten Einfluss auf die Steuerung der Atemfrequenz. Steigt der Kohlenstoffdioxidgehalt im Blut, so wird die Atmung angeregt und die Atemfrequenz erhöht sich. Konzentrationen bis zu 4 Vol.-% CO_2 in der Umluft bewirken eine Beschleunigung der Atmung. Wird der Wert von 4 Vol.-% überschritten, so tritt eine Verlangsamung der Atmung ein, die in Abhängigkeit vom CO_2-Gehalt bis zum Atemstillstand führen kann.

1.1.7 Die roten Blutkörperchen sind für den Sauerstofftransport von den Lungenbläschen zu den Zellen verantwortlich sowie für den Kohlenstoffdioxidabtransport von den Zellen zu den Lungenbläschen.

1.1.8 Exspiration ist die Ausatmung.

1.1.9   Angst und Stress können ebenfalls zur Steigerung der Atemfrequenz und somit zu einem vermehrten Luftverbrauch führen.

1.1.10   Die Atemfrequenz beim Erwachsenen liegt in Ruhe bei ca. 12 bis 18 Atemzügen pro Minute.

1.2   Atemschutzgeräte

1.2.1   Da die Einsatzkräfte der Feuerwehr durch Atemgifte, Sauerstoffmangel, radioaktive oder biologische Stoffe im Einsatzgeschehen gefährdet werden können, kommt dem Atemschutz eine zentrale Rolle zu.

1.2.2   Die DIN EN 133 beziehungsweise die FwDV 7 unterscheidet zwischen Atemschutzgeräten, die unabhängig von der Umgebungsatmosphäre wirken (Isoliergeräte) und Atemschutzgeräten, die abhängig von der Umgebungsatmosphäre wirken (Filtergeräte).

1.2.3   Umluftunabhängige Atemschutzgeräte sind:
- Frischluftschlauchgeräte,
- Druckluftschlauchgeräte,
- Behältergeräte,
- Regenerationsgeräte.

1.2.4   Zu den frei tragbaren Isoliergeräten gehören die Behälter- und die Regenerationsgeräte.

1.2.5   Atemschutzgeräteträger müssen:
- das 18. Lebensjahr vollendet haben,
- körperlich geeignet sein,
- erneut nach dem Grundsatz G 26 untersucht werden, wenn vermutet wird, dass sie den Anforderungen für das Tragen von Atemschutzgeräten nicht mehr genügen (dies gilt insbesondere nach schwerer Erkrankung oder wenn sie selbst vermuten, den Anforderungen nicht mehr gewachsen zu sein),
- die Ausbildung zum Atemschutzgeräteträger erfolgreich absolviert haben,
- regelmäßig an Fortbildungsveranstaltungen und an Wiederholungsübungen teilnehmen,
- zum Zeitpunkt der Übung oder des Einsatzes gesund sein und sich einsatzfähig fühlen.

1.2.6   Die Feststellung der Atemschutztauglichkeit erfolgt durch einen, von den Berufsgenossenschaften dazu ermächtigten Arzt (Arbeitsmediziner). Als Grundlage für die ärztliche Untersuchung dienen die »Berufsgenossenschaftlichen Grundsätze für die arbeitsmedizinischen Vorsorgeuntersuchungen G 26 Atemschutzgeräte«.

1.2.7 Einsatzkräfte, die die Anforderungen des Atemschutzes nicht erfüllen, dürfen nicht unter Atemschutz eingesetzt werden.

1.2.8 Unter einem Atemanschluss versteht man den Teil eines Atemschutzgerätes, der die Verbindung zwischen Gerät und Geräteträger herstellt.

1.2.9 Die DIN EN 134 unterscheidet zwischen:

- der Vollmaske,
- der Halbmaske,
- der Mundstücksgarnitur sowie
- Atemschutzhauben, -helmen und -anzügen.

1.2.10 Bei den Feuerwehren werden Vollmasken nach DIN EN 136 verwendet.

1.2.11 Die Filterklassen geben das Aufnahmevermögen der Filter für die gasförmigen Schadstoffe wieder. Hierbei wird zwischen Filtern mit geringem, mittlerem und großem Aufnahmevermögen unterschieden. Bei den Partikelfilterklassen handelt es sich um ein Maß für den Abscheidegrad von Filtern gegenüber festen und flüssigen Partikeln in der Atmosphäre.

1.2.12

Hauptanwendungsbereich	Filtertyp	Kennfarbe
Dämpfe von organischen Verbindungen mit einem Siedepunkt größer als 65 °C	A	braun
Dämpfe von organischen Verbindungen mit einem Siedepunkt kleiner/gleich 65 °C	AX	braun
Anorganische Gase und Dämpfe	B	grau
Schwefeldioxid, Chlorwasserstoff	E	gelb
Ammoniak	K	grün
Kohlenstoffmonoxid	CO	schwarz
Quecksilber (Dampf)	Hg	rot
Nitrose Gase, einschließlich Stickstoffmonoxid	NO	blau
Radioaktives Iod, einschließlich radioaktivem Iodmethan	Reaktorfilter	orange

Bei allen Filtern sind die Angaben der Hersteller zu beachten.

1.2.13 Beim Tragen von Filtergeräten sind folgende Einsatzgrundsätze zu beachten:

- Filtergeräte dürfen nur eingesetzt werden, wenn Luftsauerstoff in ausreichendem Maße vorhanden ist.
- Filtergeräte dürfen nicht eingesetzt werden, wenn Art und Eigenschaft der vorhandenen Atemgifte unbekannt sind, wenn Atemgifte vorhanden sind, gegen deren Art oder Konzentration der Filter nicht schützt oder wenn starke Flocken- oder Staubbildung vorliegt.

- Die Einsatzgrenzen der Atemfilter sind zu beachten. In Zweifelsfällen sind Isoliergeräte zu verwenden.
- Gasfilter dürfen grundsätzlich nur gegen solche Gase und Dämpfe eingesetzt werden, die der Atemschutzgeräteträger bei Filterdurchbruch riechen oder schmecken kann. Die Möglichkeit einer Beeinträchtigung oder Lähmung des Geruchssinns durch den Schadstoff ist zu berücksichtigen. Die Herstellerangaben sind zu beachten.
- Bei Verwendung von Atemfiltern ist auf Funkenflug (z. B. Trennschleifen, Brennschneiden) oder offenes Feuer zu achten (Brandgefahr).
- Atemfilter, die geöffnet und benutzt wurden, müssen nach dem Einsatz unbrauchbar gemacht und entsorgt werden. Geöffnete, unbenutzte Filter können zu Ausbildungs- und Übungszwecken verwendet werden.

1.2.14 Der Einsatz von Filtergeräten ist zum Beispiel bei
- Wald-, Moor- und Heidebränden,
- Aufräumarbeiten nach einem Brand oder
- der Dekontamination im Gefahrstoffeinsatz möglich.

1.2.15 Bei einer Brandfluchthaube handelt es sich um eine den Kopf umschließende Haube, welche mit einer Voll- oder einer Halbmaske fest verbunden ist. Zur Filterung der Schadstoffe ist sie mit einem Kombinationsfilter versehen. Verwendung finden Brandfluchthauben zur Selbstrettung oder Rettung von Personen aus Brandbereichen.

1.2.16 Brandfluchthauben sollen einen Schutz gegen Schwebstoffe und Gase wie zum Beispiel Cyanwasserstoff (Blausäure), Ammoniak und Kohlenstoffmonoxid gewähren.

1.2.17 Schlauchgeräte könnten bei Arbeiten in Tanks, Silos oder anderen gasgefährdeten Bereichen eingesetzt werden.

1.2.18 Die Gebrauchszeit eines Pressluftatmers liegt bei etwa 30 Minuten, sie ist sehr stark von der körperlichen Belastung des Atemschutzgeräteträgers abhängig.

1.2.19 Die Gebrauchszeit eines Pressluftatmers wird maßgeblich von folgenden Faktoren beeinflusst:
- der körperlichen Fitness und
- der körperlichen Belastung des Atemschutzgeräteträgers.

1.2.20 Beim Einsatz von Atemschutzgeräten gelten folgende allgemeine Einsatzgrundsätze:
- Jeder Atemschutzgeräteträger ist für seine Sicherheit eigenverantwortlich.
- Atemschutzgeräte sind außerhalb des Gefahrenbereiches an- und abzulegen.
- Vor dem Einsatz muss eine Einsatzkurzprüfung durchgeführt werden.
- Zwischen zwei Atemschutzeinsätzen ist eine Ruhepause einzulegen.

- Der Flüssigkeitsverlust der Einsatzkräfte ist durch geeignete Getränke auszugleichen. Vor und während der Einnahme von Speisen und Getränken ist die Hygiene zu beachten.

1.2.21 Bei Einsätzen in Behältern, engen Schächten oder Kanälen darf ein einzelner Atemschutzgeräteträger einsteigen. Er ist jedoch mittels einer Feuerwehrleine zu sichern. Zur Rettung des Eingestiegenen sind geeignetes Gerät und ausreichende Mannschaft bereitzustellen.

1.2.22 Bei den Regenerationsgeräten wird zwischen:
- Kreislaufgeräten mit Drucksauerstoff (Sauerstoffschutzgeräte),
- Geräten mit Flüssigsauerstoff und
- Geräten mit chemisch gebundenem Sauerstoff unterschieden.

1.2.23 Bei den Regenerationsgeräten wird das in der Ausatemluft enthaltene Kohlenstoffdioxid mittels einer wiederbefüllbaren Kalkpatrone oder einer Alkalipatrone chemisch gebunden. Sauerstoff wird zugemischt und die Luft gelangt erneut zum Geräteträger.

1.2.24 Ziel der praktischen Atemschutzausbildung ist es, dem Geräteträger Sicherheit unter dem Gerät zu vermitteln, damit er auch in gefährlichen Lagen Ruhe bewahrt und sich richtig verhält.

1.2.25

Ausbildungsinhalte	Tätigkeiten
Handhabung der Atemschutzgeräte	• Atemschutzgeräte anlegen, in Betrieb nehmen, ablegen und wechseln von Druckbehältern • Durchführen der Einsatzkurzprüfung
Gewöhnung	• Tragen von Atemanschlüssen ohne und mit Gerät
Orientierung	• Begehen von abgedunkelten und mit Hindernissen versehenen Objekten • Absuchen von verrauchten und abgedunkelten Objekten
Körperliche Belastung	• Schnelles Gehen • Tragen von Lasten • Begehen und Besteigen von Hindernissen • Besteigen von Leitern • Einsteigen in Behälter und in enge Schächte
Psychische Belastung	• Richtiges Verhalten bei Lärm • Richtiges Verhalten bei plötzlich auftretenden unvorhersehbaren Ereignissen • Richtiges Verhalten bei Fehlern an Geräten
Übung von Einsatztätigkeiten	• Suchen und Retten von Personen • Einsteigen über Leitern • Bergen von Gegenständen • Vornehmen von Strahlrohren mit Schlauchleitungen • In-Stellung-bringen von Ausrüstungsgegenständen • Ausführen technischer/handwerklicher Arbeiten ohne Sicht • Abgeben von Meldungen über Funk

Ausbildungsinhalte	Tätigkeiten
Eigensicherung	<ul><li>Anlegen der persönlichen Schutzausrüstung</li><li>Handhaben von kontaminiertem Gerät, Schutzkleidung und Körperoberflächen</li><li>Richtiges Verhalten bei Eigengefährdung auch unter psychischer Belastung</li><li>Beachten der Maßnahmen der Atemschutzüberwachung</li></ul>
Notfalltraining	<ul><li>Suchen, Befreien und In-Sicherheit-bringen von in Not geratenen Atemschutzgeräteträgern</li><li>Abgeben von Notfallmeldungen</li></ul>

1.2.26   Atemschutzgeräteträger müssen jährlich mindestens

- eine Belastungsübung in einer Atemschutz-Übungsanlage und
- eine Einsatzübung innerhalb einer taktischen Einheit unter Atemschutz durchführen. Die Einsatzübung kann bei Einsatzkräften entfallen, die in entsprechender Art und Umfang unter Atemschutz im Einsatz waren.

1.3   Atemschutzüberwachung

1.3.1   Nach FwDV 7 ist der jeweilige Einheitsführer einer taktischen Einheit für die Atemschutzüberwachung verantwortlich. Es können jedoch andere geeignete Personen, die die Grundsätze der Atemschutzüberwachung kennen, zur Unterstützung hinzugezogen werden. Davon bleibt unberührt, dass jeder Atemschutzgeräteträger für seine Sicherheit eigenverantwortlich ist.

1.3.2   Ziel einer systematischen Atemschutzüberwachung ist eine Erhöhung der Sicherheit der Einsatzkräfte während des Atemschutzeinsatzes.

1.3.3   Die Registrierung soll enthalten:

- Namen der Einsatzkräfte unter Atemschutz gegebenenfalls mit Funkrufnamen,
- Uhrzeit beim Anschließen des Luftversorgungssystems,
- Uhrzeit bei 1/3 und 2/3 der zu erwartenden Einsatzzeit,
- Erreichen des Einsatzzieles,
- Veränderung des Standorts,
- Beginn des Rückzugs.

1.3.4   Grundlage für die Atemschutzüberwachung bilden die FwDV 7 und die Unfallverhütungsvorschrift Feuerwehren (DGUV Vorschrift 49).

1.3.5   Durch die Einsatzgliederung sollten folgende Fragen geklärt werden:

- Wer ist für welchen Aufgabenbereich verantwortlich?
- Welche Aufgaben haben die einzelnen Einsatzkräfte zu erfüllen?
- Wie, das heißt mit welchen Mitteln lassen sich diese Aufgaben durchführen?

- Wie lässt sich die Einsatzstelle am sinnvollsten organisieren?

1.3.6   Prinzipiell hat jeder Atemschutzgeräteträger vor dem Einsatz den Fülldruck und das Ansprechen des Warnsignals zu überprüfen. Gleichzeitig ist eine Dichtprobe durchzuführen. Weisen die Atemschutzgeräte weniger als 90 % des Nenn-Fülldruckes auf, so sind sie nicht einsatzbereit.

1.3.7   Der Truppführer trägt die Verantwortung für:
- die Kontrolle des Pressluftvorrates vor und während des Einsatzes,
- die Registrierung des Trupps (An- und Abmelden),
- die Kontrolle und Durchführung des Funkverkehrs.

1.3.8   Der Gruppenführer trägt die Verantwortung für:
- die Durchführung der Atemschutzüberwachung,
- die Registrierung und Überwachung der eingesetzten Atemschutztrupps,
- die Sicherstellung einer ständigen Funkverbindung zwischen Atemschutztrupp und der Atemschutzüberwachung (falls vom Maschinisten nicht durchgeführt),
- die Bereitstellung eines Sicherheitstrupps.

1.3.9   Folgende Gegenstände sind für eine Atemschutzüberwachung erforderlich:
- eine Uhr, besser noch für jeden zu überwachenden Trupp eine Uhr,
- ein Registrierungssystem (Formblatt oder Tafel), das Vorgaben zum Eintragen von Personennamen, Zeiten, Drücken sowie Aufträge und Einsatzorte enthalten sollte,
- wasserfester Stift,
- Geräteanhänger für jedes Atemschutzgerät.

1.3.10   Bei der Atemschutzüberwachung ist darauf zu achten, dass kein Atemschutztrupp ohne Registrierung die Einsatzstelle betritt oder wieder verlässt.

1.3.11   Personen, die die Atemschutzüberwachung durchführen, müssen die Grundsätze der Atemschutzüberwachung kennen.

1.4   Sicherheitstrupp

1.4.1   Grundsätzlich muss an jeder Einsatzstelle, an der Atemschutztrupps eingesetzt werden, mindestens ein Sicherheitstrupp mit einer Mindeststärke von 0/2/2 zum Einsatz bereitstehen. Je nach Risiko und personeller Stärke des eingesetzten Atemschutztrupps wird die Stärke des Sicherheitstrupps erhöht.

1.4.2   Kann an einer Einsatzstelle eine Gefährdung von Atemschutztrupps weitestgehend ausgeschlossen werden oder ist die Rettung durch einen Sicherheitstrupp auch ohne Atemschutz möglich, beispielsweise bei Brandeinsätzen im Freien, kann auf die Bereitstellung von Sicherheitstrupps verzichtet werden.

1.4.3 Da der Atemschutz- und der Sicherheitstrupp beide zur Menschenrettung vorgehen, ist der Sicherheitstrupp mindestens wie der Atemschutztrupp auszustatten. Die Ausstattung kann durch weitere Elemente z. B. einem Rettungstuch ergänzt werden.

1.4.4 In diesem Fall soll für jeden dieser Angriffswege mindestens ein Sicherheitstrupp zum Einsatz bereitstehen. Dabei richtet sich die Anzahl der Sicherheitstrupps nach der Beurteilung der Lage durch den Einsatzleiter.

2 Ausbilden

2.1 Lernziele sind Festlegungen darüber, wie das gewünschte Verhalten des Lernenden am Ende des Lernprozesses aussehen sollte. Der Inhalt eines Lernzieles kann zum Beispiel das Wissen über einen theoretischen Sachverhalt oder die Ausführung einer praktischen Tätigkeit umfassen.

2.2 Aufgabe der Lernziele ist es, die zu erlernenden Fähigkeiten, Fertigkeiten, Kenntnisse und Einstellungen zu umschreiben. Sie können aber auch als Grundlage für die Kontrolle des Unterrichts herangezogen werden.

2.3 Bei den Lernzielen wird zwischen den kognitiven, affektiven und psychomotorischen Lernzielen unterschieden.

2.4 Bei den kognitiven Lernzielen geht es um die Fähigkeit, Sachverhalte zu verstehen und im Gedächtnis zu behalten, damit sie zum Verstehen komplexerer Sachverhalte und zur Steuerung von Handlungen verfügbar sind.

2.5 Durch affektive Lernziele soll entweder Interesse geweckt oder eine bestimmte Einstellung beziehungsweise Haltung in Bezug auf bestimmte Sachverhalte erreicht werden.

2.6 Durch psychomotorische Lernziele soll die Fähigkeit angestrebt werden, Bewegungsabläufe zu beherrschen oder Gegenstände physisch zweckmäßig handhaben zu können.

2.7 Entsprechend dem Grad ihrer Genauigkeit können die Lernziele in Richtlernziele, Groblernziele, Feinlernziele oder Feinstlernziele unterteilt werden. Diese Ziele bezeichnet man als Lernzielklassen.

2.8 Innerhalb der kognitiven, psychomotorischen und affektiven Lernzielarten lassen sich die Lernziele weiter strukturieren und in abgestufte Systeme einordnen. Hierbei erfolgt die Abstufung im Wesentlichen vom Leichten zum Schweren beziehungsweise vom Einfachen zum Komplizierten. Dabei ist stets das Leichte Voraussetzung für das Erlernen des Schweren, das heißt das Durchlaufen einer niedrigen Lernzielstufe ist erforderlich, um die nächst höhere zu erreichen.

2.9 Bei der Gestaltung von PowerPoint-Präsentationen sind folgende Punkte zu beachten:
1. Die Folien sollten keine zu hohe Informationsdichte aufweisen.
2. Zur Erhöhung der Übersichtlichkeit sollte eine einfache Gliederung angewandt werden.
3. Die Schriftgröße sollte der Raumtiefe angepasst sein.
4. Wichtige Informationen sollten farbig unterlegt werden.

2.10 Beim Arbeiten mit PowerPoint-Präsentationen sollte Folgendes beachtet werden:
1. Die Folien sollten lange genug gezeigt werden.
2. Das Gerät erst dann einschalten, wenn die Folien benötigt werden.
3. Wird die Präsentation nicht mehr benötigt, so ist sie auszublenden.

2.11 Verwenden Sie nicht zu viele Effekte, die das Programm bietet (z. B. Einfliegen einzelner Buchstaben, Einarbeiten verschiedenster Soundeffekte). Dies überfrachtet die Zuhörer! Achten Sie darauf, dass Bilder eine genügend große Auflösung aufweisen.

2.12 Beim Umgang mit einem Flipchart ist Folgendes zu beachten:
- Vor Beginn des Unterrichtes ist zu kontrollieren, ob die Aufstellung für alle gut sichtbar ist.
- Faserschreiber sind vorab zu überprüfen.
- Es sollten nur Stichwörter notiert werden.
- Die Verwendung von Druckbuchstaben ist anzustreben.
- Das Blatt sollte während des Schreibvorganges nach Möglichkeit nicht mit dem Körper abgedeckt werden.
- Für Wiederholungen sollte zurückgeblättert werden.

2.13 Die verschiedenen Medien sollen dazu beitragen, den Lernstoff zu veranschaulichen und somit zur Verbesserung der Lernleistung führen.

2.14 Zu den visuellen Medien gehören beispielsweise Folien, Arbeitsblätter, Tafel, Whiteboard, Dias oder Foto-CDs.

2.15 Zu den auditiven Medien gehören beispielsweise Kassetten, Tonbänder, CDs, Audiodateien und Hörfunk.

2.16 Audiovisuelle Medien sind zum Beispiel Filme, Fernsehen, Video, DVDs oder Videodateien.

2.17 Der Einsatz dieser Medien sollte:
- zur Entlastung des Dozenten führen,
- die Aktivität der Lernenden fördern,
- ein leichteres Erreichen der Lernziele ermöglichen,
- dabei helfen, den Lernstoff übersichtlich, strukturiert und didaktisch aufbereitet darzubieten,
- eine Übertragung des Gelernten auf ähnliche Aufgaben fördern.

2.18 Der Nachteil liegt darin begründet, dass der Dozent den Lernenden beim Schreiben den Rücken zukehren muss.

2.19   Für den Einsatz der unterschiedlichen Medientechniken im Unterricht gilt: »Nicht zu viel auf einmal« und »die Inhalte müssen passen«.

2.20   Häufige Fehler beim »Blickkontakt« bestehen darin, dass:
- der Ausbilder niemanden anschaut,
- der Ausbilder über die Köpfe der Auszubildenden hinweg schaut,
- der Ausbilder sich zu sehr mit seinen Unterlagen oder den Medien beschäftigt,
- nur bestimmte Personen vom Ausbilder angeschaut werden.

2.21   Körpersprache sollte sparsam und gezielt eingesetzt werden. Der Ausbilder sollte sich natürlich verhalten.

2.22   Einfachheit und Verständlichkeit in der Sprache zeichnen einen guten Dozenten aus. Dies gilt sowohl bei den Wörtern, die man benutzt, wie auch bei den Sätzen.

2.23   Einfache und verständliche Wörter sind beispielsweise:
- kurze Wörter,
- geläufige Wörter,
- keine Fachausdrücke,
- keine Fremdwörter,
- keine Abkürzungen.

2.24   Einfache und verständliche Sätze sind zum Beispiel:
- kurze Sätze,
- einfach strukturierte Sätze,
- keine Sätze mit vielen Nebensätzen,
- keine Passivsätze.

2.25   Eine gute Sprechtechnik ist abhängig von:
- der Lautstärke,
- der Stimmlage,
- dem Sprechtempo,
- den Redepausen,
- den Akzenten,
- der Aussprache.

2.26   Das Sprechtempo sollte nicht zu schnell, aber auch nicht zu langsam sein. Beim zu schnellen Sprechen schalten die Zuhörer rasch ab, da diese mit ihren Gedanken der Ausbildung nicht mehr folgen können. Eine langsame Sprechweise wirkt dagegen auf den Zuhörer ermüdend.

2.27   Die Lautstärke der Stimme sollte gezielt eingesetzt werden. Eine zu laute Stimme wirkt unangenehm. Eine zu leise Stimme kann dagegen sehr anstrengend für die Zuhörer sein. Durch gezieltes Wechseln zwischen laut und leise kann zum Beispiel Spannung erzeugt werden.

2.28   Viele Auszubildende empfinden einen Dialekt eher positiv als negativ. Es sollte jedoch sichergestellt werden, dass alle Zuhörer diesen Dialekt auch verstehen. Sonst kann dies schnell zu Verständigungsschwierigkeiten führen.

2.29   Zuhörer bedürfen von Zeit zu Zeit einer kurzen Pause. Die Pause gibt dem Zuhörer die Möglichkeit über die gesagten Worte nachzudenken. Außerdem gliedern Pausen die Rede und geben einen Hinweis darauf, ob ein Satz oder ein Gedankengang zu Ende ist.

2.30   Werden Fragen an die Zuhörer gerichtet, so ist darauf zu achten, dass:
- alle Fragen präzise und verständlich gestellt werden,
- während der Fragestellung nach Möglichkeit alle Zuhörer der Gruppe angeschaut werden,
- den Zuhörern genügend Zeit zum Überlegen und zur Beantwortung der Frage gegeben wird,
- es vermieden wird, die Frage selbst zu beantworten,
- die Antworten der Zuschauer nach Möglichkeit für die nächste Frage aufgenommen werden,
- Alternativfragen (Ja-Nein-Fragen) vermieden werden,
- nicht mehrere Fragen (Kettenfragen) hintereinander gestellt werden,
- Wissensfragen nicht gezielt an einzelne Zuhörer gerichtet werden.

2.31   Fragen im Unterrichtsgespräch sollen den Gesprächsverlauf steuern, die Teilnehmer aktivieren und motivieren und dabei helfen, Ergebnisse zu sichern.

2.32   Beim Stellen von Fragen während des Unterrichtes ist Folgendes zu beachten:
- Frage überlegen,
- nur präzise und verständliche Fragen stellen,
- abwarten und dabei die Teilnehmer ansehen,
- Antworten freundlich aufnehmen,
- mit der Antwort arbeiten, Antworten weitergeben,
- mit einer Frage zum nächsten Teilthema oder Aspekt übergehen.

2.33   Mögliche Vorteile einer Gruppenarbeit:
- eine Steigerung der Lernmotivation,
- neben dem erlernten Fachwissen werden auch weitere Kompetenzen erlernt, z. B. das Diskutieren und Argumentieren sowie der soziale und kommunikative Umgang,
- die Gruppe kann eine Arbeitsteilung vornehmen,

- durch die unterschiedlichen Kompetenzen und Wissensstände der Gruppenmitglieder können Ergebnisse erzielt werden, die in Einzelarbeit nicht möglich gewesen wären.

2.34   Mögliche Nachteile einer Gruppenarbeit:

- ein höherer organisatorischer und zeitlicher Aufwand,
- mögliche Konflikte innerhalb der Gruppe durch verschiedene Ansichten,
- Ineffizienz durch Ablenkung,
- nicht jedes Gruppenmitglied bringt sich gleich ein z. B. können sich einzelne hinter der Gruppe verstecken.

3 Baukunde

3.1 Nationale und europäische Rechtsgrundlagen

3.1.1 Die Bauproduktenverordnung regelt die Bedingungen, nach denen Bauprodukte in der EU in Verkehr gebracht oder bereitgestellt werden dürfen. Es werden Anforderungen an

- die Leistungen von Bauprodukten entsprechend der harmonisierten technischen Spezifikationen,
- die Verwendung der CE-Kennzeichnung sowie
- die Wirtschaftsakteure (Hersteller, Importeure und Händler) gestellt.

3.1.2 Anhang I der Bauproduktenverordnung definiert die Grundanforderungen an Bauwerke. Hinsichtlich des Brandschutzes müssen Bauwerke derart entworfen und ausgeführt sein, dass bei einem Brand

- die Tragfestigkeit über eine gewisse Zeit erhalten bleibt,
- die Entstehung und Ausbreitung eines Brandes (Feuer und Rauch) innerhalb des Bauwerks begrenzt wird,
- die Ausbreitung von Feuer auf benachbarte Bauwerke begrenzt wird,
- die Bewohner sich selbst retten oder durch andere Maßnahmen gerettet werden können und
- die Sicherheit für die Rettungskräfte berücksichtigt ist.

3.1.3 Anders als die Bauproduktenrichtlinie entfaltet die Bauproduktenverordnung eine unmittelbare Wirksamkeit in den Mitgliedsstaaten der EU entsprechend des in Artikel 5 des Vertrages über die Europäische Union niedergelegten Subsidiaritätsprinzips. Weiterführende Regelungen zur Durchführung der Bauproduktenverordnung sind im nationalen Bauproduktengesetz festgelegt.

3.1.4 Unter Bauprodukten versteht man entsprechend § 2 Abs. 10 MBO entweder

- Produkte, Baustoffe, Bauteile und Anlagen sowie Bausätze gemäß Art. 2 Nr. 2 der Verordnung (EU) Nr. 305/2011, die hergestellt werden, um dauerhaft in bauliche Anlagen eingebaut zu werden, oder
- aus Produkten, Baustoffen, Bauteilen sowie Bausätzen gemäß Art. 2 Nr. 2 der Verordnung (EU) Nr. 305/2011 vorgefertigte Anlagen, die hergestellt werden, um mit dem Erdboden verbunden zu werden.

Als Bauart wird das Zusammenfügen von Bauprodukten zu baulichen Anlagen oder zu Teilen von baulichen Anlagen bezeichnet.

3.1.5   Bauliche Anlagen dürfen die öffentliche Sicherheit und Ordnung nicht gefährden. Dies gilt entsprechend § 3 Abs. 1 MBO insbesondere für Leben und Gesundheit von Menschen und Tieren wie auch die Wahrung natürlicher Lebensgrundlagen. Die Nutzungssicherheit der Anlagen ist über ihre gesamte Lebensdauer zu gewährleisten (Anordnung, Errichtung, Änderung und Instandsetzung).

3.1.6   Das Übereinstimmungszeichen (Ü-Zeichen) kennzeichnet, dass für ein Bauprodukt eine verwendungsbezogene Übereinstimmungserklärung des Herstellers vorliegt. Die Bestätigung bezieht sich dabei auf die Übereinstimmung mit den eingeführten Technischen Baubestimmungen, allgemeinen bauaufsichtlichen Zulassungen, allgemeinen bauaufsichtlichen Prüfzeugnissen oder Zustimmungen im Einzelfall. Eine nicht wesentliche Abweichung von den vorgenannten Maßstäben gilt ebenso als Übereinstimmungsbestätigung. Zusätzlich kann eine Zertifizierung vor Abgabe der Übereinstimmungserklärung vorgeschrieben werden.

3.1.7   Die erforderliche Art des Übereinstimmungsnachweises für ein Bauprodukt, die nicht die CE-Kennzeichnung tragen, ist in den Technischen Baubestimmungen festgelegt. Es wird unterschieden zwischen

- der Übereinstimmungserklärung des Herstellers (ÜH), dass das Bauprodukt den maßgebenden technischen Regeln entspricht (ohne Einschalten einer Prüf-, Überwachungs- oder Zertifizierungsstelle),
- der Übereinstimmungserklärung des Herstellers nach vorheriger Prüfung des Bauprodukts durch eine anerkannte Prüfstelle (ÜHP) und
- dem Übereinstimmungszertifikat durch eine anerkannte Zertifizierungsstelle mit Fremdüberwachung der werkeigenen Produktionskontrolle durch eine anerkannte Überwachungsstelle (ÜZ).

3.1.8   Die CE-Kennzeichnung wird in der Bauproduktenverordnung geregelt. Sie bescheinigt die Konformität eines Bauproduktes mit der erklärten Leistung in Bezug auf die wesentlichen Merkmale, die von einer harmonisierten Norm oder einer Europäischen Technischen Bewertung erfasst sind. Insofern alle Leistungen erklärt sind, die den gesetzlichen Anforderungen der Landesbauordnung oder der aufgrund der Landesbauordnung erlassenen Gesetze entsprechen, darf das Bauprodukt verwendet werden. Die Verantwortung der Konformitätserklärung liegt beim Hersteller des Bauproduktes.

3.1.9   Technische Regeln, die seitens der obersten Bauaufsichtsbehörde als Technische Baubestimmungen eingeführt werden, erfahren aufgrund ihrer Verankerung in den Bauordnungen der Länder einen hervorgehobenen rechtlichen Status. Ihre Anwendung ist verbindlich, sofern die Gewährleistung öffentlicher Sicherheit und Ordnung baulicher Anlagen nicht durch eine andere Lösung in gleichem Maße nachgewiesen werden kann.

3.1.10   Die MVV TB besteht im Wesentlichen aus den Teilen A, B , C und D, die in weitere Unterabschnitte gegliedert sind:

- Teil A umfasst Technische Baubestimmungen, die bei der Erfüllung der Grundanforderungen an Bauwerke zu beachten sind. Diese betreffen bspw. die Standsicherheit, den Brandschutz oder den Schallschutz.
- Teil B umfasst Technische Baubestimmungen für Bauteile und Sonderkonstruktionen, die zusätzlich zu den in Abschnitt A aufgeführten Bestimmungen zu
beachten sind.
- Teil C umfasst Technische Baubestimmungen für Bauprodukte, die nicht die CE-
Kennzeichnung tragen und für Bauarten, die nur eines allgemeinen bauaufsichtlichen Prüfzeugnisses bedürfen.
- Teil D umfasst Technische Baubestimmungen für Bauprodukte, die keines Ver-
wendbarkeitsnachweises bedürfen.

3.1.11   Mit Änderung der Musterbauordnung bedürfen Bauprodukte, die aufgrund der Verordnung
(EU) Nr. 305/2011 (Bauproduktenverordnung) die CE-Kennzeichnung tragen, keiner weiteren
nationalen Verwendbarkeitsnachweise (Ü-Zeichen). Bei Bauprodukten, die vor dem Inkraft-
treten des Gesetzes bereits mit beiden Kennzeichnungen versehen wurden, verliert das
Ü-Zeichen seine Gültigkeit.

3.1.12   Bauarten werden nicht mit Ü-Zeichen gekennzeichnet. Ihre Übereinstimmung mit den Technischen Baubestimmungen, den allgemeinen Bauartengenehmigungen, den allgemeinen
bauaufsichtlichen Prüfzeugnissen für Bauarten oder den vorhabenbezogenen Bauartengenehmigungen ist jedoch nachzuweisen. Allgemeine Bauartengenehmigungen werden vom
Deutschen Institut für Bautechnik (DIBt) erteilt, vorhabenbezogene Bauartengenehmigungen
von der obersten Bauaufsichtsbehörde.

3.1.13   Unter allgemein anerkannten Regeln der Technik versteht man technische Regeln, die
bestimmte Voraussetzungen erfüllen müssen:

- auf wissenschaftlichen Grundlagen oder praktischen Erfahrungen beruhen,
- von der Mehrheit der auf dem Fachgebiet tätigen Personen als richtig anerkannt
und
- von der Mehrzahl der praktisch tätigen Fachleute angewendet werden.

Sie sind bei Entwurf und Ausführung technischer Anlagen zu beachten.

3.1.14   Allgemeine bauaufsichtliche Zulassungen werden vom Deutschen Institut für Bautechnik (DIBt)
erteilt. Ein allgemeines bauaufsichtliches Prüfzeugnis wird von einer anerkannten Prüfstelle
ausgestellt. Der Nachweis der Verwendbarkeit von Bauprodukten im Einzelfall wird von der
obersten Bauaufsichtsbehörde der Länder erteilt.

3.1.15   Baustoffe werden hinsichtlich ihres Brandverhaltens und Bauteile nach ihrer Feuerwider-standsfähigkeit beurteilt:

Baustoffe nach § 26 Abs. 1 MBO	Bauteile nach § 26 Abs. 2 MBO
nichtbrennbar	feuerbeständig
schwerentflammbar	hochfeuerhemmend
normalentflammbar	feuerhemmend

3.1.16   Feuerbeständige Bauteile dürfen

- aus nichtbrennbaren Baustoffen bestehen oder
- in tragenden und aussteifenden Teilen aus nichtbrennbaren Baustoffen bestehen, die bei Raumabschlussfunktion des Bauteils eine zusätzliche nichtbrennbare Schicht in Bauteilebene aufweisen müssen.

Hochfeuerhemmende Bauteile dürfen

- aus nichtbrennbaren Baustoffen bestehen,
- in tragenden und aussteifenden Teilen aus nichtbrennbaren Baustoffen bestehen, die bei Raumabschlussfunktion des Bauteils eine zusätzliche nichtbrennbare Schicht in Bauteilebene aufweisen müssen oder
- in tragenden und aussteifenden Teilen aus brennbaren Baustoffen bestehen, die allseitig mit einer Brandschutzbekleidung und nichtbrennbarer Dämmung ummantelt sind.

3.1.17   Brandwände müssen nach § 30 Abs. 3 MBO feuerbeständig sein und aus nichtbrennbaren Baustoffen bestehen.

3.1.18   Leichtentflammbare Baustoffe dürfen nicht verwendet werden. Dies gilt nicht, wenn sie in Verbindung mit anderen Baustoffen nicht leichtentflammbar sind.

3.2   Brandverhalten von Baustoffen und Bauteilen nach DIN 4102

3.2.1   In der nationalen Normenreihe DIN 4102 werden Baustoffe und Bauteile hinsichtlich ihres Brandverhaltens klassifiziert. Hierzu werden brandschutztechnische Begriffe, Anforderungen, Prüfverfahren und Kennzeichnungen definiert.

3.2.2   Die Normenreihe der DIN 4102 besteht aus 18 Teilen. Diese beinhalten im Einzelnen:
Teil 1:   Baustoffe
Teil 2:   Bauteile
Teil 3:   Brandwände und nichttragende Außenwände

Teil 4:   Zusammenstellung und Anwendung klassifizierter Baustoffe, Bauteile und Sonder-
          bauteile
Teil 5:   Feuerschutzabschlüsse, Abschlüsse in Fahrschachtwänden und gegen Feuer wider-
          standsfähige Verglasungen
Teil 7:   Bedachungen
Teil 8:   Kleinprüfstand
Teil 9:   Kabelabschottungen
Teil 11: Rohrummantelungen, Rohrabschottungen, Installationsschächte und -kanäle sowie
          Abschlüsse ihrer Revisionsöffnungen
Teil 12: Funktionserhalt von elektrischen Kabelanlagen
Teil 13: Brandschutzverglasungen
Teil 14: Bodenbeläge und Bodenbeschichtungen – Bestimmung der Flammenausbreitung bei
          Beanspruchung mit einem Wärmestrahler
Teil 15: Brandschacht
Teil 16: Durchführung von Brandschachtprüfungen
Teil 17: Schmelzpunkt von Mineralfaser-Dämmstoffen
Teil 18: Feuerschutzabschlüsse – Nachweis der Eigenschaft »selbstschließend« (Dauerfunk-
          tionsprüfung)
Teil 20: Ergänzender Nachweis für die Beurteilung des Brandverhaltens von Außenwand-
          bekleidungen

3.2.3   Beispiele für Bauteile und Bauteile mit brandschutztechnischen
        Sonderanforderungen:

Bauteile	Sonderbauteile
Wände	Nichttragende Außenwände
Decken	Lüftungsleitungen
Stützen	Installationsschächte- und -kanäle sowie Leitungen in Instal-lationsschächten und -kanälen
Unterzüge	Gegen Flugfeuer und strahlende Wärme widerstandsfähige Bedachungen
Brandwände	

Begriffe, Anforderungen und Prüfverfahren für Sonderbauteile sind in gesonderten Teilen der
DIN 4102 geregelt.

3.2.4   Baustoffe werden entsprechend ihres Brandverhaltens in fünf Baustoffklassen (A1, A2, B1, B2,
        B3) eingeteilt, sofern sie den Prüfanforderungen nach DIN 4102-1 genügen. Hinsichtlich der
        bauordnungsrechtlichen Nomenklatur nach § 26 Abs. 1 MBO gilt folgende Korrelation:

Baustoffklasse	Bauaufsichtliche Benennung
A	Nichtbrennbare Baustoffe
A1	Nichtbrennbare Baustoffe ohne Anteile von brennbaren Stoffen
A2	Nichtbrennbare Baustoffe mit Anteilen von brennbaren Stoffen
B	Brennbare Baustoffe
B1	Schwerentflammbare Baustoffe
B2	Normalentflammbare Baustoffe
B3	Leichtentflammbare Baustoffe

Quelle: Tabelle 1 DIN 4102-1

3.2.5 Baustoffe der Baustoffklasse A2 werden der simulierten Beanspruchung eines fortentwickelten, teilweise vollentwickelten Brandes unterzogen. Dies wird anhand von Ofenprüfung, Brandschachtprüfung und Prüfung der Rauchentwicklung des Baustoffes durchgeführt.
Baustoffe der Baustoffklasse B1 werden der simulierten Beanspruchung eines Gegenstandbrandes in einem Raum (single burning item), wie beispielsweise eines Papierkorbs, unterzogen. Für Außenwandbekleidungen und Bodenbeläge bestehen gesonderte Prüfverfahren.

3.2.6 Feuerwiderstandsklassen von Sonderbauteilen

Sonderbauteile	Feuerwiderstandsklassen	DIN 4102
Feuerschutzabschlüsse	T30 bis T180	Teil 5
Lüftungsleitungen	L30 bis L120	–
Brandschutzklappen	K30 bis K90	–
Kabelabschottungen	S30 bis S180	Teil 9
Rohrabschottungen	R30 bis R120	Teil 11
Installationsschächte/-kanäle	I30 bis I120	Teil 11

Lüftungsleitungen und Brandschutzklappen sind in der DIN EN 1366 Teil 1 und 2 geregelt. Die nationale Norm DIN 4102-6 wurde ersatzlos zurückgezogen.

3.2.7 Bauteilklassifizierung nach DIN 4102

Abkürzung	Übersetzung
F30-A	Bauteil mit einer Feuerwiderstandsdauer von mindestens 30 Minuten aus nichtbrennbaren Baustoffen

Abkürzung	Übersetzung
F30-B	Bauteil mit einer Feuerwiderstandsdauer von mindestens 30 Minuten aus brennbaren Baustoffen
F90-AB	Bauteil mit einer Feuerwiderstandsdauer von mindestens 90 Minuten aus in wesentlichen Teilen nichtbrennbaren Baustoffen
F60-B	Bauteil mit einer Feuerwiderstandsdauer von mindestens 60 Minuten aus brennbaren Baustoffen
W30	Nichttragende Außenwand mit einer Feuerwiderstandsdauer von mindestens 30 Minuten
T90	Feuerschutzabschluss mit einer Feuerwiderstandsdauer von mindestens 90 Minuten
K90	Brandschutzklappe mit einer Feuerwiderstandsdauer von mindestens 90 Minuten
E90	Kabelanlage mit Funktionserhalt von mindestens 90 Minuten
G30	Brandschutzverglasung mit einer Feuerwiderstandsdauer von mindestens 30 Minuten

3.2.8 Grundsätzlich unterscheidet man bei Brandschutzverglasungen zwischen den Feuerwiderstandsklassen F und G. G-Verglasungen unterscheiden sich von normalen Verglasungen dadurch, dass sie die Ausbreitung von Feuer und Rauch entsprechend ihrer Feuerwiderstandsdauer verhindern. F-Verglasungen blockieren zudem den Durchtritt von Wärmestrahlung.

3.2.9 Feuerschutzabschlüsse sind dazu vorgesehen, Öffnungen in Wänden und Decken so abzuschließen, dass sich im Brandfall Rauch und Feuer nicht ausbreiten können. Dies bedingt, dass die Abschlüsse selbstschließend ausgeführt werden.

3.2.10 Beide Brandschutztüren verfügen über eine Feuerwiderstandsdauer von mindestens 30 Minuten. Der Zusatz »RS« kennzeichnet die zusätzliche Rauchschutzfunktion des Feuerschutzabschlusses nach DIN 18095-1. Die Dichtheit gegen den Durchtritt von Brandrauch wird im Wesentlichen durch die Leckrate beschrieben. Für einflüglige Rauchschutztüren darf diese 20 m³/h unter genormten Versuchsbedingungen nicht überschreiten.

3.2.11 Es handelt sich um eine zweiflüglige Brandschutztür mit einer Feuerwiderstandsdauer von mindestens 90 Minuten.

3.2.12 Bei zweiflügligen Drehflügeltüren ist durch hydraulische oder mechanische Schließfolgeregler sicherzustellen, dass die Drehflügel immer selbsttätig folgerichtig schließen.

3.2.13 Die Feststellvorrichtung ist ein Teil einer Feststellanlage. Sie blockiert das Schließmittel der Tür, sodass diese offen gehalten wird.

Eine Feststellanlage besteht mindestens aus den Elementen Brandmelder, Auslöseeinrichtung, Feststellvorrichtung und Energieversorgung.

3.2.14   Feuerschutzabschlüsse müssen entsprechend ihrer Feuerwiderstandsdauer den Durchgang von Feuer verhindern und ihre raumabschließende Wirkung behalten. Rauchschutztüren verhindern die Ausbreitung von Brandrauch. Hierzu müssen sie besondere Anforderungen an Dichtheit und Dauerfunktionstüchtigkeit erfüllen.

3.2.15   Grundsätzlich darf die zulässige Leckrate bei zweiflügligen Türen höher sein als bei einflügligen Türen. Absolute Werte hängen von den Druckdifferenzen an der Rauchschutztür ab. Die DIN 18095-1 beschreibt hierzu zwei Zustände:

Prüfbedingungen (50 Pa)	Realbrandbedingungen (10 Pa)
RS-1: 20 m³/h	RS-1: 9 m³/h
RS-2: 30 m³/h	RS-2: 13 m³/h

3.2.16   Brandwände sollen die Ausbreitung eines Brandes entsprechend ihrer Feuerwiderstandsdauer verhindern. Hierzu müssen sie
- aus nichtbrennbaren Baustoffen bestehen,
- mindestens der Feuerwiderstandsklasse F90 entsprechen,
- unter definierten Stoßbeanspruchungen ihre Standsicherheit und ihre Raumabschlusswirkung beibehalten.

3.2.17   Normalbeton, bewehrter Porenbeton und Mauerwerk.

3.2.18   Die ETK beschreibt den Temperaturverlauf im Brandraum über die Zeit, in der das Bauteil geprüft wird. Diese Funktion ist international genormt und wird in DIN 4102-2 zur Klassifizierung der Feuerwiderstandsdauer von Bauteilen zu Grunde gelegt.

3.2.19   Die ETK beschreibt den Teil eines realen Brandverlaufs, der mit der Durchzündung im Brandraum die Vollbrandphase einleitet bis zum Erreichen der maximalen Brandraumtemperatur; vor- und nachlaufende Brandphasen der »Brandausbreitung« und des »Abklingens« bleiben unberücksichtigt. Um Prüfergebnisse vergleichen zu können, standardisiert und idealisiert die ETK den Brandverlauf, während Realbrandverläufe deutlichen Schwankungen unterliegen.

3.2.20   Die DIN 4102-4 enthält Angaben zu Baustoffen, Bauteilen und Sonderbauteilen, die entsprechend der Normteile DIN 4102 geprüft und hinsichtlich ihres Brandverhaltens klassifiziert worden sind.

3.2.21   Beispiele für klassifizierte Baustoffe der Baustoffklasse
- A1: Sand, Beton, Ziegel
- A2: Gipskartonplatten mit geschlossener Oberfläche

- B1: Putze nach DIN 18850, Gussasphaltestrich und Walzasphalt ohne weitere Beschichtung, Rohre und Formstücke
- B2: Holz, Kunstharzmörtel, Rohre und Formstücke

3.3 Klassifizierung von Bauprodukten und Bauarten zu ihrem Brandverhalten nach DIN EN 13501

3.3.1   Die europäische Normenreihe DIN EN 13501 legt die Verfahren zur Klassifizierung des Brandverhaltens von Bauprodukten und Bauarten fest.

3.3.2   Die Normenreihe DIN EN 13501 »Klassifizierung von Bauprodukten und Bauarten zu ihrem Brandverhalten« besteht derzeit aus sechs Teilen:

Teil 1:   Brandverhalten von Bauprodukten

Teil 2:   Feuerwiderstandsprüfungen, mit Ausnahme von Lüftungsanlagen

Teil 3:   Haustechnische Anlagen

Teil 4:   Anlagen zur Rauchfreihaltung

Teil 5:   Bedachungen bei Beanspruchung durch Feuer von außen

Teil 6:   Brandverhalten von Starkstromkabeln und -leitungen, Steuer- und Kommunikationskabeln

3.3.3   Es werden drei Kategorien unterschieden:

- Bauprodukte,
- Bodenbeläge und
- Rohrisolierungen.

3.3.4   Die europäische Normung legt sieben Klassen (A1, A2, B, C, D, E, F) zur Kennzeichnung des Brandverhaltens von Bauprodukten fest, mit folgendem Bezug zu den Referenz-Brandszenarien:

Kriterium	Anforderung
A	kein Beitrag zum Brand
B	sehr begrenzter Beitrag zum Brand
C	begrenzter Beitrag zum Brand
D	hinnehmbarer Beitrag zum Brand
E	hinnehmbares Brandverhalten
F	keine Leistung feststellbar

3.3.5   Neben den Hauptkriterien werden die Rauchentwicklung (s) und das brennende Abtropfen bzw. Abfallen (d) bewertet. Es werden folgende Unterklassen differenziert:

Rauchentwicklung	Brennendes Abtropfen (≤ 600 s)
s1 geringe Rauchentwicklung	d0 kein Abtropfen/Abfallen
s2 mittlere Rauchentwicklung	d1 begrenztes Abtropfen/Abfallen*
s3 hohe Rauchentwicklung**	d2 keine Leistung feststellbar

*:   kein brennendes Abtropfen/Abfallen mit einer Nachbrennzeit länger als 10 Sekunden
**: Bauprodukte, für die keine Rauchentwicklung geprüft wurde oder die nicht die Kriterien s1 und s2 erfüllen

3.3.6   Folgende Zuordnungen der Hauptkriterien sind zwischen nationaler Klassifizierung nach DIN 4102-1 und europäischer Klassifizierung nach DIN EN 13501-1 eindeutig:

DIN 4102-1	DIN EN 13501-1
A1	A1
B1	B, C
B2	D, E
B3	F

Die europäische Klasse A2 beschreibt sowohl Baustoffe der Baustoffklasse A2 als auch B1 nach DIN 4102-1 und lässt sich nur unter Zuhilfenahme der Brandparallelerscheinungen (s, d) konkret übersetzen:

DIN 4102-1	DIN EN 13501-1
A2	A2 – s1, d0
B1	A2 – s2, d0
	A2 – s3, d0
	A2 – s1, d1
	A2 – s1, d2
	A2 – s3, d2

3.3.7   Die Bauteilklassifizierung nach DIN EN 13501-2 ist deutlich differenzierter als das gegenwärtige nationale System. Entsprechend des Grundlagendokuments 2 werden folgende Leistungsmerkmale in Bezug auf den Feuerwiderstand von Bauteilen unterschieden:

- R: Tragfähigkeit
- E: Raumabschluss
- I: Wärmedämmung
- W: Wärmestrahlung
- M: Widerstand gegen mechanische Beanspruchung
- C: Selbstschließende Eigenschaft
- S: Rauchdichtheit

- G: Widerstand gegen Rußbrand
- P: Energieversorgung/Signalübermittlung
- K: Brandschutzfunktion

3.3.8   Tragfähigkeit (R): Das Bauteil muss unter Last- und Brandbeanspruchung standsicher bleiben. Die erreichte Dauer bestimmt den Feuerwiderstand des Bauteils. Versagenszustände sind gekennzeichnet durch Verformungsraten und absolute Verformung des Bauteils.
Raumabschluss (E): Bauteile mit raumtrennender Funktion müssen unter einseitiger Brandbeanspruchung den Feuerdurchtritt verhindern. Als Versagensmerkmale gelten dabei Spalt- und Öffnungsmaße, Wattebauschtest und dauerhafte Entflammung auf der dem Feuer abgewandten Seite.
Wärmedämmung (I): Bei einseitiger Brandbeanspruchung darf das Bauteil zwar Wärme übertragen, auf der feuerabgewandten Seite dürfen sich jedoch weder die Bauteiloberfläche noch in der Nähe befindliche Materialien entzünden. Als Versagensmerkmal wird die mittlere Temperaturerhöhung auf der dem Feuer abgekehrten Seite verwendet.

3.3.9   In der Muster-Verwaltungsvorschrift Technische Baubestimmungen (MVV TB) wird in Anhang 4 folgende Zuordnung veröffentlicht:

Bauaufsichtliche Anforderung	Tragende Bauteile	
	ohne Raumabschluss	mit Raumabschluss
feuerhemmend	R 30	REI 30
hochfeuerhemmend	R 60	REI 60
feuerbeständig	R 90	REI 90
Feuerwiderstandsfähigkeit 120 Minuten	R 120	REI 120
Brandwand	–	REI 90-M

Tragende Bauteile mit Raumabschlussfunktion, aber ohne Wärmedämmung, wie beispielsweise RE 30, sind nach gegenwärtigem Baurecht nicht zulässig.

3.3.10   Die Normenreihe DIN 4102 ist bauteilabhängig aufgebaut. Jeder Teil beinhaltet sowohl Prüf- als auch Klassifizierungskriterien. Im europäischen System sind diese getrennt beschrieben.
Bauteile werden hinsichtlich ihres Brandverhaltens nach DIN EN 13501-2 durch Kombinationen von Leistungskriterien beschrieben. Diese ermöglichen zwar keine Rückschlüsse auf die Art des beschriebenen Bauteils, spezifizieren sein Brandverhalten aber detaillierter als das nationale System.
Im europäischen System ist eine Kombination aus Feuerwiderstand und Brandverhalten des Baustoffes, wie beispielsweise F90-AB, nicht möglich.

3.3.11   Klassifizierung des Feuerwiderstands von Bauteilen nach DIN EN 13501-2:

REI 30   Bauteil, das die Leistungskriterien Tragfähigkeit, Raumabschluss und Wärmedämmung mindestens 30 Minuten erfüllt.

REI 90-M   Bauteil, das die Leistungskriterien Tragfähigkeit, Raumabschluss und Wärmedämmung mindestens 90 Minuten erfüllt und zusätzlich gegen mechanische Beanspruchung widerstandsfähig ist.

EW 60   Bauteil, das die Leistungskriterien Raumabschluss und Strahlungsbegrenzung mindestens 60 Minuten erfüllt.

EI 60   Bauteil, das die Leistungskriterien Raumabschluss und Wärmedämmung mindestens 60 Minuten erfüllt.

RE 90   Bauteil, das die Leistungskriterien Tragfähigkeit und Raumabschluss mindestens 90 Minuten erfüllt.

3.3.12   Das europäische System berücksichtigt die unterschiedlichen nationalen Systeme der Mitgliedsstaaten und ist daher differenzierter als die deutsche Klassifizierung. Für die Kriterien R, E, I, W und K sind Klassifizierungszeiten von 10, 15, 20, 30, 45, 60, 90, 120, 180 und 240 Minuten vorgesehen.

3.3.13   Klassifizierung des Feuerwiderstands von Bauteilen nach DIN EN 13501-2:

a) Tragende Bauteile ohne Raumabschluss F60:   R 60
b) Tragende Bauteile mit Raumabschluss F60:   REI 60
c) Nichttragende Innenwände F90:   EI 90
d) Tragende Brandwand F90-A: REI 90-M
e) Brandschutzverglasung F90:   EI 90
f) Brandschutzverglasung G90:   E 90
g) Brandschutztür T90:   EI290-C(0-5)
h) Rauchschutztür RS: S_m-C(0-5)
i) Dichtschließende Tür: S_a

3.4   Holzbau

3.4.1   Elementar besteht Holz zum überwiegenden Teil aus Kohlenstoff, Sauerstoff und Wasserstoff. Vorherrschende chemische Verbindungen sind Zellulose, Hemizellulose, Lignin, Harze und Fette. Die Eigenschaften der Hölzer werden in starkem Maß von diesen beeinflusst.

3.4.2   Grundsätzlich werden Nadel- und Laubhölzer unterschieden. Für Bauzwecke sind Kiefer und Fichte die gebräuchlichsten Hölzer. Für hochwertige oder stark beanspruchte Bauteile wird auch Lärchen-, Eichen- oder Buchenholz verwendet.

3.4.3   Aus dem Rohholz wird durch Zuschnitt Bauschnittholz (Vollholz) hergestellt. In Abhängigkeit der Querschnittsabmessungen unterscheidet man nach DIN 4074-1 Kanthölzer, Latten, Balken, Bretter und Bohlen.

Durch Verleimen einzelner Bretter lassen sich auch aus qualitativ durchschnittlichen Hölzern hochwertige Brettschichtholzbauteile nach DIN EN 14080 herstellen. Hierzu werden hauptsächlich Nadelhölzer, z. B. Fichte, verwendet. Trocknung, Riss- und Astfreiheit führen zu einer höheren Bauteilgüte gegenüber Vollhölzern. Zudem lassen sich größere Spannweiten oder gekrümmte Bauteile mit Brettschichthölzern erzielen.

Bei Holzwerkstoffen entfallen wesentliche Nachteile des Vollholzes, wie beispielsweise Wuchs, Feuchteempfindlichkeit und anisotropes Verhalten, nahezu. Man unterscheidet Sperrholz, Flachpress- und Holzfaserplatten.

3.4.4 Die Entzündbarkeit von Holzbaustoffen unterliegt vielfältigen Einflüssen und ist daher nicht eindeutig zu definieren. Für die Entzündungstemperatur sind wissenschaftlich zwei Werte geläufig:

- $T_E \geq 350\,°C$, bei spontaner Entzündung kleiner Holzproben,
- $T_E \geq 150\,°C$, bei langanhaltender Erwärmung von Holzbauteilen.

3.4.5 Thermische Belastung von Holz verursacht die Zersetzung der chemischen Verbindungen, in deren Folge u. a. Holzkohle und brennbare Gase entstehen. Art, Umfang und Konzentration beeinflussen die Entzündung und sind abhängig von:

- der Erwärmungsdauer,
- der Bauteilgeometrie,
- der Rohdichte des Holzes und
- dem Feuchtegehalt des Holzes.

3.4.6 Vereinfacht lassen sich vier Phasen unterscheiden:

- Trocknung,
- Entgasung (Pyrolyse),
- Verbrennung (Oxidation) und
- glühende Holzkohle (nach vollständiger Verbrennung).

3.4.7 Holz und genormte Holzwerkstoffe können entsprechend DIN 4102-4 ohne gesonderten Nachweis den Baustoffklassen B2 oder B3 zugeordnet werden. Die Klassifizierung ist abhängig von der Rohdichte und Dicke des Holzes.

3.4.8 Das Abbrennen des Holzes ist im Wesentlichen abhängig von

- der Temperaturentwicklung im Brandraum,
- der Rohdichte des Holzes,
- Ästen, Klüften und Rissen im Holzquerschnitt,
- dem Feuchtegehalt des Holzes und
- der mechanischen Beanspruchung.

Unter Belastung verformen sich Bauteile, was im Brandfall bei Holzbaustoffen zum stärkeren Ablösen der Holzkohleschicht und damit zu beschleunigtem Abbrand führt.

3

3.4.9 Die Bemessungswerte für Abbrandraten liegen nach DIN EN 1995-1-2 zwischen 0,5 bis 1,0 mm/min. Im Mittel werden 0,67 mm/min angesetzt. Für Nadelvollhölzer ist ein Abbrand von bis zu 0,8 mm/min typisch.

3.4.10 Aufgrund ihrer Materialeigenschaften sind Laubhölzer i. d. R. widerstandsfähiger gegen Brandeinwirkungen als Nadelhölzer:
- Nadelholz: 0,65 – 1,10 mm/min,
- Laubholz: 0,39 – 0,66 mm/min.

3.4.11 Vergrößerungen der Bauteiloberfläche, beispielsweise durch Schwindrisse, bei konstantem Bauteilvolumen schwächen die Feuerwiderstandsfähigkeit des Bauteils, da sich der Einfluss der natürlichen Schutzschicht durch Holzkohlebildung verschlechtert.

3.4.12 Die Temperatur, bei der Verkohlung beginnt, ist keine feste Grenze. Als Richtwert wird eine Temperatur von 300 °C angenommen. Holzkohlebildung wurde jedoch auch schon bei etwa 100 °C registriert.

3.4.13 Holzkohle isoliert den Restquerschnitt gegen die thermische Beanspruchung aufgrund ihrer geringen Wärmeleitfähigkeit. Dadurch wird der weitere Abbrand verzögert.

3.4.14 Thermisch bedingte Dehnungen von Holzbaustoffen fallen vergleichsweise gering aus. Angenommen werden dürfen Werte zwischen $0{,}3$ bis $0{,}6 \times 10^{-6}\ K^{-1}$. Bei einer Bauteillänge von zehn Metern und einer Temperaturerhöhung von 300 K entspricht dies einem Längenzuwachs von 9 bis 18 mm.

3.4.15 Im Brandfall überlagern sich thermisch bedingte Dehnungen mit Schwindprozessen im Holz, sodass bei Holzleimbindern keine nennenswerten Längenänderungen im Brandfall zu erwarten sind. Dies wirkt sich günstig auf die Lagestabilität zu anderen Bauteilen aus, wie beispielsweise Auflager oder Wände.

3.4.16 Baustoffe aus Holz lassen sich durch Imprägnierungen, Flammschutzadditive oder dämmschichtbildende Anstriche gegen Brandeinwirkungen schützen.
Bauteile können für den Lastfall »Brand« statisch bemessen werden oder durch Bekleidungen gegen Temperatureinwirkungen geschützt werden.

3.4.17 Imprägnierungen wirken an den Holzfasern und beeinflussen die Entzündungsneigung sowie die Abbrandgeschwindigkeit des Holzes. Schutzanstriche werden oberflächlich aufgetragen und bilden unter Temperatureinwirkung eine Dämmschicht um das Bauteil.

3.4.18 Bekleidungen können die Temperaturerhöhung im Bauteil verzögern oder den Feuerwiderstand des Bauteils erhöhen. Diese Maßnahme eignet sich besonders zur brandschutztechnischen Ertüchtigung von Verbindungen und Knotenpunkten in Holztragwerken.

Statische Bemessungen von Holztragwerken, die den Lastfall »Brand« nach DIN EN 1995-1-2 berücksichtigen, führen zu »überdimensionierten« Bauteilen. Dies bedeutet, dass Querschnitte u. U. größer bemessen werden müssen, als allein nach den Erfordernissen des »kalten« Lastabtrags.

3.4.19   Als Faustwert gilt, dass bei Abbrand von 50 Prozent oder mehr des tragenden Holzquerschnitts mit dem Versagen des Tragwerks zu rechnen ist.

3.4.20   Stabilitätsversagen hölzerner Bauteile tritt nicht unmittelbar ein, sondern kündigt sich durch die Zerstörung der einzelnen Holzfasern quasi an. Dies gilt nicht für Bauteilverbindungen und Knotenpunkte mit Stahlbauteilen, da diese temperaturbedingt schlagartig versagen können.

3.4.21   Angenommen wird das Tragwerksversagen ab einem Restquerschnitt (A1) von 50 % des Ausgangsquerschnitts (A0):

$$A_1 = 0{,}5 \times A_0 = 50 \ \text{cm}^2$$
$$b_1 = h_1 = (50 \ \text{cm}^2) \ 0{,}5 \approx 7 \ \text{cm}$$

Als durchschnittliche Abbrandgeschwindigkeit für Nadelholz wird 1 mm/min angenommen:

bei allseitiger Beflammung: $\Delta b = \Delta h = 0{,}5 \times (10 \ \text{cm} - 7 \ \text{cm}) = 1{,}5 \ \text{cm}$

Es folgt: Nach 15 Minuten besteht Einsturzgefahr.

3.4.22   Knotenpunkte entstehen bei Fachwerkkonstruktionen an Stellen, wo mehrere Stäbe aufeinandertreffen. Hier müssen zum Teil große Kräfte aufgenommen oder umgelagert werden, sodass die Anschlüsse i. d. R. mit mechanischen Verbindungsmitteln (Dübel, Stabdübel o. Ä.) hergestellt werden.

3.4.23   Anschlüsse in Knotenpunkten werden häufig mit Verbindungsmitteln aus Metall hergestellt, die im Brandfall vor den Holzbauteilen versagen können. Bei Ausfall eines Knotenpunkts kann es bei statisch ausgelasteten Fachwerkkonstruktionen dazu kommen, dass Lasten nicht im Resttragwerk aufgefangen werden können und das Versagen des Bauteils eintritt.

3.5   Stahlbau

3.5.1   Übliche Baustähle weisen gute Wärmeleitfähigkeiten in Temperaturbereichen bis ca. 600 °C auf. Dies hat zur Folge, dass Stahlbauteile im Brandfall relativ rasch temperieren und die Temperaturerhöhung auf den gesamten Querschnitt wirkt.
Bei kalt verformten Baustählen, wie sie bei Beton- und Spannstählen gebräuchlich sind, bewirken Temperaturbelastungen die Ausheilung des Verfestigungseffektes im Stahl. Dies hat zur Folge, dass die Festigkeit abnimmt und die Verformungsfähigkeit wächst. Thermisch nachbehandelte Stähle verlieren ihre erhöhte Festigkeit ebenfalls, sobald die Brandtemperatur die Temperatur ihrer thermischen Nachbehandlung erreicht oder übersteigt.

Mit zunehmender Temperatur des Stahls sinkt seine Streckgrenze bzw. die Fähigkeit, Spannungen aufzunehmen. Bei Erreichen eines materialspezifischen Grenzwertes, der kritischen Stahltemperatur, besteht die Gefahr des Stabilitätsversagens voll ausgenutzter Stahlbauteile im Brandfall.

3.5.2   Der Erwärmungsverlauf ist abhängig von:
- der Wärmeleitfähigkeit des Stahls,
- der Massigkeit des Bauteils,
- der Art der Beflammung (z. B. dreiseitig oder allseitig),
- der beflammten Oberfläche,
- der Bauteilgeometrie (Querschnittsfläche, Volumen) und
- der Art der Bekleidung.

3.5.3   Als kritische Stahltemperatur »crit T« bezeichnet DIN EN 1993-1-2 die Temperatur des Stahls, bei der die erträgliche Spannung (Streckgrenze) der vorhandenen Bauteilspannung entspricht.

3.5.4   Für übliche Baustähle kann crit T $\approx$ 500 bis 550 °C angenommen werden. Bei dieser Temperatur ist die Streckgrenze auf etwa 2/3 (Ausnutzungsgrad 0,58 – 0,6) des Ausgangswertes reduziert.

3.5.5   Die thermische Dehnung ist bis etwa 750 °C nahezu konstant anzunehmen (nach DIN EN 1993-1-2 mit $1{,}2 \times 10^{-6}$ K^{-1}). Pro 100 K Temperaturanstieg verlängert sich ein 1 m langes Stahlbauteil um 1,2 mm.

3.5.6 $(10\ m \times 400\ K \times 1{,}2 \times 10^{-6}\ K^{-1}) = 0{,}048\ m = 48\ mm$

3.5.7   Bei einer Wärmebeaufschlagung von mehr als 500 K geben Stahlbauteile den Belastungen nach und versagen, das heißt Träger hängen durch und Stützen knicken seitlich aus.

3.5.8   Allgemeinere Angaben für Kohlenstoffstähle nach DIN 1993-1-2 liegen bei etwa 585 °C.

3.5.9   Gusseisen zeichnet sich durch seinen hohen Kohlenstoffgehalt aus. Dieser bedingt ein sehr sprödes Werkstoffverhalten. Bauteile aus Gusseisen sind hauptsächlich druckbelastet aufgrund ihrer geringen Zugfestigkeit.

3.5.10   Möglichkeiten zur Verzögerung der Stahlerwärmung:
- profilfolgende oder kastenförmige Verkleidungen (Bekleidungen),
- Beschichtungen,
- Unterdecken,
- Kernfüllungen bei Hohlprofilen mit Beton oder Wasser,
- Aufbeton (z. B. bei Stahlblechdecken).

3.5.11   Der Profilfaktor ermittelt sich aus dem Verhältnis des beflammten Umfangs zum erwärmten Querschnitt. Abhängig vom Profilfaktor lassen sich Bekleidungen für Stahlprofile bemessen, die gewährleisten, dass die vorhandene Bauteiltemperatur crit T nicht übersteigt.

3.5.12   Je größer der Profilfaktor ist, desto schneller erwärmt sich das Profil. Für klassifizierte Stahlbauteile nach DIN 4102-4 ist daher ein Profilfaktor $\leq 300\,m{-}1$ einzuhalten.

3.5.13   Für Stahlbauteile sind profilfolgende oder kastenförmige Bekleidungen aus Putz oder Gipskartonplatten klassifiziert. Verbundbauteile können zudem mit Betonummantelungen oder Mauerwerksausfachungen gegen Temperatureinflüsse geschützt werden.

3.5.14   Feuerschutzanstriche bestehen aus intumeszierenden Materialien, die unter Temperatureinwirkung Dämmschichten bilden.

3.5.15   Querschnittsvergrößerungen beeinflussen die Erwärmungsgeschwindigkeit des Stahls positiv und führen dadurch zu einer größeren Feuerwiderstandsdauer des ungeschützten Bauteils. Wird das Bauteil für den Lastabtrag nicht voll ausgenutzt, können die Traglastreserven zur Erhöhung der kritischen Stahltemperatur führen.

3.5.16   Aufgrund der hohen statischen Belastungen sind Verbindungsmittel im Brandfall besonders gefährdet. Im Versagensfall von Schraub-, Niet- oder Schweißverbindungen kann es zum sofortigen Versagen des Tragwerks kommen.

3.5.17   Exemplarische Gefahrenmomente nach dem Brandereignis:
- Einsturz angrenzender Bauteile (z. B. Mauerwerkswände) infolge der Längenausdehnung von Stahlbauteilen,
- Absturz von Stahlbauteilen durch Abrutschen von Auflagern infolge von Längenänderungen,
- Starke Verformungen infolge der Temperatureinwirkungen. Hieraus können Zwangsspannungen in angrenzenden Bauteilen entstehen, die zu weiteren Schäden führen.

3.6   Massivbau: Stahl- und Spannbeton

3.6.1   Betonbauteile bestehen aus einem Gemisch von Wasser, Zement und Zuschlagstoffen.

3.6.2   DIN 4102-4 klassifiziert nur Bauteile aus Normal-, Leicht- und Porenbeton. Schwer- und hochfeste Betone sind nicht umfasst und bedürfen einer gesonderten Prüfung.

3.6.3   Betoneigenschaften in ofentrockenem Zustand nach Rohdichten (.):
- Leichtbeton: 800 kg/m³ < ρ_L ≤ 2000 kg/m³,
- Normalbeton: 2000 kg/m³ < ρ_N ≤ 2600 kg/m³,
- Schwerbeton: 2600 kg/m³ < ρ_S.

Porenbeton weist eine sehr hohe Porigkeit von 60 bis 90 Vol.-%, bedingt durch den Herstellungsprozess, auf. Dadurch liegen seine Rohdichten deutlich unter denen klassischer Betone mit 300 kg/m³ < ρP = 1000 kg/m³.

3.6.4   Normalbeton mit quarzhaltigem Zuschlag weist bei 400 °C noch etwa 80 % der Festigkeit bei Normaltemperatur von 20 °C auf. Bei 500 °C sinkt die Restfestigkeit auf ca. 60 %. Normalbeton mit kalksteinhaltigem Zuschlag und Leichtbeton sind weniger temperaturanfällig, sodass geringere Abminderungen der Druckfestigkeit auftreten.

3.6.5   Beton kann nur in sehr geringem Maß Zugkräfte aufnehmen. Die Vorteile des Baustoffs liegen in seiner hohen Druckbelastungsfähigkeit. Um Bauteile herstellen zu können, die sowohl Druck- als auch Zugspannungen standhalten, werden Bewehrungsstähle in den Beton eingebettet. Die Stahlarmierungen sind so im Bauteil anzuordnen, dass sie in der Zug- bzw. Schubspannungszone wirken können.

3.6.6   Vorgespannte Stahlzugglieder (Spannstähle) induzieren eine künstliche Druckkraft im Bauteil, welche die Zugspannungen aus den Gebrauchslasten mindert. Hierdurch werden Bauteilverformungen reduziert und Risse in der Zugzone des Betons vermieden.

3.6.7   Beim Einbau von Spannbetonbauteilen können mit vergleichsweise geringen Querschnitten große Spannweiten überbrückt werden. Das bedeutet unter anderem auch Materialersparnis und nur wenige Stützen auf die die Spannbetonträger aufzulegen sind.

3.6.8   Der Verbund aus Beton und Stahl ist aufgrund der etwa gleichen Wärmedehnungskoeffizienten möglich. Zudem gewährleistet die Betonüberdeckung den Schutz des Bewehrungsstahls gegen Umwelteinflüsse (Korrosionsschutz).

3.6.9   Beton- und Spannstähle verhalten sich sehr verformungsanfällig bei lang einwirkenden Temperaturbeanspruchungen. Das temperaturbedingte Absinken der Streckgrenze führt zu Festigkeitsverlusten im Verbund und ggf. zum Versagen des Bauteils.

3.6.10   Mit der kritischen Temperatur wird diejenige Temperatur in der Bewehrung bezeichnet, bei der ein Versagen des Bauteils bei einem bestimmten Beanspruchungsniveau erwartet wird.

3.6.11   Kritische Temperaturen von Beton- und Spannstählen sind abhängig von der Art des Stahls und dem Ausnutzungsgrad:
- Betonstahl ca. 500 bis 600 °C und
- Spannstahl ca. 350 bis 400 °C.

3.6.12   Im Wesentlichen lässt sich der Temperatureintrag in ein Stahlbetonbauteil durch seine Geometrie und das statische System beeinflussen.
- Geometrische Kenngrößen:
    - Betondeckungsmaß für Längsbewehrung,
    - Achsabstände der Längsbewehrung,
    - Verlegemaß für Bügelbewehrung,
    - Bekleidungen;
- Statische Randbedingungen:
    - Lagerungsart des Bauteils (statisch bestimmt oder unbestimmt),
    - Vorspannungszustand der Bewehrung,
    - Anzahl der Bewehrungslagen,
    - Spannrichtungen bei Plattenbauteilen.

3.6.13   Versagensformen von Stahlbetonbauteilen:
- Lösen des Verbundes zwischen Beton und Stahl:
    - Versagen der Zugzone
- Überschreiten der Streckgrenze des Stahls:
    - Versagen der Zugzone
    - Versagen durch Schub- oder Torsionsbruch
- Querschnittsabminderung durch zerstörende Abplatzungen:
    - Versagen durch Schub- oder Torsionsbruch
    - Versagen der Druckzone
- Überschreiten der Druckfestigkeit des Betons:
    - Versagen der Druckzone

3.6.14   Hohe Temperaturen bewirken Änderungen der baustofftechnischen Eigenschaften des Betons, innere Spannungszustände im Gefüge und Festigkeitsverlust einhergehend mit großen Bauteilverformungen und Abplatzungen.

3.6.15   Abplatzungen von Beton resultieren aus
- Spannungszuständen aufgrund der Inhomogenität des Gefüges,
- Wasserdampfdruck durch Staubildung,
- Temperaturunterschiede im Querschnitt,
- Schwindprozesse und
- Wärmeleitfähigkeit des Bewehrungsstahls.

Zu unterscheiden sind Abplatzungen von Zuschlagstoffen, explosionsartige Abplatzungen und das Abfallen von Betonschichten.

3.6.16   Großflächige Querschnittsveränderungen können zu einem plötzlichen Versagen des Bauteils, Verlust der Raumabschlussfunktion oder zumindest statischen Schwächungen der Konstruktion führen. Problematisch sind hierbei

- die Freilegung von Bewehrungsstahl und der damit einhergehende Zugfestigkeitsverlust,
- Reduzierung dünnwandiger Betonquerschnitte und der einhergehende Druckfestigkeitsverlust,
- Öffnungen, die zur Brandausbreitung beitragen.

3.7   Massivbau: Mauerwerk

3.7.1   Mauerwerk besteht aus Mauersteinen, die mit Mörtel verbunden und in einem bestimmten Verband zusammengefügt worden sind. Man unterscheidet unbewehrtes, bewehrtes, vorgespanntes oder eingefasstes Mauerwerk.

3.7.2   Mauerwerksarten:

- **a)** Bewehrtes Mauerwerk enthält in Mörtel oder Beton eingebettete Stäbe oder Matten, die zum Lastabtrag beitragen.
- **b)** In vorgespanntes Mauerwerk wird planmäßig eine innere Druckspannung durch vorgespannte Bewehrung eingetragen.
- **c)** Eingefasstes Mauerwerk wird von Stahlbeton oder bewehrtem Mauerwerk horizontal und vertikal umrahmt.

3.7.3   Genormte Festlegungen für Mauersteine bestehen für

- Mauerziegel,
- Kalksandsteine,
- Mauersteine aus Beton,
- Porenbetonsteine,
- Betonwerksteine und
- Natursteine.

3.7.4   Künstliche Mauersteine sind homogener strukturiert als natürliche Steine. Dies führt u. a. zu deutlich reduzierter Wärmeleitfähigkeit.

3.7.5   Die Bemessung des Feuerwiderstands ist geometrisch abhängig von der Mindestdicke »d«, dem Vorhandensein von Putzschichten sowie der Art der Beflammung.

3.7.6   Als Putze zur Verbesserung der Feuerwiderstandsdauer gelten im Sinn der DIN 4102-4
- Gipsmörtel B 1 bis B 6 nach DIN EN 13279-1,
- Kalk- und Kalk-Zementputze aus Werktrockenmörtel nach DIN EN 998-1 oder Wärmedämmputzmörtel nach DIN EN 998-1.

3.7.7   Sofern die Dämmschicht aus Baustoffen der Baustoffklasse A besteht, darf sie als Putz zur Verbesserung der Feuerwiderstandsdauer angerechnet werden.

3.8   Verbundbau

3.8.1   Verbundbauteile bestehen aus Beton und warmgewalztem oder kaltverformtem Baustahl.

3.8.2   Die schubfeste Verbindung von Stahl und Beton ermöglicht
- hohe Tragfestigkeiten,
- geringe Bauteilabmessungen,
- große Spannweiten und
- verbessertes Feuerwiderstandsverhalten.

3.8.3   Im Wesentlichen unterscheidet man Verbundträger, -stützen und -decken.

3.8.4   Beton schützt den Stahl aufgrund seiner geringen Wärmeleitfähigkeit und seines hohen Masseanteils vor zu schneller Erwärmung und vor Tragfähigkeitsverlust. Selbst bei freiliegenden Stahlteilen, wie z. B. bei kammerbetonierten Verbundträgern, führt dieses Prinzip zu höherer Temperaturwiderstandsfähigkeit.

3.8.5   Klassifizierte Bauteile nach DIN EN 1994-1-2 sind:
- Verbundträger mit ausbetonierten Kammern,
- Verbundstützen
    - aus betongefüllten Hohlprofilen,
    - aus vollständig einbetonierten Stahlprofilen,
    - aus Stahlprofilen mit ausbetonierten Seitenteilen.

3.9   Allgemeine Fragen

3.9.1   Gewöhnlich assoziiert man mit der »Baukunde« Gefahren, die aus Ein- oder Absturzwirkungen resultieren. Kenntnisse über Baustoffe, Tragwerke und deren Brandverhalten begünstigen darüber hinaus aber auch die Planung taktischer Maßnahmen u. a. in Hinblick auf
- Brandausbreitungsverhalten,
- Angriffs- oder Verteidigungsmöglichkeiten,
- Löschmittelwahl,

- Funktionserhalt von Bauteilen oder
- konstruktive Schwachstellen.

3.9.2   A: Firstpfette
         B: Fußpfette
         C: Streifenfundament
         D: Mittelpfette
         E: gezogener Schornstein
         F: Brüstung
         G: Drempel (Kniestock)

3.9.3   Günstig, da insbesondere in Bereichen mit gestauten Rauchgasen eine Temperaturentlastung des Tragwerks bewirkt werden kann. Zur Abführung von Brandgasen können natürliche und maschinelle Rauch- und Wärmeabzugsanlagen sowie manuell eingebrachte Öffnungen in der Außenhülle eingesetzt werden.

3.9.4   Die schnelle, lokale Abkühlung des Gusseisens kann aufgrund seiner geringen Zähigkeit zu sprödem Bruchverhalten führen und so unter Umständen den Einsturz des Bauteils zur Folge haben.

3.9.5   Abschmelzbare Flächen sind Kunststoffe (Polycarbonat o. Ä.), die in die Dachhaut eingebaut werden. Im Brandfall schmelzen diese Flächen bei etwa 300 °C, Brandrauch und Wärme können ins Freie abströmen und die tragende Stahlkonstruktion wird thermisch entlastet.

3.9.6   Preußische Kappendecken sind häufig bei älteren Gebäuden vorzufinden, welche um die Jahrhundertwende erbaut wurden. Meistens wurden sie zwischen Keller- und Erdgeschoss eingebaut. Im Brandfall verhalten sich Preußische Kappendecken sehr schlecht, denn sobald ein Deckenfeld infolge Brandeinwirkung zerstört wird, brechen die Mauersteine auch aus den benachbarten Deckenfeldern aus.

3.9.7   Um die unteren Flansche der Stahlträger von Kappendecken vor Brandeinwirkung zu schützen, sind Putzträge mit Putzdurchdringung d1 $\geq$ 10 mm erforderlich.

3.9.8   Bei Dachstuhlbränden sind insbesondere die Knotenpunkte (kraftschlüssige Verbindungen) der Dachkonstruktion zu schützen.

3.9.9   Dachkonstruktionen:
- Sparrendächer,
- Kehlbalkendächer,
- Pfettendächer,
- Hallenbinder,
- Sonderkonstruktionen.

3.9.10   A: First
            B: Ortgang
            C: Traufe
            D: Grat
            E: Kehle
            F: Walm

3.9.11   Bei so genannten Pfettendachkonstruktionen werden die Sparren des Daches durch Pfetten
            unterstützt, die in Längsrichtung des Daches verlaufen. Je nach Anordnung werden Fußpfetten,
            Mittelpfetten und Firstpfetten unterschieden. Die Pfetten werden gegebenenfalls durch Stiele
            (Holzpfosten) und Wände unterstützt.

3.9.12   Windrispen übernehmen die Längsaussteifung einer Dachkonstruktion und verhindern somit
            ein Umfallen der Sparrenpaare in Längsrichtung.

3.9.13   Gezogene oder auch geschleifte Schornsteine sind schräg geführte Schornsteine.

3.9.14   Die einzuhaltende Bauweise ist im Bebauungsplan ausgewiesen.
            Bei offener Bauweise werden die Gebäude mit seitlichem Abstand zum Nachbarn errichtet. Man
            unterscheidet hierbei Einzelhäuser, Doppelhäuser oder Hausgruppen. Diese dürfen höchstens
            50 m lang sein.
            In geschlossener Bauweise werden die Gebäude i. d. R. ohne seitlichen Abstand errichtet.

3.9.15   Einwirkungen können direkt in Form von Lasten oder indirekt durch aufgezwungene Ver-
            formungen an einem Tragwerk angreifen. Sie rufen Beanspruchungen im Bauteil (z. B.
            Momente, Spannungen und Dehnungen) und Reaktionen (z. B. Biegungen und Torsionen)
            hervor.
            Einwirkungen können ständig, veränderlich oder außergewöhnlich vorkommen. Zum Nachweis
            der Tragfähigkeit und der Gebrauchstauglichkeit werden die unterschiedlichen Einwirkungen
            nach bestimmten Regeln zur Berücksichtigung der Gleichzeitigkeit ihres Auftretens kombiniert.

3.9.16   Tragfähigkeit beschreibt das Widerstandsvermögen eines Bauteils oder Bauteilquerschnittes
            gegen beispielsweise Biege- oder Zugbeanspruchung.
            Festigkeit beschreibt eine mechanische Eigenschaft, die das Verhalten von Baustoffen unter
            Belastung betrifft.

3.9.17   Tragende Wände können neben ihrem Eigengewicht auch Verkehrslasten aufnehmen.
            Nichttragende Wände werden nur durch ihr Eigengewicht belastet. Ihr Entfernen beeinflusst
            das Tragwerk nicht.
            Aussteifende Wände tragen zur Stabilität des gesamten Gebäudes bei. Sie sind rechtwinklig zu
            anderen Wänden angeordnet, nehmen Querkräfte auf und dienen der Knickaussteifung.

3.9.18   Einfeldträger sind Träger, die nur über ein Deckenfeld gespannt sind (zwei Auflager). Mehr-
feldträger sind über mehrere Deckenfelder gespannt (mindestens drei Auflager).

3.9.19   Nachfolgende Kunststoffe werden in bauliche Anlagen eingebaut:
- Thermoplaste,
- Duroplaste,
- Elastomere.

3.9.20   *Thermoplaste* werden bei Erwärmung zunächst weich und dann flüssig (Hart-PVC, Weich-PVC,
Polyethylen, Polystyrol).
Duroplaste sind nicht warm verformbar und nicht schweißbar (Polyester, Epoxidharz).
Elastomere sind Kunststoffe, die elastisch wie Gummi sind (Polyurethanschaum, Silikonkaut-
schuk).

3.9.21   Die von einem Brand ausgehenden Gefahren umfassen
- Rauchentwicklung,
- Wärmewirkung und
- Entwicklung toxischer Gase.

4 Brandlehre

4.1 Allgemeines

4.1.1 Aufgabe der Brandlehre als brandschutzspezifisches Lehrfach ist es, die stofflichen Umwandlungen zu beschreiben, welche bei der Verbrennung stattfinden.

4.1.2 Damit eine Verbrennung stattfinden kann, müssen bestimmte chemische und physikalische Voraussetzungen erfüllt sein. Zu den chemischen Voraussetzungen werden der brennbare Stoff, der Sauerstoff und das richtige Mengenverhältnis gerechnet. Zu den physikalischen Voraussetzungen gehören die Zündenergie und eventuell ein Katalysator.

4.1.3 Beim Begriff Feuer handelt es sich um einen Oberbegriff, der sowohl das bestimmungsgemäße Brennen (Nutzfeuer) als auch das nicht bestimmungsgemäße Brennen (Schadenfeuer) umfasst. Bei einem Brand handelt es sich um ein nicht bestimmungsgemäßes Brennen, das sich unkontrolliert ausbreiten kann.

4.1.4 Beim Brennen handelt es sich um eine selbstständig ablaufende exotherme Reaktion zwischen dem Sauerstoff und dem brennbaren Stoff, wobei es zu einer Flammen- und/oder Glutbildung kommt.

4.1.5 Entsprechend ihrem Brandverhalten werden die brennbaren Stoffe einer Brandklasse zugeordnet. Es handelt sich also hierbei um eine grobe Einteilung der Brände, die im Wesentlichen gleiches Verhalten zeigen.

4.1.6 Der Zweck der Brandklasseneinteilung ist darin zu sehen, dass man bestimmten Gruppen von Bränden geeignete Löschmittel zuordnen kann.

4.1.7 Die Brandklasse A umfasst die Brände fester Stoffe, hauptsächlich organischer Natur, die normalerweise unter Glutbildung verbrennen.

4.1.8 Zur Brandklasse B rechnet man die Brände der flüssigen und flüssig werdenden Stoffe.

4.1.9 Zur Brandklasse C werden die Brände von Gasen gezählt.

4.1.10 Die Brandklasse D umfasst die Brände von Metallen.

4.1.11 Die Brandklasse F umfasst die Brände von Speiseölen/-fetten (pflanzliche oder tierische Öle und Fette) in Frittier- und Fettbackgeräten und anderen Kücheneinrichtungen und -geräten.

4.1.12   Holz, Papier oder Stroh gehören zu den brennbaren Stoffen, die mit Flamme und/oder Glut verbrennen können.

4.1.13   Holzkohle, Koks oder die brennbaren Metalle gehören zu den Stoffen, die nur mit Glut verbrennen.

4.1.14   Unter Glut versteht man einen festen oder flüssigen Stoff von dem eine sichtbare Wärmestrahlung ausgeht.

4.1.15   Bei Partikelfunken handelt es sich um glühende Teilchen, welche bei Feuer, Schweißarbeiten, Schlag, Stoß oder Reibung entstehen können.

4.1.16   Die Umgebungsatmosphäre enthält ungefähr 21 Vol.- % Sauerstoff. Nur dieser Anteil der Atmosphäre nimmt an der Verbrennung teil. Erhöht sich nun der Sauerstoffgehalt in der Umluft, so kommt es zu einem schnelleren Ablauf der Verbrennung. Nimmt der Sauerstoffgehalt dagegen ab, so nimmt auch die Verbrennungsgeschwindigkeit ab. Bei genügender Reduzierung des Sauerstoffgehaltes, ungefähr ≤ 15 Vol.- % Sauerstoff, kann es sogar zum Abbruch der Verbrennung kommen.

4.1.17   Im einfachen Sinne versteht man unter einer Oxidation die Vereinigung eines Stoffes mit Sauerstoff. Der hierbei entstehende neue Stoff wird als Oxid bezeichnet.

4.1.18   Ja, es gibt viele chemische Verbindungen, bei denen der Sauerstoff im Molekül gebunden enthalten ist. Bei einigen dieser Stoffe ist der Sauerstoffanteil so groß, dass für deren Verbrennung kein weiterer Sauerstoff aus der Atmosphäre erforderlich ist. Dies ist bei einigen Spreng- und Explosivstoffen, wie beispielsweise Nitropenta oder Nitroglyzerin, der Fall.

4.1.19   In der Brandlehre versteht man unter Katalysator einen Stoff, der die Zündenergie erniedrigt. Er geht mit einem der Reaktionspartner eine Zwischenverbindung ein, wird aber im Verlauf der Reaktion wieder frei. Ein Katalysator wird durch die Reaktion nicht verbraucht.

4.1.20   Bei einer homogenen Katalyse liegen der Katalysator und die Reaktionspartner im gleichen Aggregatzustand vor.

4.1.21   Bei einer heterogenen Katalyse liegen der Katalysator und die Reaktionspartner in unterschiedlichen Aggregatzuständen vor.

4.1.22   Zu den heterogenen Katalysen gehören zum Beispiel die Entzündung von Wasserstoff durch einen Platindraht oder die Entzündung eines Zuckerwürfels in Anwesenheit von Zigarettenasche.

4.1.23   Unter Brandgasen versteht man ein gasförmiges Gemisch aus Oxiden, inerten Bestandteilen des brennenden Stoffes und Pyrolyseprodukten, die bei einer Verbrennung entstehen.

4.1.24   Unter Rauch versteht man ein überwiegend aus Brandgasen und festen Teilchen bestehendes Aerosol. Sehr dichter Rauch wird dagegen als Qualm bezeichnet. Im Qualm können zusätzlich noch Pyrolyse- und Destillationsprodukte enthalten sein.

4.1.25   Chemische Reaktionen werden dann als exotherm bezeichnet, wenn die frei werdende Reaktionsenergie größer als die zugeführte Aktivierungsenergie ist. Bei der Reaktion wird also Energie in Form von Wärme frei. Verbrennungen stellen stets exotherme Reaktionen dar.

4.1.26   Als endotherm wird eine chemische Reaktion dann bezeichnet, wenn die frei werdende Reaktionsenergie geringer ist als der Energiebetrag der zugeführten Aktivierungsenergie. Eine solche Reaktion verbraucht also Energie.

4.1.27   Unter dem Heizwert versteht man die Wärmemenge, die bei der vollständigen Verbrennung eines brennbaren Stoffes freigesetzt wird. Die Angabe des Heizwertes erfolgt entweder in kJ/kg oder kJ/m^3 bei Gasen.

4.1.28   Der Unterschied zwischen dem Brennwert und dem Heizwert besteht in dem Energiebetrag, der durch die Verdampfung des im brennbaren Stoff enthaltenen, beziehungsweise bei der Verbrennung wasserstoffhaltiger Brennstoffe gebildeten, Wassers verbraucht wird.

4.1.29   Allgemein versteht man unter einer Abbrandrate den in einer bestimmten Zeiteinheit verbrennenden Materialanteil. Wie hoch die Abbrandrate ist, hängt u. a. von der Verteilung des brennbaren Stoffes (Verhältnis Masse/Oberfläche) und dem Sauerstoffanteil der Umluft ab.

4.1.30   Unter einer Explosion versteht man eine plötzlich auftretende Zerfalls- oder Oxidationsreaktion, die eine Temperatur- und/oder Druckerhöhung bewirkt.

4.1.31   Unter Detonation versteht man eine plötzliche Zerfalls- oder Oxidationsreaktion, die mit einer Stoßwelle gekoppelt ist und im Unterschied zur Deflagration oberhalb der Schallgeschwindigkeit abläuft. Durch die im Wellenkopf der Stoßwelle auftretenden hohen Temperatur- und Drucksprünge wird die Reaktion schlagartig ausgelöst. Im Gegensatz hierzu pflanzt sich die Deflagration unterhalb der Schallgeschwindigkeit durch die freiwerdende Reaktionswärme fort.

4.1.32   Die Verpuffung ist eine Deflagration, bei der es nur zu einem geringen Druckanstieg kommt (etwa 1 bar).

4.1.33   Werden brennbare Stäube aufgewirbelt, so kann es in der Atmosphäre zur Bildung zündfähiger Staub-Luft-Gemische kommen. Zur Zündung derartiger Gemische reichen bereits geringe Zündenergien aus. Durch die entstehende Druckwelle wird weiteres Material aufgewirbelt und gezündet, eine Kettenreaktion (Staubexplosion) ist die Folge. Mühlen, Schleifereien und Silos stellen Bereiche dar, in denen die Gefahr einer Staubexplosion bestehen kann.

4.1.34   Unter einer Implosion ist das plötzliche Aufreißen der Wandung eines unter Unterdruck stehenden Gefäßes zu verstehen.

4.1.35   Die DIN 14011 beschreibt die Zündquelle als eine Energiequelle, welche den brennbaren Stoffen oder Stoffgemischen Zündenergie zuführen kann. Mögliche Zündquellen stellen zum Beispiel Funken, offene Flammen, Wärmestrahlung, elektrostatische Entladung oder Kompression dar.

4.1.36   Wird bei einem System mehr Wärme gespeichert als abfließen kann, so spricht man von einem Wärmestau. Von einer Selbstentzündung wird dann gesprochen, wenn es zu einer Entzündung ohne Energiezufuhr von außen kommt.

4.1.37   Zu den selbstentzündlichen Stoffen gehören zum Beispiel weißer Phosphor, mit Leinöl getränkte Faserstoffe, Braunkohlenstaub oder Heu mit Restfeuchtigkeit.

4.1.38   Durch die van't Hoffsche Regel wird der Zusammenhang zwischen Reaktionsgeschwindigkeit und der Temperatur beschrieben (daher alternativ auch RGT=Reaktionsgeschwindigkeit-Temperatur-Regel). So bewirkt eine Temperaturerhöhung eine Steigerung der Reaktionsgeschwindigkeit. Eine höhere Reaktionsgeschwindigkeit bedingt wiederum eine Zunahme der Energiefreisetzung pro Zeiteinheit, sodass sich das System auf seine Zündtemperatur hochschaukeln kann.

4.1.39   Unter dem Begriff Brandtemperatur versteht man die Temperatur, welche bei einem Brand auftreten kann.

4.1.40   Unter der Mindestverbrennungstemperatur versteht man die Temperatur einer Verbrennung, bei der gerade so viel Energie freigesetzt wird, dass der Verbrennungsvorgang noch selbstständig weiterlaufen kann.

4.1.41   Zu einer Raumdurchzündung kann es dann kommen, wenn durch einen Brand in einem Raum andere, dort gelagerte brennbare Stoffe thermisch aufbereitet werden und der Brand schlagartig auf diese überspringt.

4.1.42   Nach DIN 14011 versteht man unter einer Rauchdurchzündung das Durchzünden entstandener Pyrolyseprodukte bzw. Schwelgase, welche sich in einer Rauchschicht im Raum angesammelt haben.

4.2   Wärme und Wärmeübertragung

4.2.1   Unter Wärme versteht man eine spezielle Form von Energie, die sich in der kinetischen Energie (Bewegungsenergie) der kleinsten Teilchen (Atome, Moleküle, Ionen) äußert.

4.2.2   Die Einheit der Wärme ist das Joule.

4.2.3   Die Temperatur ist eine Zustandsgröße, die den Wärmezustand eines Stoffes beschreibt. Die Temperatur stellt somit ein Maß für die kinetische Energie der Teilchen dar.

4.2.4   Unter Wärmeübertragung versteht man die Übertragung von Wärme von einem Ort zu einem anderen.

4.2.5   Eine Wärmeübertragung kann nur dann stattfinden, wenn zwischen verschiedenen Körpern Temperaturdifferenzen vorliegen. Ist diese Voraussetzung erfüllt, dann fließt die Wärme selbstständig von dem Körper mit höherer Temperatur zu dem Körper mit niedrigerer Temperatur.

4.2.6   Beim Wärmetransport wird zwischen der Wärmeleitung (Wärmediffusion oder Konduktion), der Wärmeströmung (Konvektion oder Wärmemitführung) und der Wärmestrahlung (thermische Strahlung) unterschieden.

4.2.7   Wird ein Stoff erwärmt, so nimmt die Bewegungsenergie seiner kleinsten Teilchen zu. Die Teilchen werden dabei so stark angeregt, dass sie mit den benachbarten Teilchen zusammenstoßen. Bei jedem Zusammenstoß wird nun ein Teil der aufgenommenen Energie auf das andere Teilchen übertragen.

4.2.8   Werden Gase oder Flüssigkeiten erwärmt, so dehnen sich die erwärmten Gas- beziehungsweise Flüssigkeitsteilchen aus und werden damit spezifisch leichter als die noch nicht erwärmten Teilchen. Als Folge hiervon erfahren die erwärmten Teilchen einen Auftrieb (Wärmeströmung) und nehmen die aufgenommene Wärme mit. Während des Strömungsvorganges stoßen sie mit anderen Teilchen zusammen, wobei wiederum eine Wärmeübertragung stattfindet.

4.2.9   Bei der Wärmestrahlung handelt es sich um eine elektromagnetische Strahlung, die ein Stoff infolge seiner Temperatur unter Abgabe eines Teiles seines Wärmeinhaltes an die Umgebung aussendet. Wärmestrahlung findet auch im luftleeren Raum statt.

4.2.10   Durch die Erwärmung von Stahl kommt es zu einer Ausdehnung des Stoffes und zu einer Abnahme der Festigkeit. Wird der Stahl hoch genug erhitzt, so kann er zusätzlich den Aggregatzustand ändern.

4.2.11   Durch die Erwärmung der Stoffe nimmt die kinetische Energie der kleinsten Teilchen (Atome, Moleküle) zu. Ihre Schwingungen werden heftiger, sie benötigen dafür mehr Platz. Der Stoff dehnt sich aus.

4.2.12   Beispiele für gute Wärmeleiter sind die Metalle (Gold, Silber, Kupfer, Eisen usw.), als Beispiele für schlechte Wärmeleiter sind Stoffe wie Holz oder Kunststoffe zu nennen.

4.2.13   Für die gute oder schlechte Wärmeleitfähigkeit eines Materials sind in erster Linie die Abstände der kleinsten Teilchen verantwortlich. In den Metallen sind die kleinsten Teilchen wesentlich dichter zusammengepackt als dies bei den Kunststoffen der Fall ist. Kleinere Abstände zwischen den Teilchen bedeuten einen besseren Wärmetransport. Hier reicht bereits eine geringe Wärmezufuhr aus, damit die Teilchen zusammenstoßen.

4.2.14   Werden an einer Rohrleitung Schweißarbeiten durchgeführt, so wird die zugeführte Wärme durch das Metall des Rohres weitergeleitet. Sind nun in einem Nebenraum brennbare Materialien an der erwärmten Rohrleitung gelagert, so kann es durch Wärmeübertragung zur Entzündung dieser Stoffe kommen.

4.2.15   Die Erwärmung von Stahlträgern kann zu einer Reihe von Folgeerscheinungen führen. Mögliche Folgeerscheinungen der Erwärmung sind beispielsweise:

- die Ausdehnung des Trägers und dadurch bedingt das Herausdrücken der Auflager mit der Folge eines Einsturzes,
- das Abscheren von Niet- und/oder Schraubverbindungen an den Verbindungspunkten,
- der Verlust an Festigkeit und damit verbundene geringere Tragfähigkeit.

4.2.16   Im Prinzip kann jeder Körper mit einer Temperatur über 0 K Energie in Form von Wärmestrahlung abgeben.

4.2.17   Schwarze Körper mit einer rauen Oberfläche nehmen die Wärmestrahlung besonders gut auf.

4.2.18   Nein, ein Teil der Wärmestrahlung wird auch reflektiert. Körper, wie beispielsweise Glas, lassen die Wärmestrahlung sogar ganz oder teilweise durch.

4.2.19   Durch das Abstandsgesetz wird der Zusammenhang zwischen der Strahlungsintensität und dem Abstand zur Strahlenquelle beschrieben. Das Gesetz besagt, dass die Intensität der Wärmestrahlung mit dem Quadrat des Abstandes von der Wärmequelle abnimmt.

4.2.20   Das Gesetz von Stefan-Boltzmann besagt, dass die Strahlungsleistung eines Körpers der strahlenden Oberfläche und der vierten Potenz seiner absoluten Temperatur proportional ist.

4.2.21   Ausbreitungsrichtung der drei Wärmetransportarten:
- Wärmeleitung: festgelegt durch den leitenden Stoff,
- Konvektion: abhängig von den Strömungs- beziehungsweise meteorologischen Verhältnissen,
- Wärmestrahlung: Ausbreitung in alle Raumrichtungen mit Lichtgeschwindigkeit.

4.2.22   Unter Wärmeübergang versteht man die Übertragung der Wärme eines gasförmigen oder flüssigen Stoffes auf die Oberfläche eines festen Stoffes oder umgekehrt.

4.2.23   Als Wärmedurchgang wird die Übertragung der Wärme eines gasförmigen oder flüssigen Stoffes durch eine Wandung zu einem anderen gasförmigen oder flüssigen Stoff bezeichnet.

4.3   Sicherheitstechnische Kennzahlen

4.3.1   Bei den sicherheitstechnischen Kennzahlen handelt es sich um zahlenmäßige Kennwerte der unterschiedlichsten brennbaren Stoffe. Diese Kennwerte werden herangezogen, um eine Beurteilung und einen Vergleich der Stoffe bezüglich ihrer Brand- und/oder Explosionsgefahr, ihrer Zuordnung zu bestimmten Klassen und der besonderen Schutzmaßnahmen zu ermöglichen.

4.3.2   Zu den sicherheitstechnischen Kennzahlen gehören zum Beispiel der Flammpunkt, der Brennpunkt, die Zündtemperatur oder die Explosionsgrenzen.

4.3.3   Explosionsfähige Atmosphären sind explosionsfähige Gemische von brennbaren Gasen, Dämpfen, Nebeln oder Stäuben mit der Luft.

4.3.4   Als explosionsfähiges Gemisch bezeichnet man ein Gemisch von Gasen oder Dämpfen untereinander oder mit Nebeln oder Stäuben, das explosionsfähig ist.

4.3.5   Als Explosionsbereich bezeichnet man den Konzentrationsbereich zwischen der unteren und oberen Explosionsgrenze.

4.3.6   Bei der unteren beziehungsweise oberen Explosionsgrenze handelt es sich um die niedrigste beziehungsweise höchste Konzentration eines brennbaren Stoffes im Gemisch mit Gasen, Dämpfen, Nebeln und/oder Stäuben, in dem sich nach dem Zünden ein Brennen gerade nicht mehr selbstständig fortpflanzen kann. Die untere beziehungsweise obere Explosionsgrenze grenzt den Explosionsbereich vom Gebiet der zu mageren Gemische und dem Gebiet der zu fetten Gemische ab.

4.3.7   Stoffe mit einem großen Explosionsbereich werden in der Regel als gefährlicher eingestuft als solche mit einem kleinen Explosionsbereich.

4.3.8   Stoffe mit einem *kleinen Explosionsbereich* sind zum Beispiel:

Aceton: 2,5 bis 13,0 Vol.-%
Benzin: 0,6 bis 8,0 Vol.-%
n-Hexan: 1,2 bis 7,4 Vol.-%
Toluol: 1,2 bis 7,0 Vol.-%

Stoffe mit einem *großen Explosionsbereich* sind zum Beispiel:

Acetylen: 2,4 bis 83 Vol.-%
Kohlenstoffmonoxid: 12,5 bis 74 Vol.-%
Schwefelkohlenstoff: 1,0 bis 60 Vol.-%
Wasserstoff: 4,0 bis 75,6 Vol.-%

4.3.9   Werden brennbare Flüssigkeiten abgelöscht, so kann es innerhalb geschlossener Räume zur Bildung zündfähiger Gas- beziehungsweise Dampf-Luft-Gemische kommen. Bei Anwesenheit einer geeigneten Zündquelle besteht dann Explosionsgefahr.

4.3.10   Als Flammpunkt bezeichnet man die niedrigste Temperatur einer brennbaren Flüssigkeit, bei der aus ihr gerade so viele Dämpfe entweichen, dass eine Zündung möglich ist. Da die Dampfbildung am Flammpunkt jedoch noch sehr gering ist, findet nach dem Zünden kein ständiges Brennen statt, da hierfür noch nicht genügend Dämpfe nachgeliefert werden.

4.3.11   Im Gegensatz zum Flammpunkt entwickeln sich am Brennpunkt einer brennbaren Flüssigkeit bereits Dämpfe in einer solchen Menge, dass sich nach dem Zünden durch eine Zündquelle eine selbstständig weiterlaufende Verbrennung einstellt.

4.3.12   Als Zündtemperatur für eine explosionsfähige Atmosphäre wird die niedrigste Temperatur einer erwärmten Oberfläche, an der die am leichtesten entzündbare explosionsfähige Atmosphäre gerade noch gezündet werden kann, bezeichnet.

4.3.13   Die Verdunstungszahl beschreibt, wie schnell 0,5 Milliliter einer Flüssigkeit im Vergleich zu 0,5 Millilitern Diethylether verdunsten.

4.3.14   Unter der Abbrandrate versteht man im Allgemeinen den in einer bestimmten Zeiteinheit auftretenden Masseverlust des brennbaren Materials.

4.3.15   Einfluss auf die Abbrandrate üben folgende Faktoren aus:
- die Art und die Eigenschaften des brennbaren Stoffes,
- das Mischungsverhältnis zwischen dem brennbaren Stoff und dem Sauerstoff der Umluft,
- der Sauerstoffgehalt der Umgebungsatmosphäre: je höher der Sauerstoffanteil umso höher die Abbrandrate,
- das Verhältnis von Oberfläche zur Masse des brennbaren Stoffes.

5 Brandmeldeanlagen

5.1 Allgemeines

5.1.1 Brandmeldeanlagen haben die Aufgabe ein Schadenfeuer zum frühestmöglichen Zeitpunkt zu erkennen und anzuzeigen, damit geeignete Maßnahmen ergriffen werden können. Zudem sind vom Brand gefährdete Personen im Gebäude hörbar und/oder sichtbar zu warnen.

5.1.2 Brandmeldeanlagen dienen der Gewährleistung bauordnungsrechtlicher Schutzziele bei Gebäuden besonderer Art und Nutzung. Sie sollen insbesondere die Ausbreitung von Feuer und Rauch verhindern, die Selbstrettung von Personen im Gebäude ermöglichen und wirksame Löschmaßnahmen unterstützen. Hierzu ist die konzeptionelle Abstimmung mit anderen Maßnahmen des Vorbeugenden und Abwehrenden Brandschutzes erforderlich.

5.1.3 Für einige Sonderbauten ist die Installation einer Brandmeldeanlage Teil der bauordnungsrechtlichen Vorschriften und damit verpflichtend. Weichen die Bauplanungen von den Vorgaben des Baurechts ab, kann eine Brandmeldeanlage als Kompensation dieser Abweichungen vorgesehen werden. Diese Maßnahme zielt auf die Genehmigungsfähigkeit des Bauvorhabens ab unter Gewährleistung des brandschutztechnischen Sicherheitsniveaus.

5.1.4 Folgende (Muster-)Sonderbauverordnungen sehen unter spezifischen Bedingungen beispielsweise die Nutzung von Brandmeldeanlagen vor:
- Beherbergungsstättenverordnung,
- Garagenverordnung,
- Hochhausrichtlinie,
- Industriebaurichtlinie,
- Versammlungsstättenverordnung,
- Verkaufsstättenverordnung.

5.1.5 Nach VDE 0833 gehören Brandmeldeanlagen zu den Gefahrenmeldeanlagen.

5.1.6 Durch frühestmögliche Erkennung eines Brandes und Alarmierung der zuständigen Feuerwehr wird das Intervall der ungehinderten Brandausbreitung verkürzt, sodass Löschmaßnahmen ggf. noch in der Entwicklungsphase des Brandes eingeleitet werden können. Zudem können über die Brandmeldeanlage brandfallgesteuerte Brandschutzeinrichtungen die Ausbreitung des Brandes verzögern.

5.1.7 DIN 14675 sieht vier Schutzkategorien vor:
- Kategorie 1: Vollschutz: Sämtliche Bereiche im Gebäude, in denen Brände entstehen können, werden überwacht.

- Kategorie 2: Teilschutz: Es werden nur die sensibelsten Teile des Gebäudes überwacht.
- Kategorie 3: Schutz der Flucht- und Rettungswege: Soll die Flucht von Personen sicherstellen, die nicht direkt vom Brand betroffen sind.
- Kategorie 4: Einrichtungsschutz: Soll Bereiche mit hohem Risiko oder speziellen Funktionen und Ausrüstungen schützen.

5.1.8   Für Feststellanlagen von Feuerschutzabschlüssen gilt u. a.:

- die Brandmelder dürfen keine Übertragungseinrichtungen ansteuern,
- andere Brandmelder oder Meldergruppen können die Feststellanlage auslösen,
- Alarm, Störung oder Handauslösung müssen zum sicheren und unverzögerten Auslösen der Auslösevorrichtung führen.

5.2   Aufbau und Bestandteile von Brandmeldeanlagen

5.2.1   Eine Brandmelderzentrale hat folgende Aufgaben:

- die eingehenden Informationen von den angeschlossenen Meldern aufzunehmen, auszuwerten, optisch und akustisch anzuzeigen, die Meldergruppen beziehungsweise Melderbereiche oder den Melder zu kennzeichnen und zu registrieren,
- die Brandmeldeanlage zu überwachen sowie Störungen optisch und akustisch anzuzeigen,
- die angeschlossenen Melder mit Strom zu versorgen,
- Brandmeldungen zu einer ständig besetzten Stelle zu übertragen und Steuereinrichtungen für Brandschutzeinrichtungen bereitzustellen,
- Anschlussmöglichkeiten für Bedienteile der Feuerwehr zur Verfügung zu stellen.

5.2.2   Eine Brandmelderzentrale bietet optische und akustische Anzeigemöglichkeiten.

5.2.3   Das Feuerwehr-Bedienfeld zeigt den Einsatzkräften bestimmte Betriebszustände der Brandmeldeanlage an. Erscheinungsform und Ergonomie sind aufgrund der Normung vereinheitlicht und damit unabhängig von der Herstellerausführung der Brandmelderzentrale. Zugang und Betätigung sind ausschließlich der Feuerwehr vorbehalten und erfordern nicht die Anwesenheit des Betreibers der Brandmeldeanlage.

5.2.4   Das Feuerwehr-Bedienfeld (FBF) muss nach DIN 14661 über folgende Anzeige- und Stellteile verfügen:

- Bedienfeld in Betrieb (Anzeigeteil),
- Übertragungseinrichtung (ÜE) ausgelöst (Anzeigeteil),
- Löschanlage ausgelöst (Anzeigeteil),
- Brandfallsteuerung ab (Anzeigeteil und Stellteil mit integriertem Anzeigeteil),
- akustische Signale ab (Anzeigeteil und Stellteil mit integriertem Anzeigeteil),

- Brandmelderzentrale (BMZ) rückstellen (Anzeigeteil und Stellteil),
- ÜE ab (Anzeigeteil und Stellteil mit integriertem Anzeigeteil) und
- ÜE prüfen (Stellteil).

5.2.5   Brandmeldeanlagen müssen zwei voneinander unabhängige Stromversorgungen aufweisen. Dabei muss eine Stromversorgung aus dem öffentlichen Netz, die andere aus einer Batterie erfolgen.

5.2.6   Primärleitungen sind Leitungen, die auf Drahtbruch und Kurzschluss überwacht werden. Unterbrechungen und/oder Kurzschlüsse führen zu einer Störungsmeldung in der Brandmelderzentrale.
Sekundärleitungen sind nicht überwachte Leitungen. Sie werden als Signal- und Meldeleitungen für Tableaus und Anzeigen verwendet.

5.2.7   Die Brandmelderzentrale muss Meldungen von allen Meldegruppen empfangen, verarbeiten und anzeigen können.

5.2.8   Anzeige von Betriebszuständen:
- Betriebsbereitschaft,
- Brandmeldung,
- Störung,
- Abschaltung und
- Prüfung.

5.2.9   Ein Feuerwehrbedienfeld nach DIN 14661 ermöglicht die einheitliche Bedienung von Brandmelderzentralen, da diese herstellerbedingt unterschiedlich aufgebaut sind.

5.2.10   Rotes Dauerlicht zeigt an, dass die Übertragungseinrichtung von der Brandmelderzentrale im Alarmfall angesteuert, manuell oder per »ÜE prüfen« vom FBF ausgelöst wurde.

5.2.11   Nein, Brandmeldeanlagen müssen zwei voneinander unabhängige Stromversorgungen aufweisen. Dabei muss eine Stromversorgung aus dem öffentlichen Netz, die andere aus einer Batterie erfolgen.

5.2.12   Primärleitungen werden auf die Störfaktoren Drahtbruch und Kurzschluss überwacht.

5.2.13   Betriebsarten nach DIN VDE 0833-2:
OM: ohne besondere Maßnahmen,
TM: mit technischen Maßnahmen, wie beispielsweise Alarmzwischenspeicherung, Zweimelderabhängigkeit oder Einsatz von Mehrfachsensormeldern, sowie
PM: mit personellen Maßnahmen.

5.2.14   Das Feuerwehr-Anzeigetableau (FAT) muss nach DIN 14662 über folgende Funktionselemente verfügen:

- alphanumerisches Anzeigeteil: zur Darstellung von Meldungen,
- Betrieb: zur Darstellung der Betriebsbereitschaft des FAT,
- Alarm: zur Darstellung des Alarmzustandes der Brandmelderzentrale,
- Störung: zur Darstellung des Störungszustandes der Brandmelderzentrale,
- Abschaltung: zur Darstellung des Abschaltzustandes von Meldern und/oder Meldergruppen,
- Anzeigeebene/Historie: zur Umschaltung zwischen den Anzeigeebenen »Alarmzustand, Störungsmeldungen und Abschaltzustand« sowie der Historie der Alarmmeldungen,
- weitere Meldungen: zur Darstellung der Verfügbarkeit weiterer Meldungen im Display,
- Summer ab/Test: zur Abschaltung der akustischen Signalgeber des FAT und Durchführung eines Tests aller Anzeigemittel des FAT.

5.2.15   Feuerwehrschlüsseldepots sind vom Versicherer zugelassene Aufbewahrungseinrichtungen für Objektschlüssel. Nur bei Auslösen der Brandmeldeanlage kann der Objektschlüssel von der Feuerwehr entnommen werden.

5.2.16   Feuerwehrschlüsseldepots sind an wettergeschützter Stelle in unmittelbarer Nähe des Zugangs oder der Zufahrt für die Feuerwehr anzubringen.

5.2.17   Es werden drei Klassen von FSD unterschieden:

- FSD 1: geringes Risiko
    - nur für Einzelschlüssel, keine Generalschlüssel,
    - keine Aufschaltung auf BMA,
    - Schließung über Feuerwehrschloss,
    - Ausführung auch als Schlüsselrohr möglich.
- FSD 2: mittleres Risiko
    - nur für Einzelschlüssel, keine Generalschlüssel,
    - Zugang über elektrisch entriegelbare Außentür,
    - Schließung über Innentür nur für Feuerwehr,
    - elektronische Überwachung der Außentür und der hinterlegten Schlüssel.
- FSD 3: hohes Risiko
    - für Generalschlüssel,
    - Zugang über elektrisch entriegelbare Außentür,
    - Schließung über Innentür nur für Feuerwehr,
    - elektronische Überwachung der Außentür und der hinterlegten Schlüssel,
    - Überwachung durch eine ständig besetzte Stelle (Sabotagealarm).

5.2.18 Das FSE erfüllt die gleiche Funktion wie ein Handfeuermelder. Es löst einen Brandalarm aus, der über die BMZ das FSD ansteuert. Dadurch erhält die Feuerwehr Zugang zu den hinterlegten Objektschlüsseln. Durch die Auslösung des FSE werden Brandfallsteuerungen nicht aktiviert.

5.2.19 Die Position der ausgelösten Melder(gruppe) im Gebäude kann über die Feuerwehr-Laufkarten ermittelt werden.

5.2.20 Feuerwehr-Laufkarten müssen an der BMZ zugriffsgeschützt in einem gekennzeichneten Depot für die Feuerwehr aufbewahrt werden.

5.2.21 Mindestanforderungen an Feuerwehr-Laufkarten nach DIN 14675 (auszugsweise):
- Gebäudeübersicht im Grundriss und ggf. Schnittdarstellung auf der Vorderseite,
- Detailplan für den Meldebereich und ggf. Schnittdarstellung auf der Rückseite,
- Meldergruppe,
- Meldernummer(n),
- Melderart und -anzahl,
- Gebäude/Geschoss/Raum,
- Standort BMZ, ÜE, FAT und FBF,
- Laufweg vom Standort zum Meldebereich,
- Raumkennzeichnung/Nutzung.

5.2.22 Je Meldergruppe ist mindestens eine Feuerwehr-Laufkarte bereitzuhalten. Bei Anlagen mit automatischem Ausdruck der Feuerwehr-Laufkarte muss ein kompletter Satz separat verfügbar sein.

5.2.23 Aktualisierung und Vollständigkeit der Feuerwehr-Laufkarten sind durch den Betreiber oder den Auftraggeber einer BMA zu gewährleisten.

5.3 Brandmelder

5.3.1 Automatische Brandmelder enthalten mindestens einen Sensor, der ständig oder periodisch eine Brandkenngröße überwacht und ein entsprechendes Signal an die BMZ sendet. Nicht automatische Brandmelder dienen der manuellen Auslösung eines Alarms, wie beispielsweise Handfeuermelder nach DIN EN 54-11.

5.3.2 Ein Wärmemaximalmelder ist ein Brandmelder, der bei Erreichen einer bestimmten Auslösetemperatur Alarm auslöst.

5.3.3 Ein Wärmedifferenzialmelder ist ein Brandmelder, der einen Temperaturanstieg pro Zeiteinheit erfasst.

5.3.4   Bei einem Flammenmelder wird der von der Flamme ausgehende infrarote und ultraviolette Strahlungsanteil für die Branddetektion genutzt. Zur Auslösung eines Brandalarms müssen Flammenmelder in Zweimeldungsabhängigkeit (IR und UV) ausgeführt sein.

5.3.5   Punktförmige Melder zur Überwachung der Brandkenngröße »Rauch« arbeiten nach folgenden Prinzipien:

- Streulichtmelder: misst das an Partikeln reflektierte Licht,
- Durchlichtrauchmelder: misst die Dämpfung eines Lichtstrahls,
- Ionisationsmelder: misst die Änderung eines Ionenstroms.

5.3.6   Im Brandfall gelangen Brandpartikel in die Messkammer des Brandmelders und stören die Strahlung einer Lichtquelle. Über eine Fotodiode wird der Anteil des reflektierten Lichts gemessen und ab Erreichen eines Schwellenwertes die Brandmeldung ausgelöst.

5.3.7   In einem Ionisationsrauchmelder befindet sich eine Kammer, in der ein elektrisches Feld aufgebaut wird. Durch eine radioaktive Strahlenquelle wird die Luft in der Kammer elektrisch leitfähig gemacht, ionisiert. Dringen im Brandfall Rauchpartikel in diese Kammer ein, wird der Stromfluss vermindert und als Brandereignis ausgewertet.

5.3.8   Brandkenngrößen und Melderarten:

- **a)** *Rauch:*   optische Rauchmelder, Ionisationsrauchmelder, Infrarot-Linearmelder, Absaugsysteme
- **b)** *Temperatur:* Wärmemaximalmelder, Wärmedifferenzialmelder,
- **c)** *Strahlung:*   Flammenmelder.

5.3.9   Handfeuermelder werden üblicherweise im Verlauf von Rettungswegen sowie an Ausgangs- und Notausgangstüren angebracht.

5.3.10   Beim Streulichtprinzip dringt durch ein Labyrinth im Innern der Messkammer der Brandrauch ein und gebündelte Lichtimpulse werden an den Rauchpartikeln reflektiert. Sie gelangen zu einer Fotodiode, das Alarmsignal wird zur Brandmeldeanlage weitergeleitet.
Beim Durchlichtprinzip liegen Leuchtdiode und Fotodiode direkt gegenüber. Dringt Brandrauch ein, so wertet die Fotodiode dies als Alarm.

5.3.11   Der »Tyndall-Effekt« besagt, dass Lichtstrahlen durch die Reflexion an der Oberfläche kleiner Rauchpartikel diffus gestreut werden.

5.3.12   Infrarot-Linearmelder senden einen Lichtstrahl im Infrarotbereich aus, der von einem Empfänger ausgewertet wird. Bei Eindringen von Brandrauch wird das Signal geschwächt und als Brandalarm ausgewertet.

5.3.13   Der maximale Überwachungsbereich eines Lichtstrahlrauchmelders hängt von der Raumhöhe ab. Ab 12 m bis 16 m Raumhöhe darf der größte horizontale Abstand zu einem Lichtstrahl 7 m betragen. Es resultiert eine überwachte Fläche von $A = 2 \times 7\ \text{m} \times 100\ \text{m} = 1400\ \text{m}^2$ (bei maximal zulässigem Abstand zwischen Sender-/Empfängereinheit und Reflektor).

5.3.14   Nach einem Brand sind die Ionisationsmelder vom Brandschutt zu trennen und als radioaktives Material zu entsorgen.

5.3.15   Wärmemelderarten:
- Wärmemaximalmelder,
- Wärmedifferenzialmelder,
- Wärmemaximal-/Differenzialmelder,
- linienförmige Wärmemelder.

5.3.16   Rauchansaugsysteme (RAS) saugen die Luft aus dem zu überwachenden Bereich kontinuierlich ab und werten diese zentral aus.

5.3.17   Rauchansaugsysteme werden beispielsweise in denkmalgeschützten Gebäuden, Hochregallagern oder Klimaanlagen eingebaut. Der Vorteil dieser Systeme besteht darin, dass keine Einzelmelder installiert werden müssen. Es ist nur eine kleine Absaugöffnung sichtbar, das Rohrsystem kann verdeckt gelegt werden. Außerdem kann dieses System in Räumen angewendet werden, in denen der Einsatz von herkömmlichen Meldern nicht möglich ist, wie zum Beispiel in frostgefährdeten Bereichen oder Klimakanälen.

6 Einsatzlehre

6.1 Einsatzplanung und -vorbereitung

6.1.1 Ein Alarmplan sollte die Anschriften von Einheiten, Dienststellen, Einrichtungen und Einzelpersonen enthalten, welche mit der Gefahrenabwehr bei Schadenereignissen beauftragt sind. In einem Alarmplan sind ferner die Alarmierungsart und die Alarmierungswege festzuschreiben.

6.1.2 Die Alarm- und Ausrückeordnungen sollen einen raschen und der Schadensmeldung angemessenen Feuerwehreinsatz garantieren.

6.1.3 Die Alarm- und Ausrückeordnung sollte folgende Festlegungen enthalten:
- die Behandlung von Alarmmeldungen durch das Leitstellenpersonal,
- die Alarmierung von Einheiten und die Verständigung von Führungskräften,
- Ausrückebereiche und Ausrückefolge,
- Alarmstufen,
- Einsatzleitung,
- besondere Einsatzlagen und Ausnahmesituationen,
- die Anforderung von überörtlicher Hilfe,
- die Entsendung eigener Kräfte bei einer überörtlichen Hilfe,
- Einsätze bei Großschadenereignissen beziehungsweise Katastrophen.

6.1.4 Orts- und Objektkenntnisse sind wichtige Grundvoraussetzungen für einen erfolgreichen Feuerwehreinsatz. Sie fließen als vorhandenes Wissen in die Lagefeststellung des Einsatzleiters mit ein.

6.1.5 Zu einer guten Ortskenntnis rechnet man Informationen über die Verkehrswege, Straßenkenntnis, Anfahrtswege der Feuerwehr sowie die Kenntnisse über die einzelnen Stadtteile und das Umland.

6.1.6 Altstadtbereiche, Verkehrsknotenpunkte, Industrieunternehmen, Umschlagpunkte für Gefahrgut, Krankenhäuser, Altenheime, Versammlungsstätten, große Warenhäuser und Laboratorien für biologische oder radioaktive Stoffe zählen zu den besonders gefährdeten Objekten.

6.1.7 Feuerwehrpläne nach DIN 14095 sollen zu einer raschen Orientierung in einem Objekt oder einer baulichen Anlage führen.

6.1.8 Die Hauptzufahrten sollen immer am unteren Rand des Planes liegen.

6.1.9   Ein Feuerwehrplan sollte folgende Angaben enthalten:
- Bezeichnung des Objektes,
- Art der Nutzung,
- Zugangsmöglichkeiten,
- besondere Angriffs- und Rettungswege,
- Trennwände; Wände, die Brandabschnitte bilden,
- besondere Hinweise auf Gefahrenpunkte,
- Hinweise zur Löschwasserbevorratung.

6.1.10   Die Farben in einem Feuerwehrplan haben folgende Bedeutung:
- *Blau* für Löschwasser (z. B. Behälter oder offene Löschwasserentnahmestelle),
- *Rot* für Räume und Bereiche mit besonderen Gefahren und Brandwände,
- *Gelb* für nicht befahrbare Flächen,
- *Grau* für befahrbare Flächen.

6.1.11   Die Bezeichnung -1 +E +6 bedeutet, dass dieses Gebäude aus einem Kellergeschoss, einem Erdgeschoss und sechs Obergeschossen besteht.

6.1.12   Die Raster in einem Feuerwehrplan sollen eine schnelle Hilfe beim Abschätzen von Entfernungen (Abständen) geben.

6.1.13   Bei Übersichtsplänen wird in der Regel ein Raster von 20 Metern oder 50 Metern gewählt. Detailpläne besitzen eine Rasterung von 10 Metern.

6.2   Einsätze bei Waldbränden

6.2.1   Erfahrungsgemäß treten die meisten Waldbrände im Frühjahr auf, da in den Bäumen und Pflanzen nur wenig Feuchtigkeit gespeichert ist und noch keine Triebe vorhanden sind. Auch ist zu dieser Zeit der Boden meist mit vertrocknetem Laub und verdorrten Gräsern bedeckt.

6.2.2   Die Ausbreitungsgeschwindigkeit von Waldbränden wird im Wesentlichen von folgenden Faktoren beeinflusst:
- der Tageszeit: während des Tages breitet sich ein Brand schneller aus als während der Nacht,
- der Art des Baumbestandes: in reinen Nadelwäldern breitet sich der Brand wesentlich schneller aus als bei Mischkulturen,
- der Beschaffenheit des Geländes: hangaufwärts breitet sich ein Brand schneller aus als hangabwärts,
- den Windverhältnissen: je höher die Windgeschwindigkeit, umso schneller ist auch die Brandausbreitung.

6.2.3 Bei den Waldbränden wird zwischen Erdfeuer, Boden- oder Lauffeuer, Wipfel- oder Kronenfeuer, einem Totalbrand und einem Stammfeuer unterschieden.

6.2.4 Grundlegend wird in das offensive und defensive Vorgehen unterschieden. Beim offensiven Vorgehen wird eine direkte Brandbekämpfung durchgeführt. Das defensive Vorgehen sieht hingegen eine Unterbrechung des Verbrennungsvorganges vor, z. B. durch das Anlegen von Schneisen, Wundstreifen oder Schutzstreifen.

6.2.5 Als Erdfeuer werden Feuer unterhalb der Erdoberfläche bezeichnet. Erdfeuer treten in der Regel bei Torf- und/oder Moorböden auf und liegen meist als Schwelbrand vor. Beim Erdfeuer kommt es darauf an, die Brandnester freizumachen und mit Wasser auszugießen. Auch ein »Durchpflügen« mit einem scharfen Löschstrahl oder eine Abgrabung kann zum Löscherfolg führen. Liegt eine große Brandausbreitung vor, so empfiehlt sich das Ausheben von Gräben und das Ziehen von Wundstreifen gegen den angrenzenden Wald.

6.2.6 Offensives Vorgehen bedeutet das direkte Bekämpfen eines Waldbrandes beispielsweise durch einen Angriff auf die Flammenfront aus dem Grün- oder Schwarzbereich heraus. Das offensive Vorgehen bedarf einer ausführlichen Erkundung und Beurteilung der Lage. So sind die zur Verfügung stehenden Einsatzmittel, die Feuerintensität mit Flammenhöhe sowie die Ausbreitungsgeschwindigkeit und -richtung wichtige Kriterien.

6.2.7 Beim defensiven Vorgehen soll der Verbrennungsvorgang unterbrochen werden. Hierzu können Schneisen, Wundstreifen oder Schutzstreifen angelegt werden. Hierbei sollten möglichst bereits vorhandene Brandhindernisse genutzt werden, um den Aufwand gering zu halten. Ein großer Vorteil dieser Vorgehensweise liegt in der relativ hohen Sicherheit für die Einsatzkräfte, da diese nicht in der direkten Nähe zur Flammenfront agieren müssen.

6.2.8 Bei Schutzstreifen bleibt im Gegensatz zu Schneisen und Wundstreifen die Vegetation unangetastet. In Schutzstreifen wird die Vegetation durch ständiges Bewässern oder auch Einschäumen so stark durchfeuchtet, dass diese nur schwer entflammbar ist.

6.2.9 Zusätzlich zu der Vornahme von Strahlrohren können unterstützende Angriffe mit Feuerpatschen, Schaufeln, Spaten, Äxten oder Motorsägen erfolgen.

6.3 Einsätze bei Hochbauunfällen

6.3.1 Einsturzursachen von Hochbauten sind beispielsweise:
- Unterspülen von Fundamenten,
- Tragfähigkeitsverlust durch Brandeinwirkung,
- Überlastung durch Bau- und Brandschutt,
- unzureichende Absicherung bei Bauarbeiten,

- bauliche Mängel,
- Aufprall von Fahrzeugen,
- Explosionen,
- Naturereignisse (z. B. Hochwasser und Stürme).

6.3.2   Spezifische Baustoffgewichte:
- Nadelholz: 0,6 t/m³
- Mauerwerk aus künstlichen Steinen: 0,7–2,2 t/m³
- Stahl: 7,8 t/m³
- Stahlbeton: 2,5 t/m³

6.3.3   Nachfolgende Versorgungseinrichtungen sind nach einem Gebäudeeinsturz abzustellen beziehungsweise abzuschiebern:
- Gasleitungen,
- Wasserleitungen,
- Stromversorgung,
- eventuell Fernwärme.

6.3.4   Fünf Phasen des Einsatzablaufes nach vfdb-Richtlinie 03/01:
1. Erkundung und Erstmaßnahmen,
2. Durchsuchen und einfache Rettung,
3. Ortung und technische Rettung,
4. gezieltes Vordringen zu vermuteten Personen,
5. abschließende Maßnahmen.

6.3.5   Maßnahmengruppen je Phase:
- Sicherungsmaßnahmen,
- Ortungsmaßnahmen,
- Zugang schaffen,
- lebensrettende Sofortmaßnahmen,
- Befreiungsmaßnahmen.

6.3.6   Als Richtwert kann eine Traglast von zwei Tonnen verlässlich angenommen werden.

6.3.7   Ich vermute verschüttete Personen am Fuß der Rutschfläche, möglicherweise auch unter den dort liegenden Trümmern. Weitere Personen können sich hinter der Rutschfläche (Betondecke) im so genannten halben Raum befinden.

6.3.8   Schadenelemente nach Dr. Maak:
- Rutschfläche,
- Schichtungen,
- ausgegossener Raum,

- eingeschlämmter Raum,
- mit Schichtungen ausgepresster Raum,
- halber Raum,
- angeschlagener Raum,
- versperrter Raum,
- Schwalbennest,
- Randtrümmer A und B,
- Trümmerkegel.

6.3.9 Schichtungen entstehen durch mehrere großflächige Decken-, Wand- oder Dachteile, die horizontal bis vertikal übereinanderliegen. Zwischen den Schichtungen können sich auch andere Trümmerteile oder Einrichtungsgegenstände befinden.

6.3.10 Werden Schichtungen bewegt, so besteht die Gefahr, dass Trümmerteile von den Rutschflächen herabfallen und eingeschlossene Personen gefährden.

6.3.11 Ein ausgegossener Raum ist mit Trümmern, Schutt und Einrichtungsgegenständen gefüllt, bei einem eingeschlämmten Raum kommt zu den vorgenannten Bauteilen Wasser hinzu.

6.3.12 Um das Schadenelement eingeschlämmter Raum zu verhindern, sind sämtliche Wasserleitungen abzuschiebern.

6.3.13 Das Füllmaterial eines mit Schichtung ausgepressten Raumes besteht aus Betondecken, Wandscheiben, Trümmern, Schutt und Mobiliar.

6.3.14 Angeschlagene Räume sind weitestgehend unbeschädigt, daher haben darin befindliche Personen gute Überlebenschancen.

6.3.15 Beim Übersteigen von der Drehleiter auf die auskragende Betondeckenplatte eines Schwalbennestes besteht die Gefahr, dass die Deckenplatte überlastet wird und bricht.

6.4 Einsätze bei Tiefbauunfällen

6.4.1 Ursachen für Tiefbauunfälle können zum Beispiel sein:
- Konstruktionsfehler,
- Überbelastung,
- Erdbeben,
- Veränderung des Baugrundes:
  - Setzungen,
  - Grundbruch,
  - Böschungsbruch,

            – Grundwasserabsenkung,
            – Frost,
- Wasser:
            – Schnee,
            – Frost,
            – Hochwasser,
- Explosion,
- Alterungsfolgen.

6.4.2 Einwirkungen (Lasten) resultieren aus:
- Bauwerken,
- Eigenlasten des Bodens,
- Erddruck,
- Druck von Stützflüssigkeiten,
- Wasserdruck,
- Seitenreibungskräften aufgrund von Verformungen sowie
- Sohlreibungskräften.

Widerstände des Bodens oder Fels resultieren aus:
- Scherfestigkeit,
- Steifigkeit,
- Grundbruchwiderstand,
- Sohlreibung,
- stützendem Erddruck,
- Eindring- und Herausziehwiderstand.

6.4.3 Für leicht und mittelschwer lösbare Bodenarten, wie Sande, Kiese, Sand-Kies-Gemische, Schluff und Tone, darf ein Böschungswinkel von bis zu 45° angesetzt werden.
Für schwer lösbare Bodenarten, wie ausgeprägt plastische Tone, sind bis zu 60° Böschungsneigung zulässig. Bei Fels beträgt der maximale Böschungswinkel 80°.

6.4.4 Bei Einsätzen an eingestürzten Baugruben ist vorrangig darauf zu achten, dass
- unnötige Belastungen und Erschütterungen vermieden werden,
- die Sicherheit der Einsatzkräfte gewährleistet wird,
- die Erstversorgung, insbesondere die Stabilisierung der Atmung, verschütteter Personen eingeleitet wird,
- die Einsatzstelle gesichert wird.

6.4.5 Gräben mit senkrechten nicht abgestützten Wänden dürfen bis zu 1,25 m Tiefe errichtet werden. Bei steifen bindigen Böden oder Fels dürfen Gräben mit geböschten Kanten bis zu 1,75 m tiefgezogen werden.

6.4.6   Aushub und Gerät sind mindestens 0,6 Meter entfernt von Baugruben und Gräben zu lagern, um zusätzliche Belastungen zu vermeiden.

6.4.7   Nachfolgende Verbauarten können an Tiefbaustellen vorgefunden werden:
- horizontaler Verbau,
- vertikaler Verbau,
- Verbaukästen.

6.4.8   Eine Tiefbaustelle ist bei Bedarf zu sichern durch:
- Kennzeichnung des Gefahrenbereiches,
- Abschalten bzw. Abschiebern von Versorgungsmedien (z. B. Gas, Wasser, Strom),
- Wasserhaltung in der Baugrube (stationäre Grundwasserabsenkung oder Lenzen),
- Abstützen und Aussteifen der Baugrubenwände,
- Sicherung gegen Einsturzgefahr,
- Nachforderung von Spezialisten sowie fachlich zuständigen Behörden und Institutionen,
- Verkehrsstilllegungen (Straße, Bahn, U-Bahn).

6.5   Einsätze von Überdruckbelüftern

6.5.1   Durch eine Belüftung sollen zum Beispiel:
- Rauch, explosive oder gifte Gase verdünnt oder verdrängt werden,
- Rettungswege freigehalten werden,
- die Sicht von vorgehenden Trupps verbessert werden.

6.5.2   Bei den Belüftungsverfahren wird zwischen der natürlichen und der künstlichen Belüftung unterschieden.

6.5.3   Zu den mechanischen Belüftungsmethoden gehören die Überdruck- und die Unterdruckbelüftung.

6.5.4   Bei der Überdruckbelüftung unterscheidet man zwischen der mobilen und der stationären Überdruckbelüftung.

6.5.5   Überdruckbelüfter können entweder als Einzelgeräte, im Reihen-, Parallel- oder Blockbetrieb eingesetzt werden.

6.5.6   Beim Einsatz von Überdruckbelüftern ist darauf zu achten, dass:
- die Belüftung möglichst frühzeitig vorbereitet und durchgeführt wird,
- nur in Richtung des Löschangriffes belüftet wird,
- vor Beginn der Belüftung die Abluftführung überprüft wird,

- keine Überdruckbelüfter mit Verbrennungsmotor in verqualmten Bereichen aufgestellt werden,
- im Objekt eingesetzte Trupps über den Lüftereinsatz informiert werden,
- die Druckverhältnisse des Brandes und
- die Windverhältnisse beachtet werden.

6.5.7   Bei der Überdruckbelüftung können sich folgende Gefahren ergeben:
- der Rauch kann in bislang noch nicht betroffene Bereiche gedrückt werden,
- mit dem Luftstrom wird verstärkt Sauerstoff zugeführt,
- Stäube und sonstige Gegenstände können aufgewirbelt werden,
- Brandausbreitung bei versteckten Brandnestern,
- Lärm und damit verbundene Verständigungsschwierigkeiten.

7 Fahrzeug- und Pumpenkunde, Strahlrohre

7.1 Fahrzeugkunde, Begriffe und Definitionen

7.1.1   In der DIN EN 1846-1 wird ein einheitliches Bezeichnungssystem für Feuerwehrfahrzeuge festgelegt.

7.1.2   Die Norm legt Klassen und Kategorien für Feuerwehrfahrzeuge fest, abhängig von ihrer Verwendung und Masse. Sie gibt ein Bezeichnungssystem zur Charakterisierung der Fahrzeuge vor.

7.1.3   Ein Feuerwehrfahrzeug ist ein Kraftfahrzeug, das zur Bekämpfung von Bränden, zur Durchführung Technischer Hilfeleistung und/oder für Rettungseinsätze bestimmt ist.

7.1.4   Abrollbehälter sind besonders gestaltete Rahmen mit Aufbau, die von einem geeigneten Fahrzeug mit einem hydraulischen Hakenausleger leicht auf-, abgesetzt und transportiert werden können. Sie dienen zum Transport und zur Lagerung feuerwehrtechnischer

- Spezialgeräte,
- Löschmittel und
- sonstiger Geräte.

7.1.5   Kraftfahrzeuge werden entsprechend ihrer Gesamtmasse (GM) wie folgt klassifiziert:

- Leicht (L): $3\,t \leq GM \geq 7,5\,t$,
- Mittel (M): $7,5\,t \leq GM \geq 16\,t$,
- Super (S): $GM \geq 16\,t$.

7.1.6   **a)** Straßenfähig: Kraftfahrzeug, das zum Befahren von befestigten Straßen geeignet ist.

b) Geländefähig: Kraftfahrzeug, das zum Befahren aller Straßen und bedingt für Geländefahrten geeignet ist.

c) Geländegängig: Kraftfahrzeug, das zum Befahren aller Straßen und für Geländefahrten (Querfeldeinfahrten) geeignet ist.

7.1.7   Zurzeit genormte Löschfahrzeuge mit zugehörigen Normverweisen:

- Löschgruppenfahrzeuge:
    - HLF 10   (DIN 14530-26),
    - HLF 20   (DIN 14530-27),
    - LF 10   (DIN 14530-5),
    - LF 20   (DIN 14530-11),
    - LF 20 KatS   (DIN 14530-8);

- Staffellöschfahrzeug:
  - MLF   (DIN 14530-25);
- Tanklöschfahrzeuge:
  - TLF 2000   (DIN 14530-18),
  - TLF 3000   (DIN 14530-22),
  - TLF 4000   (DIN 14530-21);
- Tragkraftspritzenfahrzeuge:
  - TSF   (DIN 14530-16),
  - TSF-W   (DIN 14530-17),
  - KLF   (DIN 14530-24).

7.1.8   Ein Löschfahrzeug ist ein Feuerwehrfahrzeug, das mit einer Feuerlöschpumpe und im Regelfall mit einem Wasserbehälter und anderen zusätzlichen Geräten für die Brandbekämpfung ausgerüstet ist.

7.1.9   Zu den Löschfahrzeugen gehören die Löschgruppenfahrzeuge, die Staffellöschfahrzeuge, die Tanklöschfahrzeuge, die Kleinlöschfahrzeuge und die Tragkraftspritzenfahrzeuge.

7.1.10   Sonderlöschfahrzeuge sind Fahrzeuge, auf denen spezielle Ausrüstung für die Brandbekämpfung und/oder spezielle Löschmittel verlastet sind.

7.1.11   Ein Hubrettungsfahrzeug ist ein Feuerwehrfahrzeug, das mit einer Drehleiter oder einer Hubarbeitsbühne ausgerüstet ist.

7.1.12   Zu den Hubrettungsfahrzeugen gehören die Drehleitern sowie die Hubarbeitsbühnen.

7.1.13   Eine Drehleiter besteht aus einer ausschiebbaren Konstruktion in Form einer Leiter mit oder ohne Rettungskorb. Sie ist auf dem Fahrgestell dreh- und schwenkbar montiert.

7.1.14   Zurzeit genormte Drehleitern mit zugehörigen Normverweisen:
- Automatik-Drehleitern (DIN EN 14043):
  - DLA 23/12,
  - DLAK 23/12,
  - DLA 18/12,
  - DLAK 18/12,
  - DLA 12/9,
  - DLAK 12/9;
- Halbautomatik-Drehleitern (DIN EN 14044):
  - DLS 23/12,
  - DLSK 23/12,
  - DLS 18/12,
  - DLSK 18/12

          – DLS 12/9,
          – DLSK 12/9.

7.1.15   Hubarbeitsbühnen bestehen aus
- einem Arbeitskorb,
- einer hydraulischen Hubeinrichtung und
- einem Fahrgestell mit Eigenantrieb.

7.1.16   Rüst- und Gerätewagen sind u. a. für nachfolgende technische Hilfeleistungseinsätze konzipiert:
- Suchen und Retten von Personen,
- Beseitigen von Unfallfolgen,
- gewaltsames Öffnen von Zugängen,
- Tierrettung.

7.1.17   Der Rüstwagen (RW) ist nach DIN 14555-3 genormt.

7.1.18   Ein Krankenkraftwagen ist ein Fahrzeug, das für die Versorgung und den Transport von Patienten benutzt wird.

7.1.19   Zu den Krankenkraftwagen gehören:
- Krankentransportwagen Typ A1 und A2,
- Notfallkrankenwagen Typ B,
- Rettungswagen Typ C.

7.1.20   Gerätewagen Gefahrgut werden bei nachfolgenden Schäden eingesetzt:
- Gefahr einer Umweltverschmutzung,
- chemische Gefahr,
- Gefahr durch radioaktive Stoffe,
- biologische Gefahren,
- Bergungen.

7.1.21   Genormt ist der Gerätewagen Gefahrgut GW-G (DIN 14555-12).

7.1.22   Einsatzleitwagen sind Feuerwehrfahrzeuge, die mit Kommunikationsmitteln und anderen Ausrüstungen zur Führung taktischer Einheiten ausgerüstet sind.

7.1.23   Die Normen für Einsatzleitfahrzeuge wurden hinsichtlich der veränderten fernmeldetechnischen Ausrüstungen des Digitalfunks angepasst und befinden sich derzeit im Spezifikationsstadium:
- ELW 1 (DIN SPEC 14507-2),
- ELW 2 (DIN SPEC 14507-3),

- KdoW (DIN SPEC 14507-5).

7.1.24   Unter der Leermasse eines Fahrzeugs versteht man die Masse des Fahrzeuges einschließlich
- aller betriebsnotwendigen Mittel,
- aufgefülltes Kühlwasser, Kraftstoff und Öl,
- Gewicht des Fahrers (75 kg),
- sämtlicher fest angebauten Ausrüstungen. Das Ersatzrad sowie Löschmittel sind nicht beinhaltet.

7.1.25   Die feuerwehrtechnische Beladung muss transportsicher gelagert und leicht und gefahrlos zu entnehmen sein.

7.1.26   Grundsätzlich dürfen weder in den vorderen noch in den hinteren Überhangwinkel starre Teile hineinragen. Dies gilt explizit für den hinteren Überhangwinkel bei allen straßenfähigen Kraftfahrzeugen. Bei geländegängigen Kraftfahrzeugen darf die Schlauchhaspelhalterung bis zu 11° hineinragen.

7.1.27
a) Fahrzeuglänge ist die Länge des Fahrzeuges über alles gemessen (einschließlich Stoßfänger usw.).
b) Fahrzeugbreite ist die Breite des Fahrzeuges über alles gemessen (Fahrtrichtungsanzeiger, Rückspiegel, Begrenzung, Spurhalteleuchten, elastische Schmutzfänger). Herablassbare Trittstufen dürfen die Fahrzeugbreite überragen.
c) Fahrzeughöhe ist die Höhe des Fahrzeuges über alles gemessen (einschließlich Verdeck, Dachgepäckträger usw.).
d) Radstand ist der geometrische Abstand zwischen den Radmitten der Vorderräder und der Hinterräder.
e) Spurweite ist der Abstand der Räder einer Achse von Reifenmitte zu Reifenmitte auf der Standebene gemessen.

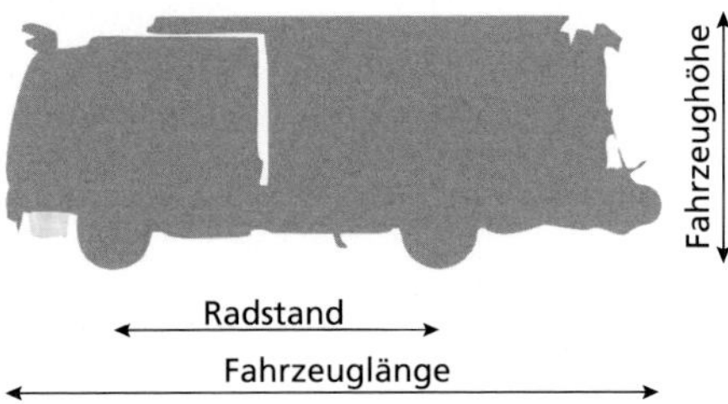

7.1.28   Als Rampenwinkel wird der kleinste Winkel bezeichnet, der bei Gesamtmasse des Fahrzeugs zwischen zwei Tangenten entsteht, die zwischen dem untersten starren Punkt an der Fahrzeugunterseite und den innenliegenden Vorder- und Hinterreifen liegen.

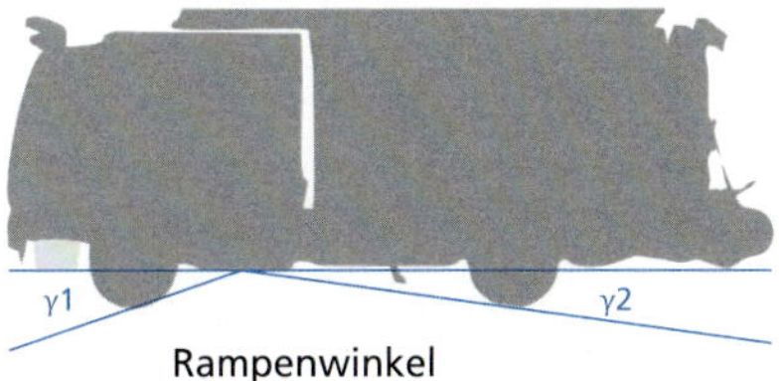

Rampenwinkel

7.1.29   Der Überhangwinkel ist der Winkel zwischen der Standebene des Kraftfahrzeuges und einer Ebene, die die statischen Rollradien der Räder der Achsen tangiert und den äußersten, tiefsten und festen Punkt des Kraftfahrzeuges vor der Achse berührt. Man unterscheidet den vorderen und den hinteren Überhangwinkel.

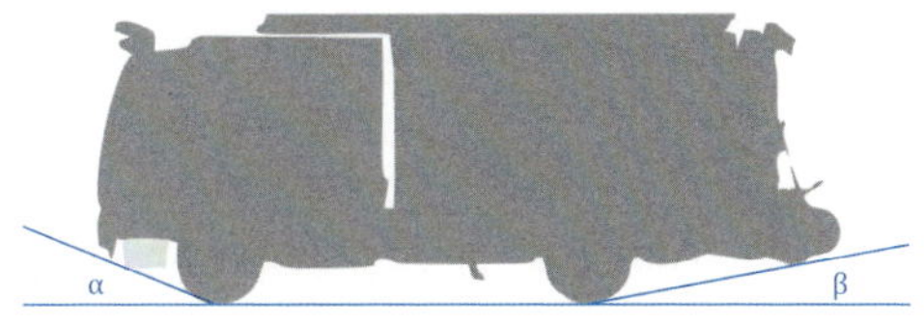

Überhangwinkel

7.1.30   Massenreserve ist die zulässige Gesamtmasse eines Fahrzeuges minus tatsächliche Gesamtmasse.

7.1.31   Ein Rüstwagen ist ein Feuerwehrfahrzeug mit geländefähigem Allradantrieb, einem vom Fahrzeugmotor angetriebenen Stromerzeuger, einer fahrzeugmotorbetriebenen Zugeinrichtung und einem ein- oder angebauten Lichtmast, der betriebsbereit angeschlossen ist. Die Zugeinrichtung muss DIN 14584 entsprechen. Generator, maschinelle Zugeinrichtung, Lichtmast und tragbarer Stromerzeuger müssen den einschlägigen Normen entsprechen. Der gleichzeitige Betrieb von Generator, Zugeinrichtung und Lichtmast muss möglich sein.

7.1.32   Mindestanforderungen an eine normierte Fahrzeugbezeichnung:
- Fahrzeugtyp,
- Verweis auf DIN EN 1846,
- Massenklasse (L, M, S),
- Kategorie (1, 2, 3),
- Verweis auf nationale Norm.

7.1.33 Hubeinrichtungen bestehen aus starren, teleskopischen oder gelenkartigen Mechanismen bzw. aus Kombinationen dieser, die schwenkbar auf einem Untergestell montiert sind (1 = Arbeitskorb, 2 = Hubeinrichtung, 3 = Untergestell).

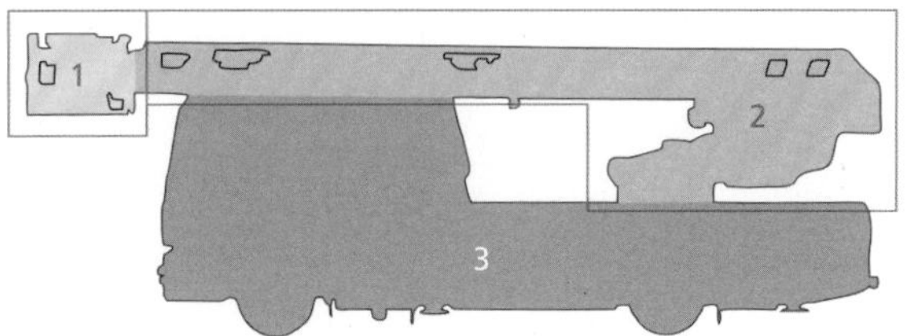

7.1.34 Nachschubfahrzeuge sind Feuerwehrfahrzeuge zur Beförderung von Ausrüstung oder Löschmitteln zur Versorgung eingesetzter Einheiten.

7.1.35 Die Leermasse ist die Masse des betriebsfertigen Fahrzeuges einschließlich Fahrer und allen am Fahrzeug fest angebrachten Teilen. Die Gesamtmasse ist die Leermasse zuzüglich der Masse der feuerwehrtechnischen Beladung einschließlich Löschmitteln und Besatzung.

7.1.36 Bei Feuerwehrfahrzeugen gibt es die Antriebsarten Straßenantrieb und Allradantrieb. Die DIN EN 1846-1 unterscheidet ferner in straßenfähige, geländefähige und geländegängige Fahrzeuge.

7.1.37 Unter dem Begriff »technischer Einsatzwert eines Feuerwehrfahrzeuges« versteht man die technischen Voraussetzungen, die mit dem Fahrzeug aufgrund der Vorgaben wie Fahrgestell, Aufbau, Mannschaftsstärke, Beladung und Art der mitgeführten Löschmittel einsatzmäßig gegeben sind. Alles zusammen bildet die Grundlage der taktischen Verwendung.

7.1.38 Der »taktische Einsatzwert eines Feuerwehrfahrzeuges« beinhaltet die technischen Voraussetzungen und die Verhältnisse vor Ort.

7.1.39 Ein Gerätewagen Logistik ist ein Feuerwehrfahrzeug, welches mit einer Ladefläche und einer Ladebordwand ausgerüstet ist und zur Beförderung von Ausrüstung und Material eingesetzt wird. Genormt sind der GW-L1 (DIN 14555-21) und der GW-L2 (DIN 14555-22).

7.2 Hubrettungsfahrzeuge

7.2.1 Hubrettungsfahrzeuge werden vorrangig zur Rettung von Menschen aus Notlagen, zur Durchführung Technischer Hilfeleistungen und zur Brandbekämpfung eingesetzt.

7.2.2 Zu den Hubrettungsfahrzeugen gehören Drehleitern, Gelenkmaste und Teleskopmaste.

7.2.3 Ein Hubrettungsfahrzeug besteht aus Fahrgestell, Aufbau und einem maschinell angetriebenen Hubrettungssatz mit oder ohne Rettungskorb.

7.2.4 Der Hubrettungssatz umfasst alle beweglichen Baugruppen, die auf dem Fahrgestell befestigt sind, mit fest angebrachten oder abnehmbaren Rettungseinrichtungen.
Ein Leitersatz ist Bestandteil einer Drehleiter. Er besteht aus mehreren Leiterteilen, die teleskopierbar miteinander verbunden sind.
Hubeinrichtungen bestehen aus starren, teleskopischen oder gelenkartigen Mechanismen bzw. aus Kombinationen dieser, die schwenkbar auf einem Untergestell montiert sind.
Ein Rettungskorb ist eine fest angebrachte oder abnehmbare Zusatzeinrichtung. Sie dient vorrangig der Brandbekämpfung, der Rettung und der Technischen Hilfeleistung.

7.2.5 Der Aufrichtwinkel wird gemessen zwischen der Längsachse des letzten (untersten) Leiterteils und der Waagerechten.
Der Querneigungswinkel ist der Winkel quer zur Längsachse des Fahrzeugs, zwischen der Waagerechten und der Standfläche.
Der Längsneigungswinkel ist der Winkel in Längsrichtung des Fahrzeugs, zwischen der Waagerechten und der Standfläche.

7.2.6 Als Rettungshöhe bezeichnet man die lotrechte Höhe von der waagerechten Standfläche bis zur Oberseite des Korbbodens bzw. bis zur obersten Leitersprosse bei Drehleitern ohne Rettungskorb.
Unter Nennrettungshöhe versteht man eine festgelegte Rettungshöhe bei Nennausladung.

7.2.7 Die horizontale Ausladung beschreibt den Abstand von der Fahrzeugaußenkante bis zum Lot der Außenkante des Bodens von Rettungskorb oder Arbeitsplattform bzw. der obersten Sprosse.
Unter Nennausladung versteht man eine festgelegte horizontale Ausladung bei Nennrettungshöhe.

7.2.8 a) Die Nennlast ist die Last, mit der Korb oder Spitze eines Hubrettungssatzes im Freistandsfeld bis an die für diese Last gültige Freistandsgrenze lotrecht belastet werden dürfen.
b) Die Prüflast ist die Last, die für die statische und dynamische Prüfung des Hubrettungssatzes vorgeschrieben ist.

c) Die Nutzlast ist die Last, mit der die Auslegerelemente mit oder ohne Korb belastet werden können, ohne die Standsicherheit zu gefährden.

d) Die Zusatzlast ist das Gewicht der vom Hersteller zusätzlich zur Nutzlast zugelassenen Einrichtungen.

7.2.9 Das Benutzungsfeld ist der Bereich, in dem der Hubrettungssatz bewegt werden kann, ohne die Standsicherheit zu gefährden.
Die Benutzungsgrenze ist die jeweilige Grenze des Benutzungsfeldes. Das Freistandsfeld ist der Bereich innerhalb des Benutzungsfeldes, in dem der Hubrettungssatz im Freistand mit der für dieses Feld zulässigen Nutzlast belastet und maschinell bewegt werden kann.
Die Freistandsgrenze ist die Grenze im Benutzungsfeld, bis zu der ein Hubrettungssatz im Freistand mit der für dieses Feld zulässigen Nutzlast belastet und maschinell bewegt werden kann.

7.2.10 Auflagefeld ist derjenige Bereich,
- in dem Bewegungen nicht die Standsicherheit der Drehleiter gefährden und
- in dem die Drehleiterspitze vor Belastung auf dem Objekt aufliegt.

7.2.11 Die Stützbreite »b« beschreibt den Abstand zweier gedachter Parallelen, die jeweils links und rechts zur Fahrzeug-Mittelachse an die Außenkanten der am weitesten ausgefahrenen und abgesenkten Stützen zu ziehen sind. Bodenteller der Stützen sind einzubeziehen.

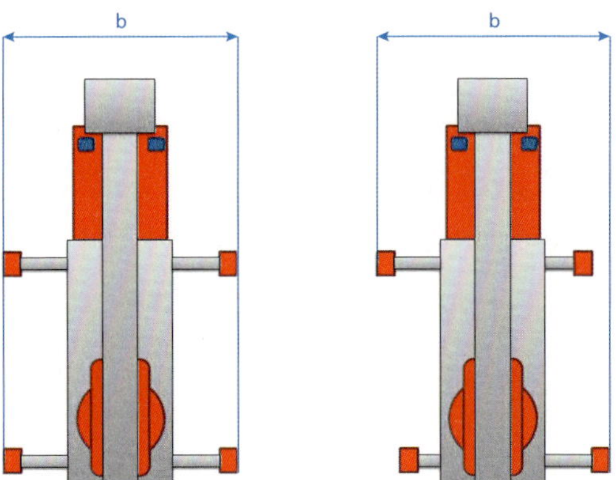

7.2.12 Die Rüstzeit t_R in Sekunden ist die Zeit, die erforderlich ist, um mit der Fahrzeugbesatzung von der Fahrstellung aus die Rettungsstellung zu erreichen.

7.2.13 Die statische Prüfung ist eine Überprüfung der Standsicherheit von Hubrettungsfahrzeugen, deren Hubrettungssatz nicht bewegt werden darf, solange er belastet ist.

Die dynamische Prüfung ist eine Überprüfung der Standsicherheit von Hubrettungsfahrzeugen, deren Hubrettungssatz auch dann bewegt werden darf, wenn er belastet ist.

7.2.14 Die statische Überlastprüfung ist die Prüfung des Hubrettungssatzes auf bleibende Verformung und somit keine Standsicherheitsprüfung.

7.2.15
    a) DL: Drehleiter ohne Korb
    b) DLK: Drehleiter mit Korb
    c) GM: Gelenkmast
    d) TM: Teleskopmast

7.2.16 Eine Getriebesperre wird eingebaut, damit Fahrgetriebe und Antrieb des Hubrettungssatzes sich gegenseitig sperren (keine Fahrmöglichkeit bei ausgefahrenem Hubrettungssatz).

7.2.17 Die Abstützungen der Hubrettungsfahrzeuge müssen nachfolgende Anforderungen erfüllen:
- den schädlichen Einfluss der Bereifung unwirksam machen,
- die Belastung auf die Standfläche übertragen,
- Vertiefungen bis 50 Millimeter ausgleichen,
- Erhöhungen bis 150 Millimeter ausgleichen,
- unbeabsichtigtes Bewegen verhindern,
- eine elektrisch leitfähige Verbindung zwischen Hubrettungssatz und Standfläche herstellen,
- einen rot-weißen Warnanstrich haben, wenn sie über das Fahrzeug hinausragen.

7.2.18 Einrichtungen für den Betrieb des Hubrettungssatzes:
- Die Inbetriebnahme des in Fahrstellung abgelegten Hubrettungssatzes muss solange verhindert werden, bis die Federabstelleinrichtung und die Abstützung wirksam sind.
- Bei nicht in Fahrstellung abgelegtem Hubrettungssatz dürfen die ausgefahrenen Stützen der Abstützung nicht eingelassen werden können.
- Die Federabstelleinrichtung oder Federwegblockierung zum Ausschalten des Federweges der Hinterachse muss vor der Abstützung oder gleichzeitig mit ihr wirksam werden.
- Eine Geländeausgleichseinrichtung muss für wenigstens eine Ebene einen Ausgleich bis zu sieben Grad für den Korbboden beziehungsweise Sprossenebene zur Geländeneigung ermöglichen.
- Für Bewegungen müssen zwei voneinander unabhängige Einrichtungen vorhanden sein, die den Hubrettungssatz auch bei ausgeschaltetem Antrieb sicher in jeder Stellung halten.
- Es müssen selbsttätige und möglichst ruckfreie Endbegrenzungen für alle Bewegungen, ausgenommen der Drehbewegung des Hubrettungssatzes, vorgesehen sein.

- Selbsttätige Einrichtungen zur Abstellung der Bewegungen bei Erreichen der Freistandsgrenze müssen vorhanden sein.

7.2.19 Bei Ausfall des maschinellen Antriebes des Hubrettungssatzes muss mit einer entsprechenden Einrichtung der Ausleger mit belastetem Korb sicher in die Fahrstellung zurückgeführt werden können.
Bei Ausfall einer Sicherheitseinrichtung darf maschineller Notbetrieb nur bei gleichzeitigem Ertönen eines akustischen Signals möglich sein. Es muss ein entsprechendes Hinweisschild angebracht sein.

7.2.20 Der Hauptsteuerstand muss gegenüber dem Korbsteuerstand vorrangig geschaltet sein.

7.2.21 Steuerstände müssen so angeordnet und gestaltet sein, dass die Bedienperson
- die Steuerorgane behinderungsfrei betätigen kann,
- nicht durch die Bewegungen des Hubrettungssatzes gefährdet wird,
- nicht der Absturzgefahr ausgesetzt ist.

7.2.22 Die Bedienungseinrichtungen an den Steuerständen müssen so gestaltet sein, dass alle Bewegungen nach dem Loslassen des Totmannschalters zum Stillstand kommen und nach dem Stillsetzen der Kraftquelle oder der Bewegungen des Hubrettungssatzes alle Bewegungen jeweils nur von der Nullstellung aus gefahren werden können.

7.2.23 Gewichte und Abmessungen:
- zulässige Gesamtmasse: 16 000 kg,
- Fahrzeuglänge: 12,00 m,
- Fahrzeugbreite: 2,55 m,
- Fahrzeughöhe: 3,30 m.

7.2.24 Nach DIN EN 14044 sind folgende halbautomatischen (sequenziellen) Drehleitern (DLS) mit maschinellem Antrieb genormt:
- DLS 12/9,
- DLSK 12/9,
- DLS 18/12,
- DLSK 18/12,
- DLS 23/12,
- DLSK 23/12.

7.2.25 Bei der DLK 18-12 handelt es sich um eine Drehleiter mit Korb, bei der DL 18-12 handelt es sich um eine Drehleiter ohne Korb.

7.2.26   An Drehleitern werden nachfolgende Anforderungen gestellt:
- Betriebsart nur Straßenbetrieb,
- keine Gefährdung bei eingeschaltetem Notbetrieb,
- Totmannschalter als Fußschalter,
- Vorrangschaltung des Hauptsteuerstandes vor dem Korbsteuerstand,
- Leitersatz aus Metall,
- Leitersprossen mit Rutsch- und Kälteschutz,
- Anzeige für Sprossenüberdeckung,
- Aufstiegsleiter am Leiterfuß.

7.2.27   Die Mindestprüflast muss der Masse von acht Personen á 90 kg (= 720 kg) entsprechen, die auf der waagerecht abgestützten Leiter gleichmäßig verteilt sind.

7.2.28   Nachfolgende Anforderungen sind an Rettungskörbe zu stellen:
- trittsicherer, rutschhemmender und weitgehend geschlossener Boden,
- nutzbare Korbbodenfläche 0,2 m² je Person,
- allseitige Umwehrung durch Geländer (h = 1,10 m),
- die Umwehrung muss fest sein, Ketten und Seile sind unzulässig,
- bewegliche Teile müssen gegen Umklappen, Herunterfallen und Ausheben gesichert sein.

7.2.29   Folgende Angaben müssen an einem Rettungskorb angebracht sein:
- Nennlast in Kilogramm,
- als zulässige Personenzahl und Masse der Ausrüstung,
- maximal zulässige Kraftwirkung durch manuelle Arbeiten,
- maximal zulässige Windgeschwindigkeit,
- zulässige Sonderlasten.

7.2.30   Nachfolgende Zusatzeinrichtungen sind an Rettungskörben für zwei Personen zulässig:
- Flutlichtstrahler,
- Strahlrohr oder Wenderohr,
- Lagerung für Krankentrage.

7.2.31   Der Einsatz einer Drehleiter ist bis zu einer Windgeschwindigkeit von 12,5 m/s (45 km/h) möglich.

7.2.32   Nein, ein Positionswechsel der Drehleiter mit angehobenem Leitersatz ist nicht zulässig.

7.2.33   Nach DIN EN 14043 sind folgende automatischen Drehleitern (DLA) mit maschinellem Antrieb genormt:
- DLA 12/9,
- DLAK 12/9,

- DLA 18/12,
- DLAK 18/12,
- DLA 23/12,
- DLAK 23/12.

7.2.34   Bei einer automatischen Drehleiter (DLA) sind alle Leiterbewegungen (Aufrichten, Senken, Drehen, Aus- und Einfahren) gleichzeitig möglich. Bei einer halbautomatischen (sequenziellen) Drehleiter (DLS) sind alle Leiterbewegungen nur aufeinander folgend möglich.

7.2.35   Über das Notbetriebssystem sind sämtliche Leiterbewegungen bei Ausfall des regulären Steuersystems möglich. Das Notstromsystem dient zur Rückführung der Leiter aus jeder Stellung in die Fahrstellung bei Ausfall der Hauptenergiequelle.

7.2.36   Rüstzeiten in allen Leiterklassen:
- ohne Anbringen des Rettungskorbes:
    - bei automatischen DL $\leq$ 140 s,
    - bei halbautomatischen DL $\leq$ 180 s;
- mit Anbringen des Rettungskorbes:
    - bei automatischen DL $\leq$ 180 s,
    - bei halbautomatischen DL $\leq$ 180 s.

7.3   Feuerwehrpumpen

7.3.1   Feuerlöschkreiselpumpen (FP) sind besonders für den Einsatz bei der Feuerwehr konstruiert. Sie bestehen aus maschinell angetriebenen Strömungsmaschinen zur Förderung von Flüssigkeiten für Feuerlöschzwecke.

7.3.2   Feuerlöschkreiselpumpen können mit oder ohne Entlüftungseinrichtung hergestellt werden.

7.3.3   Feuerwehrpumpen zur Förderung von Flüssigkeiten für Feuerlöschzwecke:
- mit Entlüftungseinrichtung:
    - Normaldruckpumpe (FPN),
    - Hochdruckpumpe (FPH);
- ohne Entlüftungseinrichtung:
    - Schwimmpumpe (FPN-F),
    - Tauchpumpe (FPN-S),
    - gespeiste Pumpe (FPN-B);
    - Tragkraftspritzen (PFPN),
    - Tauchmotorpumpen (TP).

7.3.4   Pumpen zur Förderung sonstiger Flüssigkeiten sind:
- Umfüllpumpen für Mineralöle,
- Umfüllpumpen für Säuren,
- Umfüllpumpen für Laugen.

7.3.5   Unter geodätischer Saughöhe wird der Höhenunterschied zwischen der Pumpenmitte (bei Kreiselpumpen entspricht dies der Mitte des Eintritts des ersten Laufrades) und dem saugseitigen Wasserspiegel verstanden. Die Angabe des Höhenunterschiedes erfolgt in Metern. Bei der geodätischen Nennsaughöhe handelt es sich um den für die Nennförderleistung festgelegten Höhenunterschied in Metern zwischen der Pumpenmitte und dem saugseitigen Wasserspiegel.

7.3.6   Als Schließdruck wird der bei Höchstdrehzahl und geodätischer Nennsaughöhe im Ausgangsquerschnitt vorhandene Druck bezeichnet, wenn der Förderstrom gleich Null ist.

7.3.7   Unter dem Begriff Förderdruck ist die Druckdifferenz zwischen dem Druck im Ausgangsquerschnitt und dem Druck im Eingangsquerschnitt zu verstehen.

7.3.8   Als Nennförderdruck bezeichnet man den bei Nennförderleistung festgelegten Förderdruck. Unter dem Begriff Nennförderstrom wird der festgelegte Volumenstrom der Nennförderleistung unter Einhaltung der geodätischen Nennsaughöhe verstanden.

7.3.9   Die Nennförderleistung ist die unter festgelegten Bedingungen (Nenndrehzahl, Nennförderstrom, Nennförderdruck, geodätische Saughöhe) erhaltene Förderleistung. Als Nenndrehzahl bezeichnet man die Drehzahl der Laufradwelle in min^{-1} unter Einbehaltung von Nennförderstrom, Nennförderdruck und der geodätischen Nennsaughöhe.

7.3.10   Die Entlüftungszeit ist die Zeit, die vergeht, um eine Pumpe inklusive ihrer Saugleitung zu entlüften und die Flüssigkeit bis zum Austrittsquerschnitt zu fördern. Die Zeitangabe erfolgt in Sekunden.

7.3.11   Zu den allgemeinen Anforderungen, die an Feuerlöschkreiselpumpen gestellt werden, gehören unter anderem:
- leichte Zugänglichkeit und Austauschbarkeit der Verschleißteile,
- übersichtliche und gut zugängliche Einrichtungen zur Bedienung der Pumpe,
- Einhaltung der zulässigen Höchsttemperatur bei Dauerbetrieb des Getriebes,
- Wartungsfreundlichkeit sowie einfaches und vollständiges Entleeren der Pumpe,
- die dauerhafte Anbringung eines Pfeils zur Markierung des Pumpendrehsinnes.

7.3.12   Die Garantiepunkte spielen bei den Abnahmeversuchen und den Nachprüfungen der Feuerwehrpumpen eine wichtige Rolle. Allgemein versteht man unter einem Garantiepunkt die

Gewährleistung von vertraglich vereinbarten physikalischen Größen und Eigenschaften der Pumpe.

7.3.13 Folgende Bezeichnung muss eine Feuerlöschkreiselpumpe nach DIN EN 1028-1 mit einem Nennförderdruck von 10 bar, einem Nennförderstrom von 2 000 l/min, einem Grenzdruck von 17 bar, einem dynamischen Prüfdruck von 22,5 bar und einem Schließdruck von 10 bis 17 bar besitzen: Feuerlöschkreiselpumpe DIN EN 1028-1-FPN 10–2000.

7.3.14 Die DIN EN 1028-1 kennt folgende Feuerlöschkreiselpumpen:
- FPN 6-500
- FPN 10-750
- FPN 10-1000
- FPN 10-1500
- FPN 10-2000
- FPN 10-3000
- FPN 10-4000
- FPN 10-6000
- FPN 15-1000
- FPN 15-2000
- FPN 15-3000
- FPH 40-250

7.3.15 Die Leistung einer Feuerlöschpumpe ist abhängig von:
- der Konstruktion: Größe und Form des Laufrades, Größe und Form des Leitrades,
- der Drehzahl der Pumpenwelle: einstufige Pumpen erfordern höhere Drehzahlen, mehrstufige Pumpen erfordern geringere Drehzahlen.

7.3.16 Leiträder sind fest mit dem Gehäuse der Feuerlöschkreiselpumpe verbundene Leiteinrichtungen. Der Schaufelkranz kann hierbei eine axiale, halb-axiale, radiale oder zwiebelartige Form besitzen. Aufgabe des Leitrades ist es, die aus dem Laufrad austretende Drallströmung in eine möglichst drall-freie Strömung umzuwandeln.

7.3.17 Laufräder werden unterschieden in:
- Radialräder,
- Halbaxialräder,
- Axialräder,
- Peripheralräder.

7.3.18 Entlüftungseinrichtungen für Feuerlöschkreiselpumpen sind:
- Handkolbenpumpen,
- Flüssigkeitsringpumpen,
- Auspuffgasstrahler,

- Trockenringpumpen,
- Doppelkolben-Entlüftungspumpen/Trocken-Kolben-Entlüftungspumpen.

7.3.19   Unter Kavitation – manchmal auch als Hohlraumbildung in einer Flüssigkeit oder Hohlsog bezeichnet – versteht man das schlagartige Entstehen und Vergehen von Dampfblasen in einer Flüssigkeitsströmung. Durch Verringern des statischen Druckes wird der Dampfdruck der Flüssigkeit erreicht. Dies führt zu einer Dampfblasenbildung auch ohne äußere Wärmeeinwirkung. Ursache für das Absinken des statischen Druckes sind in der Regel zu große Förderströme bei großen Saughöhen und ein freier Auslauf am Druckausgang der Pumpe. Steigt der statische Druck – in Strömungsrichtung gesehen – nun wieder über den Dampfdruck an, so zerfallen die gebildeten Dampfblasen schlagartig. Die hierdurch auftretenden hohen Temperatur- und Druckschwankungen können innerhalb der Pumpe zu einer Materialzerstörung beziehungsweise Materialabtragung führen.

7.3.20   Den Leistungsangaben für Feuerlöschkreiselpumpen wird ein Luftdruck von 1013 mbar und eine Wassertemperatur von 4 °C zugrunde gelegt.

7.3.21   Druckangaben in Bezug auf Feuerlöschkreiselpumpen:
p_e: Druck am Eintrittsquerschnitt,
p_a: Druck am Austrittsquerschnitt,
p_{a0}:   Schließdruck.

7.3.22   Förderströme für Feuerlöschkreiselpumpen werden üblicherweise in der Maßeinheit l/min angegeben.

7.3.23   Die Förderleistung ist die von der Pumpe auf den Förderstrom übertragene nutzbare Leistung in kW.

7.3.24   Die Förderleistung einer Feuerlöschkreiselpumpe kann überschlägig wie folgt berechnet werden:
$$PQ = Q \times p/600$$
In diese Formel ist PQ (Förderleistung) in kW, Q (Förderstrom) in l/min und p (Druck) in bar einzusetzen.

7.3.25   Der Pumpendrehsinn ist die Drehrichtung der Laufradwelle vom Antrieb aus gesehen. Rechtslaufend: im Uhrzeigersinn, linkslaufend: dem Uhrzeigersinn entgegen gerichteter Drehsinn.

7.3.26   Einteilung der Feuerlöschkreiselpumpen:
a) Feuerlöschkreiselpumpe (FP): maschinell angetriebene Strömungsmaschine zur Förderung von Flüssigkeiten zu Löschzwecken,
b) Normaldruckpumpe (FPN): FP mit Betriebsdrücken bis 20 bar,

    c) Hochdruckpumpe (FPH): FP mit Betriebsdrücken bis 54,5 bar,

    d) Tragkraftspritze (PFPN): tragbare FP mit eigenem Antrieb.

7.3.27   Der Nennförderstrom QN ist der Förderstrom in l/min, der bei Nennförderdruck pN und Nenndrehzahl nN bei geodätischer Nennsaughöhe abgegeben wird.

7.3.28   Der Wirkungsgrad einer Pumpe ist der Quotient aus Förder- und Antriebsleistung. Der Nennwirkungsgrad ist der Wirkungsgrad bei Nennförderleistung und wird vom Hersteller angegeben. Er darf bei der Typenprüfung um maximal fünf Prozent abweichen.

7.3.29   Garantiepunkte von Feuerlöschkreiselpumpen mit Entlüftungseinrichtung:
- Garantiepunkt 1: Nennsaughöhe 3,0 m, Nennförderdruck, Nennförderstrom, Abweichung von der Nenndrehzahl maximal ± 5 %.
- Garantiepunkt 2: Saughöhe 7,5 m, Nennförderdruck, 0,5-facher Nennförderstrom, Drehzahl keine Angabe.
- Garantiepunkt 3: Saughöhe 3,0 m, 1,2-facher Nennförderdruck, 0,5-facher Nennförderstrom, Drehzahl < Höchstdrehzahl.

7.3.30   Als Entlüftungseinrichtungen für Feuerlöschkreiselpumpen kommen zum Einsatz:
- Doppelkolbenentlüftungseinrichtungen,
- Doppelmembranentlüftungseinrichtungen und
- Trockenringentlüftungseinrichtungen.

    Gasstrahler und Flüssigkeitsringentlüftungen werden heute praktisch nicht mehr eingebaut, da sie weniger leistungsfähig und zudem störanfällig sind.

7.3.31   Für Normaldruckpumpen finden überdruckanzeigende Manometer nach DIN 14421 Verwendung.

7.4 Strahlrohre

7.4.1   Ein Strahlrohr ist eine Armatur zur Abgabe von Löschmitteln (meistens Wasser).

7.4.2   Mehrzweckstrahlrohre waren bis zum Jahr 2007 in der DIN 14365 normiert. Nach gegenwärtig gültiger EU-Norm DIN EN 15182-3 werden Strahlrohre PN 16 mit Vollstrahl und/oder unveränderlichem Sprühwinkel entsprechend ihres Durchflusses Q bei 6 bar Eingangsdruck unterschieden:
- ≤ 100 l/min (Festkupplung D),
- 100 l/min < Q ≤ 235 l/min (Festkupplung C),

- 235 l/min < Q ≤ 400 l/min (Festkupplung B),
- > 400 l/min (Festkupplung B).

Für Mehrzweckstrahlrohre nach DIN 14365 galt für den Durchfluss mit/ohne Mundstück bei 5 bar überschlägig:
- DM: 25/50 l/min,
- CM: 100/200 l/min,
- BM: 400/800 l/min.

7.4.3   Der Drallkörper besteht aus insgesamt vier Leitblechen, die am Ende schraubenförmig gebogen sind. In der Vollstrahlstellung dienen die Leitbleche als Gleitrichter und erzeugen einen homogenen Wasserstrahl. In der Sprühstrahlstellung bewirken sie eine Rotation der Wassersäule innerhalb des Strahlrohres, die beim Verlassen des Rohres den Sprühstrahl verursacht.

7.4.4   Bei Hohlstrahlrohren wird Wasser durch eine ringförmige Düse geleitet, sodass ein hohler Wasserstrahl entsteht. Dieser kann technisch so modifiziert werden, dass auch in seinem Inneren feinst verteilte Wassertropfen appliziert werden.
Hohlstrahlrohre verfügen über eine Schließvorrichtung und eine einstellbare Strahlform. Folgende Funktionskategorien werden unterschieden:
1. einstellbare Strahlform bei variabler Durchflussmenge,
2. einstellbare Strahlform bei konstanter Durchflussmenge,
3. einstellbare Strahlform bei einstellbarer konstanter Durchflussmenge,
4. automatische Strahlrohre mit integrierter Drucksteuerung
   - **4.1** einstellbare Strahlform bei konstantem Druck,
   - **4.2** einstellbare Strahlform und einstellbare Durchflussmenge bei konstantem Druck.

7.4.5   Herkömmliche Strahlrohre sind nicht in der Lage, das Löschwasser in der optimalen Tröpfchengröße auf den Brandherd aufzubringen. Bei Hohlstrahlrohren wird dem Brandherd aufgrund der geringeren Tröpfchengröße mehr Wärme entzogen.

7.4.6   Die Aufgabe des Zahnkranzes ist die Erzeugung kleiner Tröpfchen. Dies geschieht durch die Zerteilung des Wasserstrahls.

7.4.7   Bei einem rotierenden Zahnkranz wird die so genannte »Fingerbildung« vermieden. Dadurch ist der Strahlrohrführer besser geschützt, wenn es darum geht, ein Schutzschild aufzubauen. Außerdem ist ein hohler Sprühkegel besonders gut zur Bekämpfung von Gasflammen geeignet.

7.4.8   Alle Hohlstrahlrohre verfügen über eine Schließvorrichtung und eine einstellbare Strahlform. Folgende Funktionskategorien werden unterschieden:
1. einstellbare Strahlform bei variabler Durchflussmenge,
2. einstellbare Strahlform bei konstanter Durchflussmenge,

   3. einstellbare Strahlform bei einstellbarer konstanter Durchflussmenge,
   4. automatische Strahlrohre mit integrierter Drucksteuerung
      4.1 einstellbare Strahlform bei konstantem Druck,
      4.2 einstellbare Strahlform und einstellbare Durchflussmenge bei konstantem Druck.

7.4.9 Der Sprühstrahl soll Verwendung finden, wenn es darum geht, möglichst viel Wasser zum Verdampfen zu bringen. Auf diese Weise ist trotz eines geringen Wassereinsatzes ein guter Löscherfolg zu erzielen. Der Vollstrahl soll angewendet werden, wenn es darum geht, eine mechanische Wirkung zu erzielen.

7.4.10 Um Verletzungen durch Verbrühungen zu vermeiden, muss eine geeignete Schutzkleidung getragen und eine möglichst hohe Durchflussmenge am Hohlstrahlrohr gewählt werden.

8 Feuerwehr-Dienstvorschriften

8.1 Folgende Dienstvorschriften wurden bislang eingeführt und haben für die Feuerwehren Bedeutung:

- FwDV 1 »Grundtätigkeiten im Lösch- und Hilfeleistungseinsatz«,
- FwDV 2 »Ausbildung der Freiwilligen Feuerwehren«,
- FwDV 3 »Einheiten im Lösch- und Hilfeleistungseinsatz«,
- FwDV 7 »Atemschutz«,
- FwDV 8 »Tauchen«,
- FwDV 10 »Die tragbaren Leitern«,
- FwDV 100 »Führung und Leitung im Einsatz – Führungssystem«,
- FwDV 500 »Einheiten im ABC-Einsatz«,
- FwDV 800 »Informations- und Kommunikationstechnik im Einsatz«,FwDV 810 »Sprech- und Datenfunkverkehr«

8.2 Mit der bundesweiten Einführung der Feuerwehr-Dienstvorschriften soll eine einheitliche Ausbildung der Feuerwehren in allen Bundesländern garantiert und eine länderübergreifende Zusammenarbeit erleichtert werden.

8.3 Die Feuerwehr-Dienstvorschriften werden per Erlass durch den jeweiligen Innenminister (Innensenator für die Stadtstaaten) eingeführt.

8.4 Bei der Aufstellung der Fahrzeuge ist darauf zu achten, dass die Fahrzeuge einsatzfähig und außerhalb des Gefahrenbereiches stehen. Außerdem hat die Aufstellung so zu erfolgen, dass weder der Zugang zur Einsatzstelle blockiert noch die Durchführung des Einsatzes behindert werden. Auch soll das nachträgliche An- und Abrücken von Drehleitern und Rettungsfahrzeugen möglich sein.

8.5 Unter Retten versteht man das Abwenden einer Lebensgefahr von Menschen oder Tieren durch:

- lebensrettende Sofortmaßnahmen, die sich auf Erhaltung beziehungsweise Wiederherstellung von Atmung, Kreislauf und Herztätigkeit richten und/oder
- Befreien aus einer lebens- oder gesundheitsgefährdenden Zwangslage.

8.6 Die Feuerwehr-Dienstvorschrift 3 unterscheidet zwischen dem Einsatz mit und dem Einsatz ohne Bereitstellung.

8.7 Ein Einsatz mit Bereitstellung wird dann durchgeführt, wenn der Einheitsführer nach dem Eintreffen an der Einsatzstelle die Lage zunächst nur soweit erfassen kann, dass er zwar die Stelle zur Wasserentnahme und die Lage des Verteilers, aber noch nicht den Einsatzauftrag, die Einsatzmittel, das Einsatzziel oder den Einsatzweg bestimmen kann.

8.8 Der Einheitsführer führt seine taktische Einheit und ist bei dieser Tätigkeit an keinen bestimmten Platz gebunden. Er trägt die Verantwortung für die Sicherheit der Mannschaft und bestimmt die Fahrzeugaufstellung und ggf. den Standort der Tragkraftspritze.

8.9 Bei einem Einsatz mit Bereitstellung sind im Befehl die Wasserentnahmestelle und die Lage des Verteilers anzusprechen. Der Befehl endet mit den Worten: »Zum Einsatz fertig.«

8.10 Außer der Wasserentnahmestelle und der Lage des Verteilers, muss der Befehl die anzusprechende Einheit, ihren Auftrag, die vorzunehmenden Mittel, das Ziel und den vorzugehenden Weg enthalten.

8.11 Ist eine besondere Gefahr festgestellt worden, so ist sofort das Kommando »Gefahr – Alle sofort zurück!« zu geben. Die Aufstellung der Mannschaft am Fahrzeug erfolgt in gleicher Weise wie nach dem Kommando »Absitzen!«. Selbstverständlich muss der Einsatzleiter anschließend die Vollzähligkeit der Mannschaft überprüfen.

8.12 Der Zugtrupp setzt sich aus Führungsassistent, Melder und Fahrer zusammen.

8.13 Der Führungsassistent führt Aufträge auf Befehl des Zugführers aus und ist Vertreter des Zugführers.

8.14 Die FwDV 8 regelt das Tauchen von Feuerwehrtauchern mit autonomen und schlauchversorgten Leichttauchgeräten.

8.15 Die Feuerwehrtaucher müssen die Tauchertauglichkeit besitzen und die Ausbildung zum Feuerwehrtaucher erfolgreich abgeschlossen haben. Die Tauchertauglichkeit wird durch eine arbeitsmedizinische Vorsorgeuntersuchung (G 31 »Überdruck«) durch einen ermächtigten Arzt festgestellt, sie ist jeweils vor Ablauf von 12 Monaten zu wiederholen. Weiterhin muss der Taucher das 18. Lebensjahr vollendet, die Truppmannausbildung Teil 1 (Grundausbildung) abgeschlossen und das »Deutsche Rettungsschwimmabzeichen in Silber« erworben haben. Ferner muss der Feuerwehrtaucher zum Zeitpunkt der Übung oder des Einsatzes gesund sein.

8.16 Signalleinen dienen der Sicherung des Tauchers und stellen eine Verbindung zwischen dem Signalmann und dem Taucher zur Signalgebung dar. Telefonleinen sind dagegen Signalleinen, in die Telefonkabel zugentlastet eingeflochten sind.

8.17 Die Aufgabe des Tauchereinsatzführers besteht darin, den Einsatzleiter zu beraten. Ferner ist er für die Durchführung des Taucheinsatzes im Einzelnen verantwortlich. Ihm obliegt die Erkundung und Beurteilung des Gewässers. Er hat die Absicherung der Einsatzstelle gegen Störungen und Gefahren zu veranlassen und zu überwachen.

8.18 Bei Wintertaucheinsätzen ist die Gefahr der Gerätevereisung an der Luft zu beachten.

8.19	Leiter	Rettungshöhe
	a) Klappleiter	a) ca. 1,90 m
	b) vierteilige Steckleiter	b) ca. 7,00 m
	c) dreiteilige Schiebleiter	c) ca. 12,20 m
	d) Hakenleiter	(theoretisch unbegrenzt)
	e) zwei Multifunktionsleiter	e) ca. 7,70 m

8.20   Die Steckleiter wird entweder von zwei Trupps oder von einem Trupp und einem weiterem Feuerwehrangehörigen (beispielsweise dem Melder) vorgenommen.

8.21   Beim Steigen der Leiter ist darauf zu achten, dass der Körperschwerpunkt so nah wie möglich an der Leiter liegt. Die Sprossen sollen im Klammergriff umfasst werden, das heißt, die Finger umfassen die Sprosse von oben und die Daumen liegen unter der Sprosse. Weiterhin muss darauf geachtet werden, möglichst gleichmäßig und schwingungsfrei zu steigen.

8.22   Der Anstellwinkel sollte 65° bis 75° betragen.

8.23   Klapp- und Hakenleiter dürfen nur mit einer Person belastet werden. Außerdem darf die Hakenleiter nicht als Anstellleiter verwendet werden.

8.24   Ein Strahlrohr darf über eine tragbare Leiter nur dann eingesetzt werden, wenn die Leiter am Leiterkopf befestigt ist und der Strahlrohrführer sich zum Beispiel mit dem Sicherheitsgurt sichert. Weiterhin darf das Strahlrohr nur bis zu einem Winkel von 15° zu den Seiten hin eingesetzt werden.

8.25   Schadhafte Leitern sind sofort der Benutzung zu entziehen.

8.26	Spannung	Mindestabstand
	bis 1 kV	1 m
	über 1 kV bis 110 kV	3 m
	über 110 kV bis 220 kV	4 m
	über 220 kV bis 380 kV	5 m

9 Führungslehre

9.1 Grundsätze

9.1.1 Unter Führung wird die Einflussnahme auf die Entscheidung und das Verhalten anderer Menschen verstanden. Ziel der Führung ist es, durch steuerndes und richtungsweisendes Einwirken eigene und generelle Zielsetzungen zu verwirklichen.

9.1.2 Eine Führerpersönlichkeit wird bestimmt durch:
- das Können und Wissen,
- die Dienstgewalt,
- die persönliche Autorität,
- das Prestige.

9.1.3 Unter einem Befehl versteht man eine Anweisung zu einem bestimmten Verhalten. Einen Befehl erteilt ein Vorgesetzter einem Untergebenen schriftlich, mündlich oder in anderer Form, allgemein oder für den Einzelfall und mit dem Anspruch auf Gehorsam.

9.1.4 Die FwDV 100 unterscheidet zwischen einem Einzelbefehl, dem Gesamtbefehl, dem Vorbefehl und dem Kommando.

9.1.5 Entsprechend der FwDV 100 ist der Einzelbefehl nur an einzelne Führungskräfte gerichtet. Im Gegensatz hierzu gilt der Gesamtbefehl für mehrere Empfänger in gleicher Weise und wird zeitgleich an alle abgesetzt. Mit ihm soll den unterstellten Führungskräften eine gemeinsame Handlungsgrundlage gegeben werden.
Durch einen Vorbefehl sollen nachgeordnete Führer in die Lage versetzt werden, notwendige Vorbereitungen zu treffen. Häufig werden Vorbefehle bei Kfz-Marschvorhaben herausgegeben.
Beim Kommando handelt es sich um einen Befehl in Kurzform. Durch ihn wird ein bestimmtes, eingeübtes Handeln ausgelöst.

9.1.6 Ein Befehl darf dann nicht befolgt werden, wenn er:
- einen Verstoß gegen die Sicherheit und den Bestand der BRD oder eines Bundeslandes darstellt,
- Rechtsgüter, die durch das Grundgesetz nicht eingeschränkt sind, verletzt,
- allgemeine Regeln des Völkerrechts (Art. 25 GG) verletzt,
- den Tatbestand einer Straftat erfüllt.

9.1.7 Ein Befehl muss nicht befolgt werden, wenn er:
- die nicht eingeschränkten Grundrechte des Untergebenen verletzt,
- unzumutbar ist.

9.1.8   Die Durchsetzung eines Befehls kann erreicht werden durch:

- die Anwesenheit des Vorgesetzten,
- Beauftragung anderer Personen mit der Durchführung der Kontrolle und Überwachung,
- Anforderung von Meldungen über die Befehlsausführung,
- Warnungen und Belehrungen,
- Androhungen von Anzeigen,
- vorläufige Festnahme gemäß Strafprozessordnung,
- Verhinderung von Zuwiderhandlungen durch Anwendung unmittelbarer Gewalt.

9.1.9   Die Befugnisse zum Befehlen erhält der Befehlende durch:

- seine Dienststellung,
- besondere Anordnung,
- eigene Erklärung.

9.1.10   Der Gehorsam baut sich auf das Vertrauen in

- die Rechtmäßigkeit,
- die besondere Anordnung und
- die Zweckmäßigkeit

der dienstlichen Anordnung auf.

9.1.11   Bei den Führungsstilen wird zwischen dem autoritären Führungsstil, dem kooperativen Führungsstil (häufig auch als demokratischer Führungsstil bezeichnet) und dem Laissez-faire-Führungsstil unterschieden.

9.1.12   Der autoritäre Führungsstil erwartet eine kritiklose Ausführung der Anordnung und lässt keinen Einspruch gelten. Beim kooperativen Führungsstil werden Vorschläge und Anregungen an die Mitarbeiter gegeben, welche ihnen helfen sollen die Anordnungen zu verstehen. Die Mitarbeiter werden vor der Entscheidungsfindung gehört.

9.1.13   Laissez-faire bedeutet übersetzt so viel wie: »Lasst sie machen«. Beim Laissez-faire-Führungsstil erhalten die Mitarbeiter nur unsystematische Informationen. Die Ausführung und die Entscheidung bleibt ihnen überlassen. Aus diesem Grund bezeichnen viele Menschen den Laissez-faire-Stil nicht als echten Führungsstil.

9.1.14   Die Wahl des Führungsstils wird im Wesentlichen durch die Situation, die Führungsebene und die Persönlichkeit des Führers bestimmt.

9.1.15   Bei der Feuerwehr werden sowohl der autoritäre wie auch der kooperative Führungsstil angewendet. Die Wahl ist von der jeweiligen Situation abhängig.

9.1.16	**Vorteile des autoritären Führungsstils**	**Nachteile des autoritären Führungsstils**
	▪ gute Übersicht und Kontrolle ▪ keine langen Diskussionen ▪ Mitarbeiter wissen was sie zu tun haben ▪ bessere Disziplin ▪ feste Regeln geben Sicherheit	▪ keine Entwicklung einer eigenen freien Meinung ▪ Trotzreaktionen ▪ geringe oder keine Eigeninitiative ▪ Hierarchie wird gefördert ▪ Gruppenzwang ▪ Unterdrückung von Kritikfähigkeit ▪ Talente werden nicht erkannt und folglich nicht gefördert ▪ Unterdrückung des Gruppeninteresses
9.1.17	**Vorteile des kooperativen Führungsstils**	**Nachteile des kooperativen Führungsstils**
	▪ Förderung der Eigenständigkeit der Mitarbeiter ▪ Mitarbeiter werden motiviert ▪ Stärken der Zusammengehörigkeit ▪ Verbote werden häufig eingesehen ▪ Möglichkeit zur Eingliederung von Außenseitern ▪ vielfältige Ideenvorschläge	▪ lange Diskussionen möglich ▪ keine »optimalen« Lösungen ▪ zeitaufwändig für den Führer
9.1.18	**Vorteile des Laissez-faire-Führungsstils**	**Nachteile des Laissez-faire-Führungsstils**
	▪ große Entscheidungsfreiheit für die Mitarbeiter ▪ Entlastung des Führers ▪ große Freiheiten vorhanden	▪ »Führer« wird oft nicht mehr ernst genommen ▪ unzufriedene Minderheiten ▪ keiner trägt Verantwortung ▪ kein Wir-Gefühl ▪ kein Gruppenzusammenhalt ▪ Bildung von Außenseitern wird begünstigt ▪ Aufspaltung der Gruppe

9.1.19   Der Vorgesetzte festigt seine Autorität durch das eigene Beispiel in Haltung und Pflichterfüllung. Hierzu gehören auch Überzeugungskraft und Initiative, fachliches Können und ein menschliches Verhältnis zu seinen Untergebenen.

9.1.20   Befehle und Anweisungen sollten so gegeben werden, dass die Dienstaufsicht wo immer möglich als Erfolgskontrolle ausgeübt wird.

9.2   Einsatztaktik

9.2.1   Unter Taktik versteht man die Kunst der Anordnung und Aufstellung. Bezogen auf den Feuerwehreinsatz bedeutet dies

- die richtigen Kräfte,
- am richtigen Ort,
- zur richtigen Zeit,

um das im Einsatzauftrag befohlene Ziel zu erreichen.

9.2.2   Die Einsatztaktik sollte folgende Grundregeln berücksichtigen:

- Menschenrettung und Schutz von Menschen haben Vorrang vor jeder anderen Tätigkeit,
- Durchführung der Menschenrettung auf zwei voneinander unabhängigen Wegen,
- Mittel und Maßnahmen müssen den Verhältnissen angemessen sein,
- ständiges Anpassen an sich verändernde Situationen,
- Bildung von Schwerpunkten,
- keine Zersplitterung von Einheiten,
- abgewogene Eigeninitiative der Unterführer,
- Bildung von Reserven,
- Verwendung von eindeutigen Begriffen.

9.2.3   Zur Sicherheit des Einsatzpersonals ist darauf zu achten,

- dass die Sicherheits- und Unfallverhütungsvorschriften eingehalten werden (ein Abweichen hiervon darf nur in einem begründeten Einzelfall bei einer Menschenrettung erfolgen),
- dass auch bei einer Menschenrettung die Risiken für die eingesetzten Kräfte kalkulierbar bleiben,
- dass ein unkontrollierter Aufenthalt im Gefahrenbereich nicht geduldet werden darf,
- dass die Schutzausrüstung der Einsatzkräfte den Risiken entspricht,
- dass Rückzugswege gesichert sind.

9.2.4   Unter Strategie ist im Allgemeinen die Kunst der Kriegsführung zu verstehen. Bezogen auf den Bereich des Brand- und Katastrophenschutzes versteht man darunter den Entwurf und die Durchführung eines Gesamtplanes zur Sicherstellung ausreichender und geeigneter Maßnahmen für die übertragenen Aufgaben.

9.2.5   Bei der Auftragstaktik ist der Entscheidungsfreiraum des Unterführers sehr groß und die gestellte Aufgabe ist selbstständig zu lösen.
Bei der Befehlstaktik wird der Entscheidungsfreiraum des Unterführers durch genaue Angaben über die Vorgehensweise und die Art der Befehlsausführung stark eingeschränkt.

9.2.6 Der Zug kann entweder als selbstständige Einheit zur umfassenden, eigenverantwortlichen Schadenbekämpfung oder auch gemeinsam mit anderen taktischen Einheiten unter Leitung eines übergeordneten Einsatz- oder Einsatzabschnittsleiters eingesetzt werden.

9.2.7 Der Befehl sollte mindestens die Einheit und den Auftrag enthalten.

9.2.8 Die Befehlselemente »Mittel«, »Ziel« und »Weg« sollen nur dann vom Zugführer verwendet werden, wenn sie zur Klarheit beitragen.

9.2.9 Der Befehl des Zugführers kann um folgende Befehlselemente ergänzt werden:
- **Lage** (Schadenereignis/Gefahrenlage, Möglichkeiten zur Schaden- und Gefahrenabwehr; Zuteilung, Unterstellung, Abgabe von Einsatzkräften)
- **Durchführung** (eigene Absicht, Aufträge an die einzelnen Einheiten, Zusammenarbeit mit anderen Kräften und Koordinierung, Bereitstellung von Sicherheitstrupps für andere Einheiten, Einsatzabschnittsgrenzen, Zeitangaben, Schutzmaßnahmen)
- **Versorgung** (Verpflegung, Atemschutzgeräte, Betriebsstoffe, Materialerhaltung, medizinische Versorgung)
- **Führung und Kommunikationswesen** (Kommunikationsverbindungen und Meldewesen, Meldeköpfe, Befehlsstellen, Standort der oder des Führenden bzw. der Befehlsstelle, Erreichbarkeit).

9.2.10 Der Zugführer sollte die Informationen insbesondere dann geben, wenn die nachgeordneten Einheitsführer keinen umfassenden Lageüberblick haben oder erst später an die Einsatzstelle kommen.

9.2.11 Die Mannschaftsstärke sollte in der Regel 22 Personen umfassen.

9.3 Führung im Einsatz

9.3.1 Gemäß der FwDV 100 besteht das Führungssystem aus der Führungsorganisation, dem Führungsvorgang und den Führungsmitteln.

9.3.2 Bei der Wahrnehmung von Führungsaufgaben ist darauf zu achten, dass
- die Aufgaben, Befugnisse und Mittel aufeinander abgestimmt sind,
- die Aufgabenbereiche überschaubar und voneinander abgegrenzt sind,
- die Unterstellungsverhältnisse und das Weisungsrecht eindeutig festgelegt sind,
- die Zusammenarbeit mit anderen, nicht unterstellten Kräften und Stellen gewährleistet ist,
- alle Maßnahmen zur Wahrnehmung der Fürsorge und zur Erhaltung der Leistungsfähigkeit bezüglich der Einsatzkräfte beachtet werden.

9.3.3 Unter der Führungsorganisation versteht man die Festlegung der Aufgabenbereiche der Führungskräfte. Durch die Führungsorganisation wird auch die Art und Anzahl der Führungsebenen festgelegt.

9.3.4 Entsprechend der FwDV 100 besteht die Einsatzleitung aus einer/einem Einsatzleiterin/Einsatzleiter. Zur Unterstützung bedient sie/er sich einer rückwärtigen Führungseinrichtung (Leitstelle, Einsatzzentrale). Zur weiteren Unterstützung können ihr/ihm Führungsassistentinnen/Führungsassistenten und sonstiges Führungshilfspersonal zur Seite stehen.

9.3.5 Es ist möglich, dass der/dem Einsatzleiterin/Einsatzleiter per Gesetz folgende Befugnisse übertragen wurden:
- das Betreten und Räumen von Grundstücken, baulicher Anlagen und Schiffen (dies gilt auch für die Anordnung zum Betreten dieser Bereiche),
- das Heranziehen von Personen und Hilfsmitteln zur Hilfeleistung,
- die Durchführung von Absperrmaßnahmen,
- das Festhalten eigengefährdeter Personen,
- das zeitbefristete Stilllegen von Produktionsanlagen.

9.3.6 Eine Führungseinheit sollte mindestens aus
- einer/einem Führungsassistentin/Führungsassistenten,
- einer/einem Melderin/Melder und
- einer/einem Fahrerin/Fahrer bestehen.

9.3.7 Bei den Führungseinheiten wird zwischen dem Führungstrupp, der Führungsstaffel, der Führungsgruppe und dem Führungsstab unterschieden.

9.3.8 Eine Einsatzleitung kann über folgende Sachgebiete verfügen:
- Sachgebiet 1 (S 1) zuständig für Personal/Innerer Dienst,
- Sachgebiet 2 (S 2) zuständig für die Lage,
- Sachgebiet 3 (S 3) zuständig für den Einsatz,
- Sachgebiet 4 (S 4) zuständig für die Versorgung,
- Sachgebiet 5 (S 5) zuständig für Presse- und Medienarbeit,
- Sachgebiet 6 (S 6) zuständig für das Informations- und Kommunikationswesen.

9.3.9 Zu den Aufgaben des S 1 gehört das Bereitstellen der Einsatzkräfte und das Führen des inneren Stabsdienstes. Zu den Einzelaufgaben zählen das
- Alarmieren der Einsatzkräfte,
- Heranziehen von Hilfskräften,
- Alarmieren und die Anforderung anderer Behörden, Ämter und Organisationen,
- Anfordern von fach-, orts- und betriebskundigen Personen,
- Bereitstellen von Reservekräften,
- Einrichten von Lotsenstellen für ortsfremde Kräfte,

- Einrichten von Bereitstellungsräumen,
- Führen von Kräfteübersichten,
- Festlegen und Sicherstellung des Geschäftsablaufs,
- Einrichten und Sichern der Führungsräume,
- Bereitstellen der Ausstattung für die Stabsarbeit.

9.3.10   Zu den wesentlichen Aufgaben des S 2 gehören:
- die Lagefeststellung,
- die Lagedarstellung,
- die Verteilung von Informationen nach innen und außen,
- das Führen der Einsatzdokumentation.

9.3.11   Zu den Aufgabenbereichen des S 3 gehören zum Beispiel:
- das Beurteilen der Lage,
- die Entschlussfassung über die Einsatzdurchführung,
- die Anordnung von Absperrmaßnahmen,
- das Durchführen von Lagebesprechungen,
- das Erteilen von Befehlen,
- die Mithilfe bei der Sicherung geborgener Sachwerte.

9.3.12   Zu den Aufgaben des S 4 gehören zum Beispiel:
- die Anforderung weiterer Einsatzmittel,
- das Heranziehen von Hilfsmitteln,
- das Bereitstellen von Verbrauchsgütern und Einsatzmitteln,
- das Bereitstellen von Verpflegung,
- das Sicherstellen der Materialerhaltung für das Gerät (Wartung),
- das Festlegen der Versorgungsstruktur und -organisation,
- das Bereitstellen von Rettungsmitteln zur Eigensicherung der Einsatzkräfte,
- das Bereitstellen und das Einrichten von Unterkünften für die Einsatzkräfte.

9.3.13   Das S 5 ist zuständig für das Sachgebiet Presse- und Medienarbeit. Zu den wesentlichen Tätigkeiten gehören:
- die Presse- und Medieninformation,
- die Presse- und Medienbetreuung,
- die Presse- und Medienkoordination,
- die Presse- und Medieneinbindung in die Schadenbekämpfung.

9.3.14   Zu den Aufgaben des S 6 gehören zum Beispiel:
- das Feststellen des Ist-Zustands der Führungsorganisation,
- das Feststellen des Ist-Zustands der Fernmeldeorganisation,
- die Aufteilung der zugewiesenen Funkkanäle,
- das Anfordern von Sonderkanälen,

- das Erarbeiten eines Konzeptes für die Kommunikation inklusive einer Fernmeldeskizze.

9.3.15   Der Stab kann zum Beispiel Unterstützung von Vertretern folgender Behörden und Einrichtungen erhalten:
- Ordnungsamt,
- Abwasseramt,
- Bundeswehr,
- Bundespolizei,
- Polizei,
- Energieversorgungsunternehmen,
- Gewerbeaufsicht (in NRW Staatliche Ämter für Umweltschutz bzw. Arbeitsschutz),
- Sozialamt,
- Forstamt,
- Straßenbaulastträger.

9.3.16   Die FwDV 100 unterscheidet zwischen der ortsfesten und der beweglichen Befehlsstelle.

9.3.17   Unter einer Führungsebene fasst man alle Führungskräfte mit vergleichbarem Zuständigkeits- und Verantwortungsbereich sowie gleichem Unterstellungsverhältnis zusammen. Führungsebenen sind ein spezifisches Merkmal der Führungsorganisation.

9.3.18   Die FwDV 100 versteht unter dem Führungsvorgang einen zielgerichteten, immer wiederkehrenden und in sich geschlossenen Denk- und Handlungsablauf. Hierbei werden Entscheidungen vorbereitet und umgesetzt.

9.3.19   Der Führungsvorgang untergliedert sich in die Lagefeststellung (Erkundung/Kontrolle), die Planung (Beurteilung/Entschluss) und die Befehlsgebung.

9.3.20   Bei der Erkundung kommt es in erster Linie auf das Sammeln und Aufbereiten von Informationen über Art und Umfang der Gefahrenlage beziehungsweise des Schadenereignisses, sowie über Dringlichkeit und Möglichkeit einer Abwehr und Beseitigung der vorhandenen Gefahren und Schäden an.

9.3.21   Bei der Beurteilung der Lage sind folgende Fragen zu klären:
- Welche Gefahren sind für Menschen, Tiere, Umwelt, Sachwerte erkannt?
- Welche Gefahr muss zuerst und an welcher Stelle bekämpft werden?
- Welche Möglichkeiten bestehen für die Gefahrenabwehr?
- Vor welchen Gefahren müssen sich die Einsatzkräfte hierbei schützen?
- Welche Vor- und Nachteile haben die verschiedenen Möglichkeiten?
- Welche Möglichkeit ist die beste?

9.3.22   Die Beurteilung dient zur Abwägung, wie der Auftrag zur Gefahrenabwehr oder Beseitigung des Schadens mit den zur Verfügung stehenden Kräften und Mitteln unter den Einflüssen von Ort, Zeit und Wetter am besten durchgeführt werden kann.

9.3.23   Ein Befehl muss immer die Einheitsbezeichnung und den Auftrag enthalten.

9.3.24   Die Kontrolle dient der Überwachung der Ausführung des Befehls und der Lage. Die erhaltenen Ergebnisse sind in die fortlaufende Einsatzplanung aufzunehmen. Bei der Kontrolle wird überprüft, ob die ergriffenen Maßnahmen die erhoffte Wirkung zeigen und wie es um die Sicherheit der eingesetzten Kräfte bestellt ist.

9.3.25   Führungsmittel helfen den Führungskräften bei ihrer Führungsarbeit.

9.3.26   Bei den Führungsmitteln unterscheidet man zwischen:
- Mitteln zur Informationsgewinnung,
- Mitteln zur Informationsverarbeitung und
- Mitteln zur Informationsübertragung.

9.3.27   Mittel zur Informationsgewinnung sind zum Beispiel:
- Einrichtungen zur Notrufannahme,
- vorhandene Alarmpläne,
- Einsatzpläne,
- Feuerwehrpläne,
- Karten,
- Nachschlagewerke,
- EDV-unterstützte Informationssysteme.

9.3.28   Verbindungsorgane dienen dem Informationsaustausch zwischen den einzelnen Führungsebenen oder anderen Stellen. Sie sollen zu einer Entlastung der Fernmeldemittel beitragen. Zu den Verbindungsorganen gehören:
- Verbindungspersonen,
- Melder,
- Kuriere.

9.4   Kfz-Marsch geschlossener Verbände

9.4.1   Unter dem Begriff Kfz-Marsch versteht man die geschlossene Fahrt mit Einsatzfahrzeugen. Hierbei werden einheitliche Geschwindigkeiten gefahren und gleiche Fahrzeugabstände eingehalten.

9.4.2   Zu den wesentlichen Merkmalen eines geschlossenen Verbandes gehören:
- die gemeinsame Fahrt von mindestens drei Fahrzeugen,
- eine einheitliche Führung,
- eine geschlossene Bewegung mit einheitlichen Abständen (und dadurch bedingter einheitlicher Geschwindigkeit),
- eine Kennzeichnung jedes Fahrzeuges.

9.4.3   Durch das Fahren im geschlossenen Verband soll sichergestellt werden, dass die Einsatzkräfte ihr Ziel vollständig, rechtzeitig und in einem einsatzfähigen Zustand erreichen.

9.4.4   Zweckmäßigerweise sollte eine Kolonne aus nicht mehr als 30 Fahrzeugen bestehen.

9.4.5   Eine Aufteilung des marschierenden Verbandes ist dann sinnvoll, wenn die Marschstrecke über verkehrsreiche Straßen und durch Ortschaften mit Ampelanlagen führt.

9.4.6   Der Führer eines geschlossenen Verbandes hat für das Einhalten der geltenden Vorschriften und der Marschdisziplin zu sorgen.

9.4.7   Der Marschführer fährt im Spitzenfahrzeug des Verbandes. Er trägt die Verantwortung für die Einhaltung des Marschweges.

9.4.8   Das schwerste Fahrzeug des geschlossenen Verbandes sollte als Schlussfahrzeug eingesetzt werden.

9.4.9   Die Wahl der Marschgeschwindigkeit richtet sich nach dem langsamsten Fahrzeug. Auch dieses Fahrzeug sollte noch eine Aufholreserve von 10 km/h besitzen. Des Weiteren ist die Marschgeschwindigkeit von der Art der befahrenen Straße abhängig (Autobahn, Landstraße etc.)

9.4.10   Als Richtwerte für die Marschgeschwindigkeit gelten folgende Werte:
- auf Autobahnen: bis zu 60 km/h,
- auf sonstigen Straßen: 40 bis 50 km/h.

9.4.11   Als Richtwerte für die Fahrzeugabstände gelten:
- innerhalb geschlossener Ortschaften: 25 m,
- bei gefahrenen Geschwindigkeiten bis zu 50 km/h: 50 m,
- bei gefahrenen Geschwindigkeiten über 50 km/h: 100 m,
- auf Autobahnen: 100 m.

9.4.12   Bei der Erkundung der Marschstrecke sollten folgende Punkte berücksichtigt werden:
- Befahrbarkeit der Straßen mit den Fahrzeugen,
- Steigung/Gefälle,

- Ausweichmöglichkeiten und Ausweichrouten,
- Plätze für technische Halte und Raste,
- eventuelle scharfe Kurven, Serpentinen,
- Belastbarkeit von Brücken,
- Engstellen,
- Durchfahrten.

9.4.13   Ein Marschbefehl sollte folgende Angaben enthalten:
- Lage,
- Auftrag, eigene Absicht,
- Marschziel (Auslaufpunkt),
- Marschweg,
- Marschfolge (Fahrfolge der Einheiten),
- Abmarschzeit,
- Abmarschort,
- Marschgeschwindigkeit,
- Aufholgeschwindigkeit,
- Fahrzeugabstand,
- Halte und Rasten,
- Versorgung,
- Verbindungen (z. B. Funkkanäle),
- Führer des geschlossenen Verbandes,
- Marschführer,
- Schließender,
- Verantwortlicher für die Verkehrsregelung.

9.4.14   Beim Befahren von längeren Steigungen sollte der Marschführer im Spitzenfahrzeug vor und hinter der Steigung jeweils etwa einen Kilometer weit mit um 10 km/h erhöhter Geschwindigkeit fahren. Nur so ist ein zügiges Befahren der Steigung möglich und ein Rückstau kann verhindert werden.

9.4.15   Der Fahrer sollte an den rechten Fahrbahnrand fahren und sein Fahrzeug mit einer gelben Flagge kennzeichnen.

9.4.16   Die beabsichtigten Marschvorhaben sind bei dem Straßenverkehrsamt zu beantragen, in dessen Zuständigkeit der Marsch beginnt.

10 Gefahren der Einsatzstelle

10.1 Allgemeine Gefahren

10.1.1 Durch das allgemeine Gefahrenschema werden folgende Gefahren beschrieben:
- Atemgifte,
- Angstreaktion/Panik,
- Ausbreitung des Schadenereignisses,
- Atomare Gefahren,
- Chemische Stoffe,
- Erkrankung/Verletzung,
- Explosion,
- Elektrizität,
- Einsturz.

10.1.2 Nein, das allgemeine Gefahrenschema umfasst nur die am häufigsten auftretenden Gefahren. So werden zum Beispiel die Gefahren im Verkehrsbereich oder bei Einsätzen in, an oder auf Gewässern nicht erfasst.

10.1.3 Gefahren im Verkehrsbereich können sich beispielsweise durch den weiterhin fließenden Verkehr, durch Fahrzeugbewegungen von Einsatzfahrzeugen (Durchziehen von RTW oder NAW) oder durch das Abrollen ungesicherter Fahrzeuge ergeben.

10.1.4 Feuerwehrangehörige, die im Bereich von Verkehrswegen eingesetzt werden, müssen ausreichende Warnkleidung tragen.

10.1.5 Eine Absicherung der Einsatzstelle kann durch folgende Mittel erfolgen:
- Warndreiecke,
- Warnblinkleuchten,
- Handscheinwerfer,
- Verkehrsleitkegel,
- Verkehrswarngerät,
- Warnflaggen,
- Starklichtfackeln,
- Einschalten der Rundumkennleuchten und der Warnblinkanlage des Fahrzeuges.

10.1.6 Die Absicherung auf einer Bundesautobahn sollte in einem Abstand von 800 Metern entgegen der Fahrtrichtung erfolgen.

10.1.7 Auf Bundes- und Landstraßen ist die Absicherung der Fahrbahn in einem Abstand von etwa 200 Metern vor der Einsatzstelle durchzuführen.

10.1.8 Innerhalb geschlossener Ortschaften sollte die Absicherung der Einsatzstelle in einem Abstand von etwa 60 Metern erfolgen. Sind im Bereich der Unfallstelle höhere Geschwindigkeiten als 50 km/h erlaubt, so hat die Absicherung in größeren Abständen zu erfolgen. Liegt die Unfallstelle in einer Kurve, so muss die Absicherung in genügendem Abstand vor Einfahrt in die Kurve durchgeführt werden.

10.1.9 Beim Rückwärtsfahren ist ein Posten aufzustellen, der das Fahrzeug sichert und einweist.

10.1.10 Der Einsatz auf dem Gelände der Deutschen Bahn AG ist deshalb so gefährlich, weil die Züge mit hohen Geschwindigkeiten fahren und die Anhaltewege sehr lang sind. Außerdem ist für Nichtbedienstete nicht erkennbar, wann und wo mit Zugverkehr zu rechnen ist.

10.1.11 Bei Einsätzen auf dem Gelände der Deutschen Bahn AG ist zu veranlassen dass:
- das Verkehrsunternehmen (z. B. Notfallmanager der Deutschen Bahn AG) verständigt wird,
- der Schienenverkehr nach Möglichkeit eingestellt wird,
- Vorgehensweisen nach Möglichkeit mit dem Betriebspersonal der Deutschen Bahn AG abgesprochen werden,
- Schienenfahrzeuge gegen Wegrollen gesichert werden,
- Sicherungsmaßnahmen gegen elektrische Gefahren getroffen werden.

10.1.12 Unfälle können an Einsatzstellen weitestgehend ausgeschlossen werden, indem die Einsätze nach den Regeln der UVV Feuerwehren sowie den Regeln einschlägiger Unfallverhütungsvorschriften durchgeführt werden.

10.1.13 Zu den umwelt- beziehungsweise witterungsbedingten Gefahren gehören zum Beispiel Rutschgefahren (Glatteis, Schneeglätte oder die Freisetzung glättebildender Stoffe) oder Sichtbehinderungen durch Dunkelheit, Rauch oder freiwerdende Dämpfe bzw. Nebel.

10.2 Ausbreitung des Schadenereignisses

10.2.1 Unter der Ausbreitung des Schadenereignisses kann man sowohl die Ausbreitung des Brandes, die Ausbreitung von Atemgiften oder Rauch, die Ausbreitung von Schadstoffen oder die Ausbreitung von kontaminiertem Löschwasser verstehen.

10.2.2 Folgende bauliche Mängel können zu einer Brandausbreitung beitragen:
- Öffnungen in Brandwänden,
- Einbau leicht entflammbarer Baustoffe,
- falsch eingebaute Feuerschutzabschlüsse,
- Kabelschotts, die nach Nachinstallation nicht wieder verschlossen werden,
- nicht fachgerecht abgehangene Decken.

10.2.3   Folgende betriebliche Mängel können zu einer Brandausbreitung beitragen:
- widerrechtlich aufgestellte Feuerschutzabschlüsse (unterkeilt),
- Anhäufung leicht brennbarer Materialien in Betrieben,
- nicht bestimmungsgemäße Lagerung brennbarer Flüssigkeiten.

10.2.4   Feuerbrücken sind brennbare Stoffe, die eine Brandübertragung von einer baulichen Anlage zur anderen ermöglichen (z. B. landwirtschaftliche Geräte oder Lagergut zwischen einer Stallung und dem Wohngebäude eines Bauernhofes).

10.2.5   Während es sich beim Flugfeuer um große, brennbare Teile handelt, die an der Brandstelle durch die Thermik oder den Wind aufgewirbelt und fortgetragen werden, handelt es sich beim Funkenflug um den Flug von kleinen, glühenden Teilchen (Partikelfunken), die eine geringe Zündenergie besitzen und schon bald erlöschen.

10.2.6   Eine Wärmeübertragung ist durch Wärmeleitung, Wärmemitführung, Wärmestrahlung oder Kombinationen dieser Arten möglich.

10.2.7   Bei einem Wärmestau wird einem Körper mehr Wärme zugeführt als abfließen kann. Zu einem Wärmestau kann es zum Beispiel bei einem Kellerbrand kommen, wenn der abziehende Brandrauch und damit auch die Wärme über den Treppenraum bis unter die Dachhaut strömt und sich hier stauen kann.

10.2.8   Durch folgende löschtechnische Fehler kann es zu einer Ausbreitung des Brandes kommen:
- Überlaufen, Überkochen von Behältern,
- Fettexplosion,
- Staubexplosion.

10.2.9   In folgenden Betrieben kann mit einer Staubexplosion gerechnet werden:
- Holz verarbeitende Betriebe,
- Anlagen zur Kohlegewinnung,
- Nahrungsmittelindustrie (Mühlen),
- Textilindustrie.

10.2.10   Vorgehende Einsatzkräfte sollten nur Sprühstrahl verwenden und dafür Sorge tragen, dass Durchzug vermieden wird, damit keine Stäube aufwirbeln.

10.2.11   Sollte kontaminiertes Löschwasser anfallen, so ist dafür zu sorgen, dass es nicht in Oberflächengewässer oder die Kanalisation einfließen kann. Je nach Möglichkeit ist dieses Löschwasser aufzufangen und nach dem Einsatz der Entsorgung zuzuführen.

10.2.12   Auf der dem Wind zugewandten Seite ist die Wärmestrahlung größer, da sich hier keine Partikel befinden, die die Wärmestrahlung absorbieren können.

10.3   Atomare Gefahren

10.3.1   Radioaktive Stoffe werden in Bereichen der Industrie, Medizin, kerntechnischer Anlagen oder zu Forschungszwecken eingesetzt.

10.3.2   Bei der radioaktiven Strahlung unterscheidet man zwischen der:
- Alpha-Strahlung,
- Beta-Strahlung,
- Gamma-Strahlung.

10.3.3   Alpha-Strahlung: Die Reichweite liegt im Zentimeter-Bereich.
Beta-Strahlung: Die Reichweite liegt im Meter-Bereich.
Gamma-Strahlung: Die Reichweite liegt im Kilometer-Bereich.

10.3.4   Bereits dünne Materialien, wie zum Beispiel Papier oder Bekleidung, sind in der Lage Alpha-Strahlung zurückzuhalten. Während Beta-Strahlung bereits mit einer vier Millimeter dicken Aluminiumplatte abgeschirmt werden kann, sind zur Abschirmung von Gamma-Strahlung Bleiplatten oder Betonwände erforderlich. Eine vollständige Abschirmung der Gamma-Strahlung lässt sich jedoch auch mit diesen Materialien nicht erreichen.

10.3.5   Durch die Bestrahlung des menschlichen Körpers mit ionisierender Strahlung werden chemische Reaktionen ausgelöst, die zu einer Zellschädigung führen können. Als mögliche Auswirkung dieser Zellschädigung lassen sich folgende Punkte aufführen:
- akute Strahlenkrankheit (Übelkeit, Erbrechen, Haarausfall, Todesfolge),
- Strahlenspätschäden (Krebs, Leukämie),
- genetische Schäden (Erbschäden).

10.3.6   Das Ausmaß der Strahlenschädigung hängt in erster Linie von der Höhe der aufgenommenen Dosis ab. Diese hängt wiederum von der Stärke der Bestrahlung (Dosisleistung) und der Einwirkzeit ab.

Dosis = Dosisleistung × Einwirkzeit

10.3.7   Entsprechend der FwDV 500 wird zwischen drei Gefahrengruppen unterschieden.

Gefahrengruppe IA:
- Bereiche mit offenen oder umschlossenen radioaktiven Stoffen, deren Gesamtaktivität das 10^4-fache der Freigrenze nach StrlSchV nicht übersteigt;
- Bereiche mit umschlossenen radioaktiven Stoffen, deren Gesamtaktivität das 10^7-fache der Freigrenze nicht übersteigt, sofern ihre zulässige thermische und mechanische Beanspruchbarkeit den Anforderungen der Temperaturklasse 6 und der Schlagklasse 4 nach DIN 25 426 Teil 1genügt;

- Bereiche mit radioaktiven Stoffen in für diese zugelassenen Typ B- oder Typ C-Behältern, deren Gesamtaktivität das 10^7-fache nicht übersteigt.

Gefahrengruppe IIA:

- Bereiche mit radioaktiven Stoffen, deren Gesamtaktivität größer als das 10^4-fache und nicht größer als das 10^7-fache der Freigrenze ist, soweit sie nicht der Gefahrengruppe IA zugeordnet werden können.

Gefahrengruppe IIIA:

- Bereiche mit radioaktiven Stoffen, deren Gesamtaktivität das 10^7-fache der Freigrenze übersteigt, soweit sie nicht der Gefahrengruppe IA oder IIA gemäß den Sonderregelungen zugeordnet werden können;
- Bereiche, in denen nach Atomgesetz (AtG) Kernbrennstoffe aufbewahrt, erzeugt, bearbeitet, verarbeitet, gespalten oder staatlich verwahrt werden;
- Bereiche, deren Eigenart im Einsatzfall die Anwesenheit einer sachkundigen Person erforderlich macht.

10.3.8   Im Bereich der Gefahrengruppe IA dürfen die Einsatzkräfte der Feuerwehr ohne Sonderausrüstung tätig werden. Zur Vermeidung einer Inkorporation soll Atemschutz getragen werden. Ist eine Inkorporationsgefahr ausgeschlossen, kann auf Atemschutz verzichtet werden. Kann nicht vollständig ausgeschlossen werden, dass es im Verlauf des Einsatzes zum direkten Kontakt mit radioaktivem Stoffen kommt, ist eine der Lage angemessene Kontamintationsschutzkleidung zu tragen. In den Gefahrengruppen II und III dürfen Einsatzkräfte nach FwDV 500 nur mit Sonderausrüstung vorgehen. Für Einsätze innerhalb von Bereichen der Gefahrengruppe IIA ist von Seite der FwDV 500 für den Ersteinsatz mindestens die Schutzkleidung Form 1 (Kontaminationsschutzhaube) vorgesehen. Besser wäre das Tragen der Schutzkleidung Form 2 (Kontaminationsschutzanzug). Isoliergeräte sind grundsätzlich zu tragen!In Bereichen der Gefahrengruppe IIIA sind Schutzkleidung Form 2 oder 3 (Kontaminations- oder Chemikalienschutzanzug) zu tragen. Liegen leichtflüchtige Radionuklide vor, bei denen eine Inkorporation über die Haut möglich ist, muss grundsätzlich Schutzkleidung Form 3 getragen werden.

10.3.9   Bei Transportunfällen mit radioaktivem Material ist mindestens wie bei Einsätzen in Bereichen der Gefahrengruppe IIA vorzugehen.

10.3.10   Die Kennzeichnung der Versandstücke nach der ADR erfolgt mit Hilfe von Gefahrzetteln. Entsprechend der Gefahreigenschaften der radioaktiven Stoffe wird zwischen drei verschiedenen Kategorien (Kategorie I-weiß sowie Kategorie II und III-gelb) unterschieden.

10.3.11   An Einsatzstellen mit radioaktiven Stoffen besteht für die Einsatzkräfte eine Gefährdung durch:
- äußere Bestrahlung,
- Kontamination,
- Inkorporation.

10.3.12   Kommt es zur Ablagerung von radioaktiven Partikeln auf einer Oberfläche (auch der menschlichen Haut), so wird von einer Kontamination gesprochen.

10.3.13   Unter einer Inkorporation wird die Aufnahme von radioaktiven Stoffen in den menschlichen Körper verstanden.

10.3.14   Eine Inkorporation kann über die Atemwege (Anwesenheit von radioaktiven Schwebstoffen, Dämpfen, Gasen in der Atemluft), durch Verschlucken oder über die Haut (Hautresorption, offene Wunden) erfolgen.

10.3.15   Eine Inkorporation lässt sich vermeiden durch:
- das Tragen von umluftunabhängigem Atemschutz,
- Ess-, Trink- und Rauchverbot am Einsatzort,
- das Bedecken der Haut und offener Wunden mit Kontaminationsschutz und Wundbedeckung.

10.3.16   Durch folgende Maßnahmen lässt sich eine Begrenzung der Strahlendosis erreichen:
- größtmöglicher Abstand zur Strahlenquelle,
- Ausnutzung jeder vorhandenen Abschirmung,
- Begrenzung der Aufenthaltsdauer.

10.3.17   Ja, allerdings sind bei einem solchen Einsatz eine Reihe von Einsatzgrundsätzen zu beachten. Hierzu gehören u. a.:
- das Tragen von umluftunabhängigem Atemschutz,
- Alarmierung von Spezialeinheiten mit Sonderausrüstung und sachkundigen Führungskräften der Feuerwehr,
- Verständigung des staatlichen Umweltamtes,
- Hinzuziehung des Strahlenschutzbeauftragten (bei Einsätzen in einem Unternehmen),
- Einhalten von Sicherheitsabständen,
- Begrenzung der Einsatzzeit,
- Sammeln der vorgegangenen Trupps nach dem Einsatz an einem Ort (Dekon-Platz),
- Nachweis der Kontamination an den eingesetzten Einsatzkräften durch die Spezialeinheit. Bis zur Erbringung dieses Nachweises muss der umluftunabhängige Atemschutz gewährleistet sein.

10.4   Atemgifte

10.4.1   Atemgifte sind feste, flüssige oder gasförmige Stoffe in der Umluft, die über die Atemwege und/oder die Haut in den menschlichen Körper gelangen können und dort schädigend wirken. Auch Stoffe mit sauerstoffverdrängender Wirkung werden zu den Atemgiften gezählt.

10.4.2   Bei folgenden Einsätzen ist mit dem Vorhandensein von Atemgiften zu rechnen:
- bei Bränden (Brandrauch),
- bei Gefahrstoffunfällen,
- bei ausströmenden Gasen,
- bei einer Vielzahl von Zersetzungsreaktionen.

10.4.3   Entsprechend ihrer physiologischen Wirkung werden die Atemgifte in folgende Gruppen unterteilt:
- Atemgifte mit erstickender Wirkung (Atemgifte der Gruppe 1),
- Atemgifte mit Reiz- und Ätzwirkung (Atemgifte der Gruppe 2),
- Atemgifte mit Wirkung auf Blut, Nerven und/oder Zellen (Atemgifte der Gruppe 3).

10.4.4   Die Atemgifte der Gruppe 1 sind selbst ungiftig, sie wirken jedoch deshalb schädigend, weil sie den Sauerstoff der Luft verdrängen.

10.4.5   Die Atemgifte der Gruppe 2 sind alle wasserlöslich, einige sind schwer andere leicht wasserlöslich.

10.4.6   Methan ist Hauptbestandteil des Erdgases. Außer bei Gasausströmungen (Leckagen) ist mit dem Vorhandensein von Methan in Kläranlagen, Jauchegruben, Futtersilos oder in Kanalsystemen zu rechnen.

10.4.7   Neben Methan gehören zum Beispiel noch Stickstoff, Wasserstoff, Ethan und die Edelgase zu dieser Gruppe.

10.4.8   Mit dem Vorhandensein von Chlor muss in folgenden Bereichen gerechnet werden:
- in Wasseraufbereitungsanlagen (Schwimmbäder),
- in Wäschereien,
- in der Zellstoff- und Papierindustrie.

10.4.9   Bei den nitrosen Gasen handelt es sich um Stickoxide, welche zum Beispiel bei der Reaktion von Salpetersäure und organischen Stoffen oder Metallen entstehen können.

10.4.10   Ammoniakgas.

10.4.11   Zu den Atemgiften mit Reiz- und Ätzwirkung gehören ebenso die Dämpfe von Säuren (z. B. Salzsäuredämpfe), Phosgen, Schwefeldioxid, wie die Stäube von Ätznatron (Natriumhydroxid), Ätzkali (Kaliumhydroxid) und Ätzkalk (Calciumhydroxid).

10.4.12   Kohlenstoffmonoxid ist ein Produkt der unvollständigen Verbrennung. Es ist leichter als Luft und brennbar. Kohlenstoffmonoxid ist ein Atemgift der Gruppe 3.

Kohlenstoffdioxid ist ein Produkt der vollständigen Verbrennung. Es ist schwerer als Luft, nicht brennbar und wird sogar als Löschmittel eingesetzt, da es den Sauerstoff verdrängt. Auch Kohlenstoffdioxid ist ein Atemgift der Gruppe 3.

10.4.13   Stadtgas ist ein Gemisch aus Wasserstoff und Kohlenstoffmonoxid. Es wurde früher beim so genannten Kaltblasen in den Kokereien hergestellt, indem man über glühenden Koks Wasserdampf leitete.

10.4.14   Ob ein Atemgift leichter oder schwerer ist als Luft, lässt sich mit Hilfe der Atomgewichte ermitteln. Durch Addition der Atomgewichte wird das Molekulargewicht des Atemgiftes ermittelt, anschließend wird dieses mit der Luftzahl (29) verglichen. Ist das Molekulargewicht größer als 29, so ist der Stoff schwerer als Luft; ist es kleiner als 29, so ist der Stoff leichter als Luft.

10.4.15   Ein Atemgift wird nach seinen Eigenschaften:
- leichter/schwerer als Luft,
- giftig/ungiftig,
- brennbar/nicht brennbar beurteilt.

10.4.16   Zu den Atemgiften der Gruppe 3 gehören zum Beispiel Aceton, Ether, Blausäure, Propan, Butan, Kohlenstoffmonoxid, Kohlenstoffdioxid, Quecksilberdämpfe oder Metallrauche.

10.4.17   Blausäure kann bei der Zersetzung von Polyurethanschäumen oder Acrylnitrilen entstehen.

10.5   Angstreaktion

10.5.1   Angst ist das natürliche Verhalten auf eine unnatürliche Situation.

10.5.2   Durch Angstreaktionen kann es zu unüberlegten Kurzschlusshandlungen kommen. Hierdurch kann die Person sich selber oder andere gefährden.

10.5.3   Mögliche Angstreaktionen sind zum Beispiel:
- Erstarren oder Regungslosigkeit,
- Verkriechen oder Verstecken,
- Überaktivität, verbunden mit planlosem Handeln,
- psychische Ausfallreaktionen (Schreien, Weinen, Lachen),
- zielloses Flüchten.

10.5.4   Solche Personen benötigen eine intensive Betreuung.

10.5.5   Ja, gerade Nutztiere, die in Ställen gehalten werden, neigen dazu, nach ihrer Rettung wieder in den Gefahrenbereich zurückzulaufen. Der Stall vermittelt ihnen das Gefühl der Sicherheit.

10.5.6   Bei Mensch oder Tier können durch heftigen Schrecken oder Angst extreme Furchtzustände ausgelöst werden, die sie zu widersinnigen Verhaltensweisen bewegen. Nicht selten besteht dieses Verhalten in einer extremen Rücksichtslosigkeit oder einer sinnlosen Selbstaufopferung. Von Panik kann das Einzelwesen oder auch die Masse ergriffen werden.

10.6   Chemische Stoffe

10.6.1   Der Begriff chemische Stoffe stellt einen Sammelbegriff für eine Vielzahl fester, flüssiger oder gasförmiger Stoffe dar, die über die unterschiedlichsten gefährlichen Eigenschaften verfügen können.

10.6.2   Nach dem Chemikaliengesetz können chemische Stoffe über explosionsgefährliche, brandfördernde, hochentzündliche, leicht entzündliche, entzündliche, sehr giftige, giftige, gesundheitsschädliche, ätzende, reizende, sensibilisierende, krebserzeugende, fortpflanzungsgefährdende, erbgutverändernde oder umweltgefährliche Eigenschaften verfügen.

10.6.3   Ein Stoff wird dann als ätzend bezeichnet, wenn er bei Berührung mit lebendem Gewebe in der Lage ist, dieses zu zerstören.

10.6.4   Ein Stoff wird dann als reizend bezeichnet, wenn er bei kurzzeitigem, länger andauerndem oder wiederholtem Kontakt mit der Haut oder der Schleimhaut eine Entzündung hervorrufen kann.

10.6.5   Giftige Stoffe können durch Einatmen, über die Haut oder durch Verschlucken in den menschlichen Körper gelangen.

10.6.6   Entsprechend der Eigenschaft der umweltgefährdenden Chemikalie können Pflanzen, Boden, Grundwasser oder Gewässer langfristig geschädigt werden.

10.6.7   Als stickstoffhaltige Dünger werden solche Dünger bezeichnet, die das Element Stickstoff im Molekül enthalten. Meist beginnen die Bezeichnungen solcher Dünger mit:
- Nitro …,
- Ammonium …

oder enden auf:
- …-stickstoff,
- …-ammoniak.

Es ist aber auch möglich, dass sie nur die Kurzbezeichnung N aufweisen.
Wird Stickstoffdünger über 130 °C erwärmt, so kommt es zu einer Zersetzung des Produktes. Als Zersetzungsprodukte entstehen hierbei u. a. nitrose Gase und Ammoniakgas. Beide Gase sind Atemgifte mit einer Reiz- und Ätzwirkung.

10.6.8   Mineralölprodukte stellen wassergefährdende Substanzen dar. Das heißt, dass durch ihr unkontrolliertes Austreten große Mengen an Grund- und Trinkwasser gefährdet werden können. Außerdem kann von ihnen eine Brand- beziehungsweise Explosionsgefahr ausgehen.

10.6.9   Der Einsatz von Säuren und Laugen findet zum Beispiel im Bereich von galvanischen Betrieben, der glasverarbeitenden Industrie, der Papierindustrie aber auch in vielen anderen Wirtschaftsbereichen statt. Viele dieser Stoffe können in geringen Mengen in normalen Haushalten angetroffen werden.

10.6.10   Unter einer Neutralisation versteht man die Reaktion zwischen einer Säure und einer Lauge mit dem Ziel, den pH-Wert 7 zu erreichen.

10.6.11   Anhand des pH-Wertes kann man feststellen, ob ein Stoff sauer oder basisch reagiert. Der pH-Wert von Säuren ist kleiner als 7, der von Basen größer als 7. Je größer der pH-Wert einer Lauge beziehungsweise je kleiner der pH-Wert einer Säure, desto gefährlicher ist der Stoff. Neutrale Stoffe besitzen einen pH-Wert von 7 (z. B. reines Wasser).

10.6.12   Indikatorpapiere sind Teststreifen, welche mit einer Indikatorlösung getränkt sind. Mit ihrer Hilfe ist die ungefähre Bestimmung des pH-Wertes möglich. Einfache Indikatorpapiere (Lackmuspapier) erlauben nur die Aussage ob eine Säure oder Lauge vorliegt.

10.6.13   Polychlorierte Biphenyle sind aromatische organische Substanzen mit einem unterschiedlichen Chlorierungsgrad. Sie sind flüssig. Eingesetzt werden sie im Bereich der Elektrotechnik. Häufig werden diese Flüssigkeiten auch als Askarele bezeichnet.

10.6.14   Durch die thermische Zersetzung der polychlorierten Biphenyle kann es zur Bildung von Dibenzodioxinen und Dibenzofuranen kommen.

10.6.15   In Abhängigkeit von der Höhe des Kontaminationsgrades kommt eventuell nur eine Verbrennung bei 1 000 °C in Frage. Dies ist zurzeit nur in ganz wenigen Verbrennungsanlagen möglich.

10.6.16   Personen mit Verdacht auf Kontamination oder Inkorporation von Dioxinen sind direkt einer ärztlichen Behandlung zuzuführen.

10.7   Explosionen

10.7.1   Werden Flüssigkeiten oder Gase durch Schlauch- oder Röhrensysteme gepumpt, so kann es durch die auftretende Reibung zu einer elektrischen Aufladung der transportierten Medien und der Leitungssysteme kommen. Da die elektrischen Ladungen entgegengesetzt sind, besteht bei der Produktabgabe die Gefahr eines Ladungsausgleiches in Form eines Funkenübersprungs.

Hierdurch können dann vorhandene Dampf- oder Gas-Luft-Gemische gezündet werden. Vermeiden lässt sich eine elektrostatische Aufladung durch die Verwendung von elektrisch leitfähigem Material und der Erdung der verwendeten Geräte (Pumpen, Behälter, Schläuche).

10.7.2   Entsprechend ihrer möglichen Oberflächentemperatur werden explosionsgeschützte Elektrogeräte in Temperaturklassen eingeteilt. Hierbei gibt die Temperaturklasse die höchstzulässige Oberflächentemperatur des elektrischen Betriebsmittels wieder.

10.7.3   Explosionsgeschützte elektrische Betriebsmittel dürfen nur in solchen Räumen oder Bereichen eingesetzt werden, in denen die Zündtemperatur der vorhandenen brennbaren Stoffe über der höchstzulässigen Oberflächentemperatur des elektrischen Gerätes liegt.

10.7.4   Die Einteilung erfolgt in zwei Gruppen. Gruppe I umfasst die elektrischen Betriebsmittel, die für den Einsatz im schlagwettergefährdeten Grubenbau bestimmt sind. Die Gruppe II umfasst die elektrischen Betriebsmittel für alle anderen explosionsgefährdeten Bereiche.

10.7.5   Unter einer Implosion versteht man das Zerreißen von Gefäßen welche unter Unterdruck stehen (z. B. Entleerung eines Kesselwagens bei geschlossenem Belüftungsventil).

10.7.6   Explosimeter dienen dem Nachweis des Vorhandenseins von brennbaren Dämpfen oder Gasen in der Umluft.

10.7.7   Gefährdete Einsatzkräfte sind gegen die Zündgefahr durch Vornahme beziehungsweise Einsatz von Löschgeräten und Löschmitteln zu schützen. Eingesetzte Werkzeuge sollten aus nicht-funkenreißendem Material gefertigt sein. Elektrische Betriebsmittel müssen ex-geschützt sein. Handys und Funkmeldeempfänger sind vor dem Einsatz abzulegen.

10.7.8   Die Gase können unter hohem Druck verdichtet, unter Druck verflüssigt oder unter Druck gelöst in Stahlflaschen transportiert werden.

10.7.9

Unter Druck verdichtete Gase	Unter Druck verflüssigte Gase	Unter Druck gelöste Gase
Stickstoff	Chlor	Acetylen
Sauerstoff	Phosgen	
Wasserstoff	Blausäure	
Pressluft	Ammoniak	
Methan	Chlorwasserstoff	
Helium		

10.7.10   Nach dem Gesetz von Boyle-Mariotte verhalten sich Druck und Volumen eines Gases umgekehrt proportional zueinander. Der von Boyle-Mariotte erkannte Zusammenhang zwischen Druck und Volumen eines Gases bei konstanter Temperatur dient u. a. zur Berechnung der verfügbaren Luftmenge in den Atemschutzgeräten.

10.7.11   Das Gesetz von Gay-Lussac besagt, dass Volumen und Temperatur bei konstantem Druck proportional sind. So bewirkt zum Beispiel die Erwärmung eines Gases um 1 K eine Volumenvergrößerung um das 1/273-fache des Raumes, den das Gas bei 273 K eingenommen hat.

10.7.12   Durch das Gesetz von Amontons wird der Zusammenhang zwischen Druck und Temperatur eines Gases bei konstantem Volumen beschrieben. So erhöht sich der Druck bei einer Erwärmung um 1 K um 1/273 des Druckes bei 273 K.

10.7.13   Eine Zersetzung des Acetylens kann zum Beispiel durch Flammenrückschlag, Wärmeeinstrahlung oder durch starke Erschütterung (Umstürzen der Druckgasflasche) eingeleitet werden. Durch die auftretende Zersetzung besteht die Gefahr eines Druckgefäßzerknalls.

10.7.14   Die Spraydosen können aufreißen und als scharfkantige Geschosse umherfliegen und somit die Einsatzkräfte gefährden. Oftmals enthalten sie auch brennbare Gase oder Flüssigkeiten, die sich beim Zerknall unter Umständen explosionsartig entzünden.

10.7.15   Da Flüssigkeiten inkompressibel sind, muss es in dem Behälter zu einem Druckanstieg kommen. Hierbei führt eine Erwärmung der Flüssigkeit um 1 K zu einem Druckanstieg von 10 bis 15 bar. Als Folge der Erwärmung kann es dann zum Aufreißen des Gefäßes kommen.

10.7.16   Als eine Raumdurchzündung wird im Allgemeinen das schlagartige Durchzünden aller thermisch aufbereiteten Oberflächen der brennbaren Stoffe in einem Raum bezeichnet.

10.7.17   Anzeichen für eine Raumdurchzündung sind:
- extremer Temperaturanstieg im Brandraum,
- heißer, dichter und dunkler Brandrauch,
- an der Grenze zwischen Rauch- und Luftschicht kommt es wenige Sekunden vor der Raumdurchzündung zur Bildung von Flammenzungen.

10.7.18   Unter einer Rauchexplosion wird die Explosion von Schwel- und Pyrolysegasen nach plötzlicher Luftzufuhr verstanden.

10.7.19   Anzeichen für eine Rauchexplosion können sein:
- späte Branderkennung und somit spätes Eintreffen der Einsatzkräfte der Feuerwehr,
- geschlossener Brandraum mit warmer oder heißer Tür bzw. mit Ruß beschlagene Fensterscheiben,
- Luftzug in Richtung des Brandraumes nach Freilegung einer Öffnung.

10.8   Elektrizität

10.8.1   Das Ohm'sche Gesetz lautet:

Stromstärke = Spannung : Widerstand

10.8.2   Ab etwa 50 mA können Unfälle an elektrischen Anlagen für Menschen tödlich enden.

10.8.3   Ein elektrischer Schlag von 230 V kann zum Herzstillstand, zu Herzkammerflimmern oder auch zum Tode führen.

10.8.4   Bei einer Spannung von 1000 Volt und mehr (Wechselstrom) spricht man von einer Hochspannungsanlage. Bei Gleichstromanlagen liegt die Grenze zwischen Nieder- und Hochspannungsanlage bei 1 500 Volt.

10.8.5   Berühren Hochspannungsleitungen den Boden (z. B. durch Reißen), so kommt es zur Ausbildung eines Spannungstrichters. Entsprechend der Bodenbeschaffenheit und der Erdfeuchtigkeit entsteht ein Spannungsfeld, welches sich trichterförmig in den Boden fortsetzt.

10.8.6   Bei gut leitenden Böden (z. B. nasser Lehm) ist der Spannungstrichter klein, bei schlecht leitenden Böden (z. B. trockener Sand) ist der Spannungstrichter groß.

10.8.7   Einem Spannungstrichter sollte man sich möglichst nur mit kleinen Schritten nähern (Schrittspannung). Ein Abstand von 20 m muss zwingend eingehalten werden. Sofern ein Abschalten möglich ist, ist diese Maßnahme immer als Erstes einzuleiten.

10.8.8   Bei einer gerissenen Hochspannungsleitung ist eine Annäherung nur in Notfällen bis auf 20 m zulässig (Menschenrettung).

10.8.9   Folgende Mindestabstände sind gemäß DIN VDE 0132 einzuhalten:
- bei 380 kV: mindestens 5 m Sicherheitsabstand,
- bei 220 kV: mindestens 4 m Sicherheitsabstand,
- bei 110 kV: mindestens 3 m Sicherheitsabstand,
- bei 1 kV: mindestens 1 m Sicherheitsabstand.

10.8.10   Folgende Mindestabstände sind mit CM-Strahlrohren bis 12 mm Mundstücksweite einzuhalten:
- in Niederspannungsanlagen   mit Sprühstrahl mindestens 1 m,
  mit Vollstrahl mindestens 5 m,
- in Hochspannungsanlagen   mit Sprühstrahl mindestens 5 m,
  mit Vollstrahl mindestens 10 m.

Ist die Spannung vollkommen unbekannt, so sind die Werte für Hochspannungsanlagen als Richtwerte anzunehmen.

10.8.11   Es ist ein Sicherheitsabstand von mindestens 1,50 Metern einzuhalten.

10.8.12   In spannungsführenden Anlagen sind folgende Sicherheitsregeln zu beachten:
- Freischalten,
- gegen Wiedereinschalten sichern,
- Spannungsfreiheit feststellen,
- Erden und Kurzschließen,
- benachbarte, unter Spannung stehende Teile abdecken oder absperren.

10.9   Einsturz

10.9.1   Bei den nachfolgenden Bauteilen aus Mauerwerk rechne ich im Brandfall insbesondere mit Einsturzgefahren:
- bei frei stehenden Giebelwänden nach einem Dachstuhlbrand,
- bei frei stehenden Schornsteinen nach einem Dachstuhlbrand,
- bei frei stehenden Wänden und Pfeilern (unbelastet).

10.9.2   Biegezug-, Schub- und Scherspannungen können vom Mauerwerk schlecht, Druckspannungen gut übertragen werden.

10.9.3   Ich rechne mit dem unmittelbar bevorstehenden Einsturz der Holzkonstruktion.

10.9.4   Bei Dachstuhlbränden können Einstürze dadurch verhindert werden, dass die tragende Konstruktion wie zum Beispiel Pfetten und Knotenpunkte (Punkte, in denen die Hauptlasten aufgenommen und umgeleitet werden) gekühlt werden.

10.9.5   Baukonstruktionen aus dem Baustoff Stahl können schlagartig einstürzen, wenn Schrauben, Niete oder Schweißnähte versagen.

10.9.6   Bei Gebäudeeinstürzen oder Teileinstürzen habe ich als Einsatzleiter folgende Maßnahmen zu veranlassen:
- Einsatzstelle weiträumig absperren,
- zusätzliche Belastungen vermeiden (Einsatzkräfte, Gerät),
- erkunden, ob Personen vermisst werden oder verschüttet sind,
- Notarzt verständigen,
- Gas, Wasser, Strom absperren,
- Hohlräume absuchen,
- Notaussteifungen anbringen.

10.9.7 Einsturzursachen von Hochbauten sind beispielsweise:
- Unterspülen von Fundamenten,
- Tragfähigkeitsverlust durch Brandeinwirkung,
- Überlastung durch Bau- und Brandschutt,
- unzureichende Absicherung bei Bauarbeiten,
- bauliche Mängel,
- Aufprall von Fahrzeugen,
- Explosionen,
- Naturereignisse (z. B. Hochwasser und Sturm).

10.9.8 Einsturzursachen von Tiefbaustellen sind zum Beispiel:
- falsche Beurteilung der Bodenverhältnisse,
- Witterungseinflüsse (starke Regenfälle, aufgetaute Böden),
- Anschneiden aufgefüllter Böden,
- ungenügende Abböschung,
- unsachgemäßer Verbau,
- Überlastung der Grabenwände,
- Erschütterungen.

10.9.9 Spezifische Baustoffgewichte:
- Nadelholz: $0,6\,t/m^3$,
- Mauerwerk aus künstlichen Steinen: $0,7{-}2,2\,t/m^3$,
- Stahl: $7,8\,t/m^3$,
- Stahlbeton: $2,5\,t/m^3$.

10.9.10 Als Richtwert kann eine Traglast von zwei Tonnen verlässlich angenommen werden.

10.9.11 Zur Absicherung von Gebäuden stehen Holzstützen, Stahlrohrstützen und Stützenkonstruktionen zur Verfügung.

10.9.12 Es lassen sich sechs Klassen von Bauteilschäden entsprechend des Schädigungsgrades unterscheiden:
- 0: keine Schäden,
- 1: leichte Schäden,
- 2: erhebliche Schäden,
- 3: schwerwiegende Schäden,
- 4: Funktionsunfähigkeit sowie
- 5: Einsturz.

10.9.13   Rissbreiten in Abhängigkeit der Schadenklasse:
- Klasse 1 (leichte Schäden): $\leq 0{,}5$ mm,
- Klasse 2 (erhebliche Schäden): ≤ 2 mm,
- Klasse 3 (schwerwiegende Schäden): > 10 mm bei Stahlbeton, ≤ 15 mm bei Mauerwerk

10.10 Erkrankung/Verletzung

10.10.1   Unter einer Erkrankung/Verletzung versteht man Gesundheitsbeeinträchtigungen der unterschiedlichsten Art von Personen.

10.10.2   Im Einsatzgeschehen sind besonders die Hände, Handgelenke, Füße, Augen oder Atemwege gefährdet.

10.10.3   Verletzungen kann man vorbeugen, indem stets die erforderliche Schutzausrüstung getragen wird und man die Grundsätze der Unfallverhütung beachtet.

10.10.4   Die häufigsten Verletzungen sind mechanische Verletzungen (z. B. durch Schlag, Stoß oder Quetschung), thermische Verletzungen (z. B. Verbrennungen oder Verbrühungen) und Verätzungen und Vergiftungen (z. B. Rauchgasvergiftung).

11 Gefährliche Stoffe und Güter

11.1 Chemische Grundlagen

11.1.1

a) fest	→	flüssig:	Schmelzen
a) flüssig	→	gasförmig:	Verdampfen
a) fest	→	gasförmig:	Sublimieren
a) gasförmig	→	fest:	Resublimieren
a) gasförmig	→	flüssig:	Kondensieren
a) flüssig	→	fest:	Erstarren

11.1.2 Reine Stoffe sind nur aus einer Sorte »kleinster Teilchen« (Atome, Moleküle) aufgebaut. Sie lassen sich durch physikalische Methoden nicht mehr in weitere Stoffe zerlegen. Stoffgemenge bestehen dagegen immer aus mindestens zwei unterschiedlichen »kleinsten Teilchen«. Sie lassen sich durch physikalische Methoden in die einzelnen Bestandteile des Stoffgemenges auftrennen.

11.1.3 Elemente sind Grundstoffe, die durch chemische Methoden nicht weiter zerlegbar sind. Entsprechend der Lehre vom Aufbau der Atome bestehen die Elemente aus Atomen mit gleicher Protonenzahl. Auf der Erde gibt es 92 natürlich vorkommende Elemente.

11.1.4 Die Elemente sind nach steigender Protonenzahl angeordnet.

11.1.5 Entsprechend dem Atommodell von Bohr bestehen die Atome aus einem positiv geladenen Kern und einer negativ geladenen Hülle. Diese negativ geladene Hülle wird von Elektronen gebildet, die den Atomkern auf stationären Kreisbahnen umkreisen.

11.1.6 Im Atomkern befinden sich die positiven Protonen und die elektrisch neutralen Neutronen.

11.1.7 Durch die Anzahl der Protonen wird die Ordnungszahl (Kernladungszahl) bestimmt und dadurch der Platz des jeweiligen Elementes im Periodensystem der Elemente festgelegt. Die Summe von Protonen und Neutronen bildet in etwa die Atommasse des Elementes.

11.1.8 Die Neutronen sind für den Zusammenhalt des Atomkerns verantwortlich, da sie die Abstoßungskräfte, die zwischen den Protonen bestehen, aufheben.

11.1.9 Die Elektronen befinden sich in der Atomhülle und besitzen eine negative Elementarladung. In einem Atom befinden sich stets die gleiche Anzahl von Elektronen in der Hülle, wie sich Protonen im Kern befinden.

11.1.10   Als Valenzelektronen (Außenelektronen) werden die Elektronen der äußeren Elektronenschale bezeichnet.

11.1.11   Die Unterteilung im periodischen System erfolgt in Gruppen (vertikal) und in Perioden (horizontal).

11.1.12   Alle Elemente einer Gruppe verfügen über die gleiche Anzahl an Valenzelektronen.

11.1.13   Die Elemente einer Periode verfügen über die gleiche Anzahl von Elektronenschalen.

11.1.14   Die Bezeichnung lautet wie folgt:
   1. Hauptgruppe   Alkalimetalle,
   2. Hauptgruppe   Erdalkalimetalle,
   3. Hauptgruppe   Bor-Gruppe,
   4. Hauptgruppe   Kohlenstoff-Gruppe,
   5. Hauptgruppe   Stickstoff-Gruppe,
   6. Hauptgruppe   Chalkogene,
   7. Hauptgruppe   Halogene,
   8. Hauptgruppe   Edelgase.

11.1.15   Isotope sind Atome eines Elementes mit gleicher Protonenzahl, aber einer unterschiedlichen Anzahl von Neutronen.

11.1.16   Die absolute Atommasse gibt das tatsächliche Gewicht eines Atoms wieder. Die absoluten Atommassen liegen zwischen 10 bis 27 und 10 bis 26 kg. Die relative Atommasse gibt an, wievielmal ein Atom des betreffenden Elementes schwerer ist als ein Zwölftel des Kohlenstoffisotops 126C.

11.1.17   Die atomare Masseneinheit ist definitionsgemäß 1/12 der Masse des Kohlenstoffisotops 126C.

11.1.18   Als Molekülmasse einer chemischen Verbindung wird die Summe der Atommassen im Molekül bezeichnet. Somit gibt die Molekülmasse an, wievielmal schwerer ein Molekül ist als 1/12 des Kohlenstoffisotops 126C.

11.1.19   Bei einer chemischen Reaktion wird die Gesamtmasse aller beteiligten Stoffe nicht verändert. Masse der Ausgangsstoffe = Masse der Endprodukte.

11.1.20   Entsprechend dem Gesetz der konstanten Proportionen enthalten die chemischen Verbindungen die Elemente stets in einem bestimmten Massenverhältnis (Atomzahlenverhältnis), z. B.:
   Wasser H_2O H:O   = 2:1
   Kohlenstoffdioxid CO_2 C:O   = 1:2
   Schwefelsäure H_2SO_4 H:S:O   = 2:1:4

11.1.21 Bilden Elemente verschiedene Verbindungen miteinander, so verhalten sich ihre Massenverhältnisse zueinander wie kleine ganze Zahlen. Zum Beispiel

		C	O
Kohlenstoffmonoxid	CO	1	1
Kohlenstoffdioxid	CO_2	1	2

11.1.22 Eine chemische Gleichung stellt eine Beschreibung der chemischen Reaktionen in qualitativer (Art der beteiligten Stoffe) und quantitativer (Masse der beteiligten Stoffe) Hinsicht dar.

11.1.23 Unter einem Mol versteht man die Stoffmenge, die aus ebenso viel Teilchen besteht, wie Atome in 12 g des Kohlenstoffisotops C-12 enthalten sind. Ein Mol entspricht $6{,}023 \times 1023$ Teilchen (Atome, Moleküle, Ionen).

11.1.24 Ionen sind positiv oder negativ geladene Atome.

11.1.25 Als Kationen werden die positiv geladenen Ionen bezeichnet.

11.1.26 Als Anionen bezeichnet man die negativ geladenen Ionen.

11.1.27 Bei den chemischen Bindungen wird zwischen der Ionenbindung, der Atombindung, der Metallbindung und der Komplexbindung unterschieden.

11.1.28 Durch Abgabe beziehungsweise Aufnahme von Elektronen erlangen die Atome zweier Elemente bei der Ionenbindung Edelgaskonfiguration und liegen somit in Form von Ionen vor. Ionenbindungen sind nur möglich zwischen einem elektropositiven und einem elektronegativen Element.

11.1.29 Die Atombindung beruht auf der Bildung eines oder mehrerer gemeinsamer Elektronenpaare. Sie tritt nur zwischen Elementen mit einem mehr oder weniger ausgeprägten elektronegativen Charakter auf.

11.1.30 Bei den Metallbindungen sind die Außenelektronen nur sehr schwach gebunden. Deshalb können diese sehr leicht abgegeben werden. Feste Metalle bestehen aus positiv geladenen Metallionen, die ein Metallgitter aufbauen. Die abgegebenen Außenelektronen bewegen sich weitgehend frei zwischen diesen Metallionen (man spricht auch von einem Elektronengas) und verhindern die Abstoßung der positiven Ionen.

11.1.31 Stoffe mit Ionenbindung weisen meist folgende Eigenschaften auf:
- hoher Schmelz- und Siedepunkt,
- meist große Härte,
- teilweise wasserlöslich,
- Lösungen und Schmelzen leiten den elektrischen Strom.

11.1.32   Stoffe mit Atombindung weisen meist folgende Eigenschaften auf:
- niedriger Schmelz- und Siedepunkt,
- geringe Härte,
- teilweise löslich in organischen Lösemitteln,
- Lösungen und Schmelzen leiten den elektrischen Strom nicht.

11.1.33   Stoffe mit Metallbindung verfügen über folgende Eigenschaften:
- hohe Leitfähigkeit,
- Lichtundurchlässigkeit,
- Metallglanz.

11.2   Rechtliche Grundlagen

11.2.1   Die Aufgabe des Chemikaliengesetzes besteht darin, den Menschen und seine Umwelt vor schädlichen Einwirkungen gefährlicher Stoffe und Zubereitungen zu schützen.

11.2.3   BetrSichV steht als Abkürzung für die »Verordnung über Sicherheit und Gesundheitsschutz bei der Verwendung von Arbeitsmitteln« (Betriebssicherheitsverordnung – BetrSichV).

11.2.4   Nach den Brandschutzbestimmungen (ZDv 34/240) der Bundeswehr sind Munition beziehungsweise Munitionslager zu kennzeichnen. Zur Unterscheidung der Gefahr, welche von der Munition ausgehen kann, erfolgt eine Einteilung in vier Gruppen, den so genannten Munitionsbrandklassen.

11.2.5

Munitions-brandklasse	Hauptgefahr
1	Massenexplosion, Splitter und andere Wurfstücke
2	Explosionen, Splitter und andere Wurfstücke
3	Massenfeuer, teilweise Explosionen, starke Rauch- und Nebelbildung, starke Hitze
4	Feuer und Hitze (normaler Brand)

11.2.6   **a)** WP: weißer Phosphor (Brand- und Nebelstoff),
   b) NP: Napalm (Brandstoff),
   c) CN: Chloracetophenon (Reizstoff),
   d) HC: Hexachlorethan (Nebelstoff),
   e) TH: Thermit oder Thermat (Brandstoff).

11.2.7   Bei den Sicherheitskennzeichnungen unterscheiden wir zwischen

- *Verbotszeichen:*   Sie untersagen ein Verhalten, durch das eine Gefahr entstehen könnte.
- *Gebotszeichen:*   Sie fordern zu einem bestimmten Verhalten auf.
- *Warnzeichen:*   Sie warnen vor einer bestimmten Gefahr.
- *Rettungszeichen:*   Sie weisen den Weg zu einer Stelle für Hilfeleistungen oder kennzeichnen eine Rettungseinrichtung.

11.2.8   Die Farben haben folgende Bedeutung:

- **a)** grün: Wasser,
- **a)** orange: Säuren,
- **a)** violett: Laugen.

11.2.9   Der Gefahrguttransport auf der Straße unterliegt den Bestimmungen der ADR.

11.2.10   Die Klasseneinteilung der ADR sieht wie folgt aus:

Klasse 1:   Explosive Stoffe und Gegenstände mit Explosivstoff
Klasse 2:   Gase
Klasse 3:   Entzündbare flüssige Stoffe
Klasse 4.1:   Entzündbare feste Stoffe, selbstzersetzliche Stoffe und desensibilisierte explosive feste Stoffe
Klasse 4.2:   Selbstentzündliche Stoffe
Klasse 4.3:   Stoffe, die in Berührung mit Wasser entzündbare Gase entwickeln
Klasse 5.1:   Entzündend (oxidierend) wirkende Stoffe
Klasse 5.2:   Organische Peroxide
Klasse 6.1:   Giftige Stoffe
Klasse 6.2:   Ansteckungsgefährliche Stoffe
Klasse 7:   Radioaktive Stoffe
Klasse 8:   Ätzende Stoffe
Klasse 9:   Verschiedene gefährliche Stoffe und Gegenstände

11.2.11   Die Ziffern in der oberen Hälfte werden als Nummer zur Kennzeichnung der Gefahr, die Ziffern in der unteren Hälfte als Nummer zur Kennzeichnung des Stoffes (nach ADR als UN-Nummer) bezeichnet.

11.2.12   Die Zahlen der Gefahrnummer weisen auf folgende Eigenschaften bzw. Gefahren hin:

- **2** Entweichen von Gas durch Druck oder durch chemische Reaktion,
- **3** Entzündbarkeit von flüssigen Stoffen (Dämpfen) und Gasen oder selbsterhitzungsfähiger flüssiger Stoff,
- **4** Entzündbarkeit von festen Stoffen oder selbsterhitzungsfähiger fester Stoff,
- **5** Oxidierende (brandfördernde) Wirkung,
- **6** Giftigkeit oder Ansteckungsgefahr,
- **7** Radioaktivität,

- **8** Ätzwirkung,
- **9** Gefahr einer spontanen heftigen Reaktion.

Wird der Nummer zur Kennzeichnung der Gefahr der Buchstabe »X« vorangestellt, so reagiert der Stoff in gefährlicher Weise mit Wasser.

11.2.13 Die Verdopplung einer Ziffer weist auf die Zunahme der entsprechenden Gefahr hin. So steht zum Beispiel die Zahl 66 für einen sehr giftigen Stoff; 88 für einen stark ätzenden Stoff.

11.2.14 Die Gefahrnummer 22 bedeutet, dass es sich um ein tiefgekühlt verflüssigtes Gas mit erstickenden Eigenschaften handelt.

11.2.15 Die Gefahrnummer 333 steht für einen pyrophoren flüssigen Stoff.

11.2.16 Die Gefahrnummer 99 besagt, dass es sich um verschiedene gefährliche Stoffe im erwärmten Zustand handeln kann.

11.2.17 Bei den Gefahrzetteln handelt es sich um auf die Spitze gestellte Quadrate mit einer Seitenlänge von 10 × 10 cm (Versandstücke) beziehungsweise 25 × 25 cm (Mindestgröße) bei Tankfahrzeugen. Sie geben die Gefahreigenschaften der zu transportierenden Güter durch Symbole oder durch ihre unterschiedliche farbliche Unterlegung wieder.

11.2.18 Die Eisenbahnkesselwagen müssen mit orangefarbenen Warntafeln, Gefahrzetteln und mit einem 30 Zentimeter breiten, orangefarbenen Farbstreifen, der in Höhe der Behälterachse allseitig um den Behälter herumläuft, gekennzeichnet sein.

11.2.19 Das Schiff befördert bestimmte feuergefährliche Stoffe.

11.2.20 Das Schiff ist bei Tag mit drei blauen Kegeln, bei Nacht mit drei blauen Leuchten zu kennzeichnen.

11.2.21 TUIS steht als Abkürzung für das »Transport-Unfall-Information- und Hilfeleistungs-System« der chemischen Industrie.

11.2.22 TUIS bietet folgende drei Stufen der Hilfe an:
Hilfeleistungsstufe 1 – Fachberatung durch Telefon
Hilfeleistungsstufe 2 – Beratung am Unfallort
Hilfeleistungsstufe 3 – Beratung und aktive Hilfe mit Firmenausrüstung am Unfallort.

11.3   Messgeräte und Schutzkleidung

11.3.1   Kurzzeitröhrchen sind Prüfröhrchen, welche die Ermittlung von Momentankonzentrationen ermöglichen, wobei die Dauer der Messung einige Sekunden bis wenige Minuten betragen kann.

11.3.2   Bei den Skalenröhrchen dient in der Regel die gesamte Füllschicht als Anzeigeschicht. Weiterhin ermöglichen sie ein direktes Ablesen der Konzentration in ppm oder Vol.-%. Farbabgleichröhrchen bestehen aus einer Anzeigeschicht und einer Farbvergleichsschicht. Bei dieser Art von Prüfröhrchen muss die Pumpe solange betrieben werden, bis die Farbe der Anzeigeschicht mit der Vergleichsschicht übereinstimmt. Aus der Anzahl der Hübe lässt sich dann die Konzentration des Schadstoffes ermitteln.

11.3.3   Aus Gründen der Haltbarkeit können nicht immer alle Reagenzien in den Füllschichten zusammengebracht werden. Dies macht eine separate Aufbewahrung einer oder mehrerer der Reagenzien in Reagenzampullen erforderlich. Die Reagenzien können hierbei in den Ampullen im dampfförmigen, flüssigen oder festen Aggregatzustand vorliegen.

11.3.4   Viele der Prüfröhrchen reagieren nicht nur mit dem Stoff für den sie ausgelegt sind, auch andere Stoffe können den gleichen Farbumschlag bewirken. Dieses Verhalten wird als Querempfindlichkeit bezeichnet.

11.3.5   Die Pumpen besitzen, je nach Hersteller, ein unterschiedliches Expansionsvermögen. Hieraus können sich, trotz gleicher angesaugter Volumina, unterschiedliche Messwerte ergeben.

11.3.6   Bei einer Simultanmessung wird die zu untersuchende Luft gleichzeitig durch verschiedene Prüfröhrchen gesaugt. Dies ermöglicht den gleichzeitigen Nachweis verschiedener Substanzen.

11.3.7   Bei der Lagerung von Prüfröhrchen ist darauf zu achten, dass die Prüfröhrchen vor Licht geschützt werden und die Temperatur im Lagerraum 25 °C nicht übersteigt.

11.3.8   Verwendete Prüfröhrchen sind nicht achtlos wegzuwerfen (sie könnten in die Hände von Kindern gelangen), sondern entsprechend den Angaben des Herstellers oder nach Vorgaben des Abfallbeseitigungsgesetzes zu entsorgen.

11.3.9   Explosimeter dienen dem Nachweis brennbarer Gase oder Dämpfe in der Atmosphäre.

11.3.10   Nein, eine genaue Konzentrationsbestimmung ist nicht möglich, da die Messzellen der Geräte für die verschiedenen brennbaren Gase und Dämpfe unterschiedliche Empfindlichkeiten besitzen.

11.3.11 Das Nachkalibrieren ist deshalb erforderlich, da sich innerhalb der Messkammern auf den Katalysatorperlen Ablagerungen bilden können (so genannte Katalysatorgifte), welche die Anzeige verfälschen.

11.3.12 Bei den Sauerstoffmessgeräten befinden sich innerhalb der Messzelle zwei miteinander verbundene Elektroden. Beide Elektroden befinden sich in einer basischen Elektrolytlösung. Während die Anode aus Blei gefertigt ist, besteht die Kathode aus Gold. Tritt nun Sauerstoff in die Zelle, so erzeugt dieser einen geringen elektrischen Strom, welcher zur Sauerstoffkonzentration proportional ist. Dieses Messsignal wird verstärkt und zur Anzeige gebracht.

11.3.13 Die Chemikalienschutzkleidung soll ihren Träger vor dem direkten Hautkontakt mit den gefährlichen Gütern schützen, da dies bei den Einsatzkräften zu
- Verätzungen,
- Reizungen,
- Aufnahme in den Körper durch die intakte Haut führen könnte.

11.3.14 Die Schutzwirkung der Chemikalienschutzanzüge wird durch
- die Konstruktion,
- das Material,
- das korrekte An- und Ablegen der Kleidung,
- die Einsatztaktik,
- die Reinigung, Wartung und Instandsetzung beeinflusst.

11.3.15 Am häufigsten wird ein Chemikalienschutzanzug mit einer Sichtscheibe oder einer Sichtfolie, bei dem das Atemschutzgerät unter dem Anzug zu tragen ist, verwendet.

11.3.16 Chemikalienschutzanzüge sind meist aus drei Schichten, der Außenbeschichtung, dem Trägergewebe und der Innenbeschichtung aufgebaut. Die Außenbeschichtung soll dem Anzug die entsprechende Chemikalienresistenz geben. Das Trägergewebe ist verantwortlich für die mechanische Stabilität des Anzuges (z. B. Reißfestigkeit). Die Innenbeschichtung garantiert im Verbund mit den anderen Teilen die Gasdichtheit.

11.3.17 Wahrscheinlich wird Viton, ein Mischpolimerisat aus Vinylidenfluorid und Hexafluorpropylen, am häufigsten zur Außenbeschichtung verwendet.

11.4 Gefahrguteinsätze

11.4.1 Beim Gaspendelverfahren werden der zu entleerende und der zu befüllende Tank mittels zweier Leitungen verbunden. Eine Leitung, die Füllleitung, dient dem Umfüllen des Gefahrgutes. Die zweite Leitung, die Gaspendelleitung, verbindet die beiden Gasphasen der Tanks miteinander. Die Aufgabe der Gaspendelleitung besteht darin, ein Umfüllen der Tanks zu ermöglichen, ohne dass es zu einem Entweichen von Schadstoffen in die Atmosphäre kommt.

11.4.2 Nein, bei der Zugabe von Torf zur Salpetersäure kann es zur Bildung von nitrosen Gasen kommen.

11.4.3 Nicht selbstansaugende Gefahrgut-Umfüllpumpen müssen vor der Inbetriebnahme mit Flüssigkeit gefüllt werden. Dies kann sich jedoch als problematisch erweisen, wenn der Stoff sehr gefährlich ist und ein Anschütten der Pumpe mit dem Gefahrgut zu riskant wäre. Scheidet Wasser, weil es mit dem Stoff gefährlich reagiert, zum Anschütten ebenfalls aus, so lässt sich zum Beispiel durch Einsatz einer Handmembranpumpe und eines Dreiwegehahns ein wesentlich gefahrloseres Befüllen der Gefahrgut-Umfüllpumpe erreichen.

11.4.4 Unter Phlegmatisieren ist das Herabsetzen der Gefahreigenschaften eines Produktes durch Zugabe eines zweiten Stoffes zu verstehen. So werden zum Beispiel einige organische Peroxide mit Wasser vermischt, um ihre Gefahreigenschaften zu reduzieren.

11.4.5 Die Betriebssicherheitsverordnung gilt für die Bereitstellung von Arbeitsmitteln durch Arbeitgeber sowie die Benutzung von Arbeitsmitteln durch Beschäftigte bei der Arbeit.

11.4.6 Explosionsgefährdeter Bereich im Sinne der Betriebssicherheitsverordnung ist ein Bereich, in dem eine gefährliche explosionsfähige Atmosphäre auftreten kann. Ein Bereich, in dem explosionsfähige Atmosphäre nicht in einer solchen Menge zu erwarten ist, dass besondere Schutzmaßnahmen erforderlich werden, gilt nicht als explosionsgefährdeter Bereich.

11.4.7 Explosionsfähige Atmosphäre im Sinne der Betriebssicherheitsverordnung ist ein Gemisch aus Luft und brennbaren Gasen, Dämpfen, Nebeln oder Stäuben unter atmosphärischen Bedingungen, in dem sich der Verbrennungsvorgang nach erfolgter Entzündung auf das gesamte unverbrannte Gemisch überträgt.

11.4.8 Entsprechend der Häufigkeit und Dauer des Auftretens von gefährlicher explosionsfähiger Atmosphäre werden explosionsgefährdete Bereiche in folgende Zonen unterteilt:
- *Zone 0* ist ein Bereich, in dem eine gefährliche explosionsfähige Atmosphäre als Gemisch aus Luft und brennbaren Gasen, Dämpfen oder Nebeln ständig, über lange Zeiträume oder häufig vorhanden ist.
- *Zone 1* ist ein Bereich, in dem sich bei Normalbetrieb gelegentlich eine gefährliche explosionsfähige Atmosphäre als Gemisch aus Luft und brennbaren Gasen, Dämpfen oder Nebeln bilden kann.
- *Zone 2* ist ein Bereich, in dem bei Normalbetrieb eine gefährlich explosionsfähige Atmosphäre als Gemisch aus Luft und brennbaren Gasen, Dämpfen oder Nebeln normalerweise nicht, oder aber nur kurzzeitig auftritt.
- *Zone 20* ist ein Bereich, in dem gefährliche explosionsfähige Atmosphäre in Form einer Wolke aus in der Luft enthaltenem brennbarem Staub ständig, über lange Zeiträume oder häufig vorhanden ist.

- *Zone 21* ist ein Bereich, in dem sich bei Normalbetrieb gelegentlich eine gefährliche explosionsfähige Atmosphäre in Form einer Wolke aus in der Luft enthaltenem brennbarem Staub bilden kann.
- *Zone 22* ist ein Bereich, in dem bei Normalbetrieb eine gefährliche explosionsfähige Atmosphäre in Form einer Wolke aus in der Luft enthaltenem brennbarem Staub normalerweise nicht, oder aber nur kurzzeitig auftritt.

11.4.9   In Abhängigkeit von der Säure (auch Temperatur und Konzentration spielen hierbei eine Rolle) und dem Metall kann es zur Bildung von Wasserstoff, Schwefelwasserstoff, Schwefeldioxid oder nitrosen Gasen kommen.

11.4.10   Die Identifizierung des Stoffes bei Gefahrgutunfällen ist deshalb so wichtig, weil gezielte Abwehrmaßnahmen nur unter genauer Kenntnis der Eigenart des Stoffes möglich sind. Erst nach der Stofferkundung können zum Beispiel geeignete Auffangmittel, Chemikalien-schutzanzüge usw. bestimmt werden.

11.4.11   Bei Stückguttransporten kann es zum Vermischen der unterschiedlichsten Stoffe kommen. Folgereaktionen sind möglich. Nicht immer lassen sich diese neuen Produkte schnell und sicher bestimmen.

11.4.12

Verkehrsträger	Identifizierungsmöglichkeiten
Straßenfahrzeuge	Gefahrzettel, orangefarbene Warntafeln mit und ohne Kenn-zeichnungsnummer, Beförderungspapiere, Unfallmerkblätter, sonstige Begleitpapiere
Schienenfahrzeuge	Gefahrzettel, orangefarbene Warntafel mit Kennzeichnungsnum-mer, orangefarbener Farbstreifen, Aufkleber mit drei roten Drei-ecken mit schwarzem Ausrufezeichen, Unfallmerkblattsammlung und Beförderungspapiere auf der Lok
Wasserfahrzeuge	Kegel, Lichter, Schallzeichen (Bleib-weg-Signal), Unfallmerkblätter, Beförderungspapiere, Stauplan

11.4.13   Bei Einsätzen in Gebäuden oder stationären Anlagen können folgende Identifizierungsmög-lichkeiten für gefährliche Stoffe vorhanden sein:
- Feuerwehrpläne für bauliche Anlagen nach DIN 14095,
- Gefahrensymbole sowie Gefahrenhinweise und Sicherheitsratschläge für Gefahr-stoffe,
- Gefahrklassen-Beschriftung bei brennbaren Flüssigkeiten,
- Farbkennzeichnung bei Druckbehältern und Rohrleitungen,
- Gefahrklassen-Beschriftung bei Spreng- und Explosivstoffen.

11.4.14   Die Aufstellung der Fahrzeuge sollte außerhalb des Gefahrenbereiches und nie in Mulden erfolgen. Zündgefahren durch eigene Fahrzeuge und Aggregate sind zu berücksichtigen.

11.4.15   Es sind zunächst mindestens 50 Meter Sicherheitsabstand einzuhalten.

11.4.16   Einzuleitende Maßnahmen:
- Einsatzstelle weiträumig sichern und absperren,
- Menschen und Tiere aus dem Gefahrenbereich retten, Verletzte ärztlicher Versorgung zuführen,
- Verhaltensanweisungen an gefährdete Personen geben,
- Einsatzkräfte schützen,
- Löschangriff vorbereiten,
- Informationen über Stoff einholen,
- Sachkundige Personen hinzuziehen, zuständige Behörden benachrichtigen.

11.4.17   Die GAMS-Regel ist eine Merkhilfe für die Erstmaßnahmen und steht für folgendes:
- G wie Gefahr erkennen,
- A wie Absperren,
- M wie Menschenrettung durchführen und
- S wie Spezialkräfte alarmieren.

11.4.18   Zu den abschließenden Maßnahmen gehören:
- Aufräumungs- und Reinigungsarbeiten im Rahmen der Sofortmaßnahmen,
- Bedarfsweise Überwachung der Einsatzkräfte,
- Übergabe der Einsatzstelle/Information an die zuständige Stelle (Übergang der Verantwortung),
- Behandlung kontaminierter Ausrüstung,
- Ablegen der Schutzausrüstung.

11.4.19   Die Personen müssen unverzüglich einer ärztlichen Versorgung zugeführt werden.

11.5   Einsätze in Gegenwart von biologischen Arbeitsstoffen

11.5.1   Die vfdb-Richtlinie 10/02.

11.5.2   Die vfdb-Richtlinie 10/02 gilt für Feuerwehreinsätze in Bereichen, in denen mit biologischen Arbeitsstoffen umgegangen wird. Darüber hinaus gilt sie auch für alle Einsätze mit infektiösem Material.

11.5.3   Entsprechend der vfdb-Richtlinie 10/02 zählen Mikroorganismen, einschließlich gentechnisch veränderter Mikroorganismen, Zellkulturen und humanpathogene Endoparasiten, die beim Menschen Infektionen, sensibilisierende oder toxische Wirkungen hervorrufen können, zu den biologischen Arbeitsstoffen. Weiterhin zählen auch Viren, Prionen und pathogene Parasiten zu den biologischen Arbeitsstoffen.

11.5.4   Für die Einsatzkräfte können sich folgende Gefahren ergeben:
- Kontamination (Verunreinigung der Körperoberfläche durch biologische Arbeitsstoffe),
- Infektion.

11.5.5   Eine Inkorporation kann über
- die Atemwege,
- den Magen-Darm-Trakt,
- die Schleimhäute,
- Wunden oder Bisse,
- kleinste Hautverletzungen sowie die aufgeweichte Haut erfolgen.

Darüber hinaus können Parasiten auch über die intakte Haut in den Körper eindringen.

11.5.6   Für die Feuerwehr werden diese Bereiche in die Gefahrengruppe I B, II B und III B eingeteilt.

11.5.7   In Bereichen der Gefahrengruppe I B ist eine Tätigkeit ohne Sonderausrüstung möglich. Es sind jedoch die allgemeinen Verhaltensregeln für den Einsatz in Laboratorien und allgemeine Hygieneregeln zu beachten.

11.5.8   Es dürfen Atemfilter ABEK2-P3 getragen werden.

11.5.9   In Bereichen der Gefahrengruppe III B dürfen Einsatzkräfte nur mit Isoliergeräten, Sonderausrüstung und unter Einhaltung der Schutz- und Hygienemaßnahmen nach Rücksprache mit einer sachkundigen Person tätig werden. Handelt es sich um Anlagen der Sicherheitsstufe 4, so ist die Anwesenheit des zuständigen Erlaubnisinhabers nach Infektionsschutzgesetz zwingend erforderlich. Hiervon darf nur im Rahmen einer zwischen dem Betreiber und der Feuerwehr getroffenen Handlungsvereinbarung abgewichen werden.

11.5.10   Es ist wie bei Einsätzen der Gefahrengruppe II B vorzugehen.

11.5.11   Sachkundige Personen für biologische Arbeitsstoffe können sein:
- Betriebsleiter/Laborleiter oder deren Stellvertreter,
- Projektleiter nach Gentechnikgesetz (GenTG) oder Vertreter,
- Beauftragte für Biologische Sicherheit.

Darüber hinaus können folgende Personen zu den allgemeinen biologischen Risiken Auskunft geben:
- der Erlaubnisinhaber nach Infektionsschutzgesetz,
- die zuständige Fachkraft für Arbeitssicherheit,
- vorhandene Betriebsärzte,

- speziell ermächtigte Ärzte zur arbeitsmedizinischen Vorsorge,
- Vertreter der Gesundheitsbehörden,
- Hygieniker oder Desinfektoren.

11.5.12   Entsprechend der vfdb-Richtlinie 10/02 sind alle Objekte ab der Sicherheits-/Schutzstufe 2, bei denen der Umgang mit biologischen Arbeitsstoffen anzeige-, melde- oder genehmigungspflichtig ist und die den Feuerwehren von den zuständigen Behörden gemeldet werden, zu erfassen.

11.5.13   Feuerwehrpläne nach DIN 14095 sind für alle Objekte ab der Gefahrengruppe II B zu erstellen.

11.5.14   In den Feuerwehrplänen für biologische Anlagen sollten Angaben enthalten sein über:
- Verantwortliche und sachkundige Personen,
- Bereichsgrenzen der Gefahrengruppe sowie für die Feuerwehr relevante sicherheitstechnische Einrichtungen,
- Art der biologischen Arbeitsstoffe,
- weitere Gefahrenquellen (radioaktive Stoffe, Chemikalien usw.),
- besondere Verhaltensregeln und Schutzmaßnahmen,
- Hinweise auf sicherheitstechnische Einrichtungen, Brandmeldeanlage, Löschmittel, Löschwasserrückhalteanlage, betriebseigene Kläranlage usw.

11.5.15   In der Gefahrengruppe IIB muss als Mindestausrüstung ein geeignetes zugelassenes Filtergerät, z. B. Vollmaske und Atemfilter der Schutzstufe P3 oder ABEK2-P3 (Feuerwehrfilter). Kann ein direkter Kontakt zu B-Gefahrstoffen nicht ausgeschlossen werden, ist eine der Lage angemessene Schutzkleidung zu tragen, z. B.:
- Feuerwehrschutzkleidung (DIN EN 469 bzw. HuPF Teil 1 und 4) und Kontaminationsschutzhaube oder ein geeigneter Folien-/Einweganzug,
- Schutzhandschuhe, Schutzstiefel.

11.5.16   In der Gefahrengruppe IIIB muss als Mindestausrüstung umluftunabhängiger Atemschutz (Isoliergerät) getragen werden. Kann ein direkter Kontakt zu B-Gefahrstoffen nicht ausgeschlossen werden, ist eine der Lage angemessene Schutzkleidung zu tragen, z. B.:
- ein wasserabweisender, flüssigkeits- und aerosoldichter Kontaminationsschutzanzug oder ein flüssigkeitsdichter Folien-/Einwegschutzanzug,
- Schutzhandschuhe, Schutzstiefel,
- Klebeband zum Abdichten der Verbindungsbereiche,
- oder Chemikalienschutzanzug (DIN EN 943-1) bei erhöhter mechanischer Belastung.

11.5.17   Bei der Festlegung des Absperrbereiches gelten grundsätzlich die Vorgaben für Einsätze mit gefährlichen Stoffen und Gütern. Dies bedeutet, dass im Freien zunächst ein Abstand von 50 m einzuhalten ist, der nach Erkundung entsprechend anzupassen ist. Innerhalb von Objekten dienen die gekennzeichneten Bereiche, in denen mit biologischen Arbeitsstoffen umgegangen wird, zunächst als Absperrbereiche für die Feuerwehr. Sollte aus diesen Bereichen Wasser austreten (Löschwasser, Wasserschaden), so ist der Absperrbereich entsprechend zu vergrößern. Flächen, welche durch Emission kontaminiert sind, sind ebenfalls abzusperren.

11.5.18 Ein Öffnen von Türen und Fenstern ist nur dann zulässig, wenn dies unbedingt erforderlich ist. Sie sind möglichst rasch wieder zu schließen.

11.5.19 Sind Einsatzstellen über Schleusen zugänglich, so dürfen diese nur über die Schleuse betreten und wieder verlassen werden. Sie dürfen nur nach Rücksprache mit sachkundigen Personen deaktiviert werden.

11.5.20 Zur Zeit ist eine messtechnische Überprüfung auf Kontamination oder Inkorporation an der Einsatzstelle nicht möglich.

11.5.21 Entsprechend der Entscheidung des Einsatzleiters können zur Rettung von Menschenleben erste Maßnahmen auch in Bereichen der Gefahrengruppe III B durchgeführt werden. Es sind mindestens Isoliergeräte und Schutzkleidung Form 1 zu verwenden. Bereiche in denen mit biologischen Agenzien der Sicherheits- oder Schutzstufe oder Risikogruppe 4 umgegangen wird, dürfen ohne Anwesenheit des zuständigen Erlaubnisinhabers nach Infektionsschutzgesetz auf keinen Fall betreten werden, es sei denn, dass eine anderweitige Handlungsvereinbarung zwischen dem Betreiber und der Feuerwehr vorliegt.

11.5.22 Eine Rettung von Tieren ist nur nach Rücksprache mit einer sachkundigen Person durchzuführen (ggf. im Einsatzplan vermerken). Dabei ist zu beachten, dass ein Entweichen der Tiere verhindert wird und die Einsatzkräfte ausreichend gegen Verletzungen (Bisse, Stiche) geschützt sind.

11.5.23 Der Einsatz von Löschwasser sollte nur äußerst vorsichtig und sparsam erfolgen. Gerade in Bereichen der Gefahrengruppe III B kann es schnell zu einer Kontaminationsverschleppung durch abfließendes Löschwasser kommen. Weswegen hier besonders auf eine Löschwasser-Rückhaltung zu achten ist.

11.5.24 Für den Einsatzablauf können folgende Informationen von Bedeutung sein:
- Art, Menge und Eigenschaften der biologischen Arbeitsstoffe,
- Anzahl und Gefährdung möglicherweise kontaminierter Personen oder Tiere,
- Material und Eigenschaften der Behälter, in denen biologische Arbeitsstoffe aufbewahrt werden,
- Aktuelle Ortsbestimmung/Lagerort der biologischen Arbeitsstoffe,
- Standorte von z. B. Fermentern, Zentrifugen, Autosklaven, Kühl- und Brutschränken, Sicherheitswerkbänken,
- andere Gefahrenquellen.

11.5.25   Die Versorgung und der Transport von kontaminationsverdächtigen Verletzten hat nach den geltenden Rechtsvorschriften (Infektionsschutzgesetz und Unfallverhütungsvorschriften des Rettungsdienstes) zu erfolgen.

11.5.26   Prinzipiell sind alle Verletzungen von Einsatzkräften dem Einsatzleiter unverzüglich zu melden.

11.5.27   Personen, welche aus einem Einsatzbereich der Gefahrengruppe II B oder III B gerettet wurden, gelten zunächst als kontaminationsverdächtig.

Liegt ein Verdacht auf Kontamination vor, so ist abhängig von der Lage zu entscheiden, ob die Kleidung sowie andere mitgeführte Gegenstände an der Absperrgrenze abzulegen oder auch Hände, Gesicht, Haare und alle offen liegenden Körperstellen zu desinfizieren sind. Außerdem kann es erforderlich werden, dass Personen, welche sich innerhalb der Absperrgrenze aufgehalten haben, auf Weisung der zuständigen Behörde abzusondern sind (unter Quarantäne gestellt werden).

Anfallende kontaminierte Kleidung, Ausstattung sowie sonstige Gegenstände, die aus dem Absperrbereich entfernt werden müssen, sind zu sammeln, in Foliensäcken dicht zu verpacken und zu kennzeichnen. Eine Desinfektion bzw. Entsorgung ist später von sachkundigem Personal durchzuführen.

11.5.28   Grundsätzlich sollten nach jedem Einsatz der Feuerwehr die allgemeinen Hygienemaßnahmen nach vfdb-Richtlinie 10/04 beachtet werden. Darüber hinaus sind folgende Hygienemaßnahmen zu beachten:

- Nach dem Einsprühen der Schutzkleidung mit einer geeigneten Desinfektionslösung und deren ausreichender Einwirkzeit, haben die Einsatzkräfte ab der Gefahrengruppe II B Schutzkleidung und Gerät abzulegen.
- Sollen Einsatzkräfte die Einsatzstelle einer Gefahrengruppe III B verlassen, so kann eine vollständige Bekleidungsabgabe notwendig werden. Eine Kontaminationsverschleppung gilt es hierbei zu verhindern.
- Hände, Gesicht, Haare und alle unbedeckten Körperpartien sind grundsätzlich zu desinfizieren und zu reinigen.
- Ab der Gefahrengruppe II B wird eine gründliche Körperreinigung (Duschen) mit desinfizierender Seife empfohlen. Ab der Gefahrengruppe III B hat die Körperreinigung (Duschen) noch an der Einsatzstelle zu erfolgen.
- Die Hinweise der sachkundigen Personen sind zu beachten; in Zweifelsfällen sind weitere Einrichtungen wie Fachärzte, Gesundheitsbehörden usw. hinzuzuziehen.
- Die Aufnahme von Nahrungsmittel (Essen, Trinken) sowie das Rauchen haben an der Einsatzstelle im Gefahrenbereich auf jeden Fall zu unterbleiben.

11.5.29   Von allen Personen, die an Einsätzen in Bereichen der Gefahrengruppe II B und III B teilgenommen haben, ist eine namentliche Erfassung durchzuführen.

Personen, welche an Einsätzen in Bereichen der Gefahrengruppe III B teilgenommen haben, bzw. Personen, bei denen in Bereichen der Gefahrengruppe II B besondere Vorkommnisse zu

verzeichnen waren, sind soweit möglich mit Angaben zu den biologischen Gefahrstoffen unverzüglich zur Beratung einem geeigneten Arzt vorzustellen.
Weiterhin sind besondere Ereignisse, wie z. B. die Beschädigung der Schutzkleidung, eine undichte Atemschutzmaske oder eine Verletzung festzuhalten.

11.5.30   Die Dokumentation im ABC-Einsatz ist mindestens 40 Jahre aufzubewahren.

11.5.31   Bei Erkrankungen in der Folgezeit, welche in Zusammenhang mit dem B-Gefahrstoff stehen könnten, ist die Dienststelle zu informieren. Alle am Einsatz Beteiligten sind erneut einem geeigneten Arzt vorzuführen. Unterlagen, welche über den Einsatz vorhanden bzw. erstellt worden sind, sind dem untersuchenden Arzt zur Verfügung zu stellen.

12 Gerätekunde

12.1 Rettungsgeräte

12.1.1 Die Normenreihe DIN 14800 umfasst zurzeit folgende Teile:
Teil 4: Schornstein-Werkzeugkasten,
Teil 5: Mehrzweckzüge,
Teil 6: Hebesatz mit einfach wirkenden Hydraulikzylindern,
Teil 9: Werkzeugkästen für Metall- und Holzbearbeitung,
Teil 10: Dichtungskasten,
Teil 11: Hebekissen-Zubehörkasten,
Teil 12: Werkzeugkasten Türöffnung,
Teil 13: Verkehrsunfallkasten,
Teil 14: Verbrauchsmaterialkasten,
Teil 15: Umweltschadenkasten,
Teil 16: Gerätesatz Auf- und Abseilgerät für die einfache Rettung aus Höhen und Tiefen bis 30 m,
Teil 17: Gerätesatz Absturzsicherung,
Teil 18: Zusatzbeladungssätze für Löschfahrzeuge. DIN 14800-18 wird zudem um 14 weitere Beiblätter ergänzt,
Teil 19: Gerätesatz Gefahrgut,
Teil 20 Werkzeugkasten Fensteröffnung.

12.1.2 Gebräuchliche tragbare Leitern:
- Schiebleiter,
- Steckleiter,
- Klappleiter,
- Hakenleiter,
- Multifunktionsleiter.

12.1.3 Tragbare Leitern sind so zu lagern und zu transportieren, dass dabei Verletzungen vermieden werden. Sie sind so aufzustellen und zu belasten, dass ihre Standsicherheit nicht beeinträchtigt und ihre Tragfähigkeit nicht überschritten wird.

12.1.4 Nachfolgende Sicherheitsabstände sind einzuhalten, wenn tragbare Leitern in der Nähe von spannungsführenden Anlagen eingesetzt werden:
- 30 kV: mindestens 2 m,
- 110 kV: mindestens 3 m,
- 220 kV: mindestens 4 m.

12.1.5

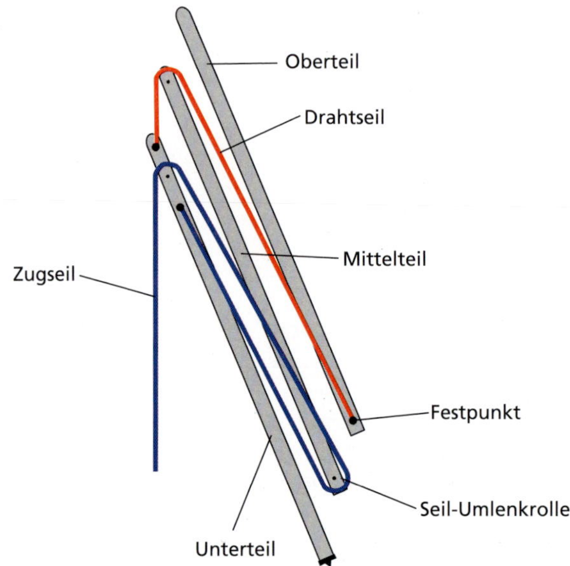

12.1.6 Durchbiegungsprüfung für Drei-Personen-Leitern mit erforderlichen Stützen nach DIN EN 1147:

- Leiter auf maximale Arbeitslänge ausziehen,
- waagerecht auf Böcke lagern (200 mm vor Ende),
- dritter Bock unter die Verbindungsstelle der Stützen,
- erste Belastung á 60 s mit
    - 50 kg bei Holz oder
    - 70 kg bei allen anderen Werkstoffen,
- zweite Belastung á 60 s mit
    - 75 kg bei Holz oder
    - 105 kg bei allen anderen Werkstoffen,
- gemessen werden
    - Durchbiegung unter erster Belastung,
    - Durchbiegung unter zweiter Belastung,
    - Durchbiegung nach zweiter Entlastung.

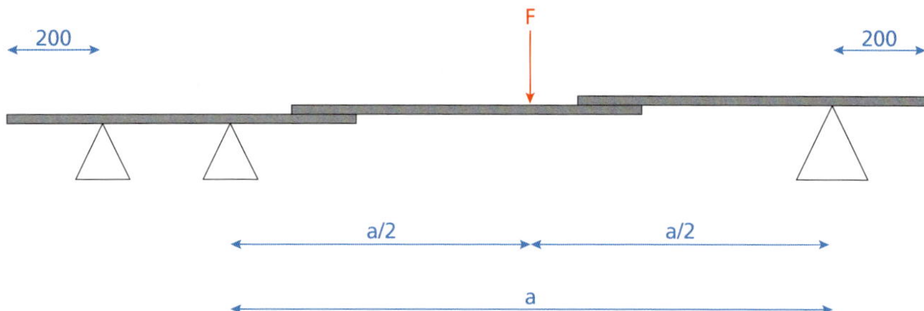

12.1.7   Die Rettung über eine vierteilige Steckleiter kann bei einem Anstellwinkel von 70° nach FwDV 10 bis zu einer Höhe von ca. 7 m sichergestellt werden. Diese Höhe muss nicht immer mit dem zweiten Obergeschoss zusammenfallen, beispielsweise bei Altbauten oder Hochparterre-Geschossen.

Nach Musterbauordnung ist die Steckleiter somit als Rettungsgerät für die Gebäudeklassen 1 bis 3 einsetzbar, bei denen die Fußbodenoberkante des höchstgelegenen Geschosses, in dem ein Aufenthaltsraum möglich ist, im Mittel höchstens 7 m über der Geländeoberfläche liegt.

12.1.8   Durchbiegungsprüfung für Zwei-Personen-Leitern nach DIN EN 1147:
- Leiter bei maximaler Länge,
- waagerecht auf Böcke lagern (200 mm vor Ende),
- erste Belastung á 60 s mit
  - 40 kg bei Holz oder
  - 60 kg bei allen anderen Werkstoffen,
- zweite Belastung á 60 s mit
  - 60 kg bei Holz oder
  - 90 kg bei allen anderen Werkstoffen,
- gemessen werden
  - Durchbiegung unter erster Belastung,
  - Durchbiegung unter zweiter Belastung,
  - Durchbiegung nach zweiter Entlastung.

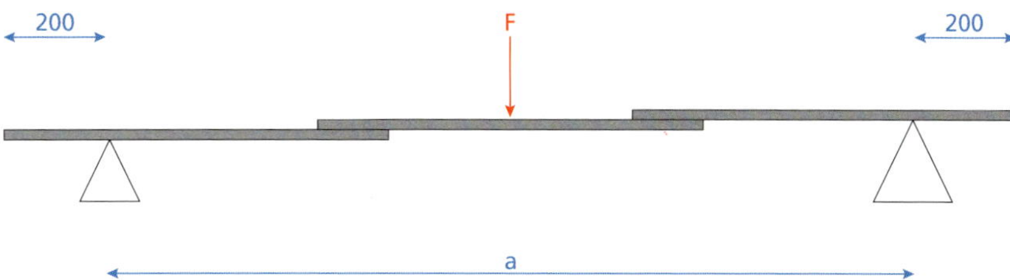

12.1.9   Die Rüstzeit für Sprungpolster darf maximal 30 Sekunden betragen. Die Zeit zur Wiederherstellung der Einsatzbereitschaft zwischen zwei Sprüngen darf bei Sprungpolstern maximal
20 Sekunden betragen.

12.1.10   Derzeit sind allein Sprungpolster SP 16 als Sprungrettungsgeräte nach DIN 14151-3 genormt.
Modelle dieser Bauart sind auch als SP 23 und SP 40 erhältlich.
Der Begriff »Sprungretter« ist nicht normiert. Er beschreibt ein Luftkissen, dass durch zwei
Ventilatoren aufgeblasen wird.

12.1.11   Zur Versorgung von Verletzten dienen der Feuerwehr u. a. folgende Geräte:
- Tragen,
- Sanitätsgerät,
- Wiederbelebungsgerät.

12.1.12   Die Schaufeltrage kann scherenförmig aufgeklappt und unter den Patienten geschoben
werden. So ist ein schonender Transport möglich, ohne den Patienten aufzuheben.

12.1.13   Hebebänder aus synthetischen Fasern sind einmal jährlich durch einen Sachkundigen zu prüfen.
Die Überprüfung findet in Form einer Sichtprüfung statt. Hierbei ist besonders auf die
Unversehrtheit der äußeren Hülle zu achten.

12.1.14   Hebebänder sollen in schwach beheizten, trockenen Räumen vor Sonneneinstrahlung und
gegen mechanische Beschädigung geschützt gelagert werden. Kontakte mit Säuren und
Laugen sind zu vermeiden. Hebebänder sind vor der Lagerung mit Wasser zu waschen oder auf
andere Art zu reinigen.

12.1.15   Hebebänder aus synthetischen Fasern sind auszumustern bei:
- Garnbrüchen, Garnschnitten von mehr als 10 % des Querschnitts des Hebebandes,
- Beschädigung der Nähte,
- Verformung durch aggressive Stoffe, sofern diese nicht reparierbar sind.

12.1.16   Optionale Zusatzbeladung »Rettungsgeräte« von Löschfahrzeugen nach DIN 14800:
- Beladungssatz A (Kettensäge),
- Beladungssatz F (Säbelsäge),
- Beladungssatz G (Trennschleifmaschine),
- Beladungssatz M (hydraulischer Rettungssatz),
- Beladungssatz N (Hebekissensystem).

12.1.17   Die Rettungsgeräte der Feuerwehr sind nach den nachfolgenden Vorschriften zu warten und zu
überprüfen:
- Unfallverhütungsvorschriften,

- DGUV Grundsatz 305-002 »Prüfgrundsätze für Ausrüstung und Geräte der Feuerwehr«,
- DIN-Normen,
- technische Richtlinien und Regeln,
- Herstellerangaben.

12.1.18   Wartungen und Prüfungen dürfen nur von einem Fach- oder Sachkundigen durchgeführt werden. Als fach- oder sachkundig gelten Personen, die besonders für die jeweilige Prüfung als Gerätewart ausgebildet sind.

12.2   Elektrische Betriebsmittel

12.2.1   Nachfolgende Beleuchtungsgeräte finden bei Feuerwehreinsätzen Verwendung:
- Handscheinwerfer,
- Kopfscheinwerfer,
- Arbeitsstellen-Scheinwerfer,
- Flutlichtstrahler,
- Kabelleuchten.

12.2.2   Blendung beeinträchtigt die Arbeitsleistung und erhöht die Unfallgefahr.

12.2.3   Die Schattenbildung bei der Ausleuchtung von Einsatzstellen ist abhängig von der Art, Anzahl und Stärke der Beleuchtungsgeräte.

12.2.4   Die Bezeichnung IP 23 bedeutet, dass es sich hier um ein elektrisches Betriebsmittel handelt, das einen Schutz vor mittelgroßen Fremdkörpern und gegen Sprühwasser besitzt.

12.2.5   Die höchstzulässige Oberflächentemperatur beträgt bei:
- T 1:   450 °C,
- T 2:   300 °C,
- T 3:   200 °C,
- T 4:   135 °C,
- T 5:   100 °C,
- T 6:   85 °C.

12.2.6   Die maximal zulässige Länge der Kabelleitung beträgt 100 Meter.

12.2.7   Bei der Feuerwehr finden tragbare Stromerzeuger mit 5 kVA und 8 kVA Leistung Verwendung.

12.2.8   Tragbare und fest eingebaute Stromerzeuger eignen sich zum netzunabhängigen Betrieb elektrischer Geräte mit Nennspannungen von U_N = 230 V (Einphasen-Wechselstrom) oder U_N = 400 V (Dreiphasen-Wechselstrom).

12.2.9   Als Schutzmaßnahme gegen das Auftreten von gefährlichen Berührungsspannungen wird das Prinzip »Schutztrennung mit Potenzialausgleich« angewandt.

12.2.10   Für den Antriebsmotor tragbarer Stromerzeuger sind nachfolgende Prüfungen durchzuführen:
- allgemeine Sichtprüfung,
- prüfen von Kraftstofffilter, Luftfilter und Kühlgebläse auf Verschmutzung und Funktion,
- Kontrolle der Zündanlage,
- Prüfung der Startwilligkeit und Drehzahlregelung.

12.2.11   Für den Generator tragbarer Stromerzeuger sind nachfolgende Prüfungen durchzuführen:
- allgemeine Sichtprüfung,
- prüfen der elektrischen Leitungen und Leitungsverbindungen,
- Funktionskontrolle der Schutzleiterprüfeinrichtung,
- prüfen des Potentialausgleichsleitungssystems auf Unterbrechungen mittels Schutzleiterprüfeinrichtung,
- Isolationsmessung zwischen aktiven Leitern und dem Potentialausgleichssystem,
- Kontrolle der Nennspannungen mit und ohne Generatorbelastung.

12.2.12   Lüftungsgeräte der Feuerwehr dienen in aller Regel zum Be- und Entlüften von Räumen, insbesondere von Kellerräumen und anderen Räumen unter Erdgleiche.

12.2.13   Elektrische Tauchpumpen dienen zur Förderung von Schmutzwasser mit Feststoffanteilen bis zu einer zulässigen Größe. Sie dürfen nicht in explosionsgefährdeten Bereichen oder zum Umfüllen brennbarer Flüssigkeiten verwendet werden.

12.2.14   Zoneneinteilung für explosionsgefährdete Bereiche:
Zone 0:   ist ein Bereich, in dem eine gefährliche explosionsfähige Atmosphäre als Gemisch aus Luft und brennbaren Gasen, Dämpfen oder Nebeln ständig, über lange Zeiträume oder häufig vorhanden ist.
Zone 1:   ist ein Bereich, in dem sich im Normalbetrieb gelegentlich eine gefährliche explosionsfähige Atmosphäre als Gemisch aus Luft und brennbaren Gasen, Dämpfen oder Nebeln bilden kann.
Zone 2:   ist ein Bereich, in dem im Normalbetrieb eine gefährliche explosionsfähige Atmosphäre als Gemisch aus Luft und brennbaren Gasen, Dämpfen oder Nebeln normalerweise nicht auftritt, und wenn doch, dann nur selten und für kurze Zeit.

Zone 20   ist ein Bereich, in dem eine gefährliche explosionsfähige Atmosphäre in Form einer Wolke aus brennbarem Staub, der in der Luft enthalten ist, ständig, über lange Zeiträume oder häufig vorhanden ist.

Zone 21   ist ein Bereich, in dem sich im Normalbetrieb gelegentlich eine gefährliche explosionsfähige Atmosphäre in Form einer Wolke aus in der Luft enthaltenem brennbaren Staub bilden kann.

Zone 22   ist ein Bereich, in dem im Normalbetrieb eine gefährliche explosionsfähige Atmosphäre in Form einer Wolke aus in der Luft enthaltenem brennbaren Staub normalerweise nicht auftritt, und wenn doch, dann nur selten und für kurze Zeit.

Als Normalbetrieb gilt der Zustand, in dem Anlagen innerhalb ihrer Auslegungsparameter verwendet werden. Im Zweifelsfall ist die strengere Zone zu wählen. Schichten, Ablagerungen und Aufhäufungen von brennbarem Staub sind wie jede andere Ursache, die zur Bildung einer gefährlichen explosionsfähigen Atmosphäre führen kann, zu berücksichtigen. Die Zoneneinteilung ist in der Dokumentation der Gefährdungsbeurteilung (Explosionsschutzdokument) zu dokumentieren.

12.2.15   Kennzeichnung in Bezug auf die Zündschutzarten:

- Ölkapselung: Kennzeichen *o*,
- Überdruckkapselung: Kennzeichen *p*, pz
- Sandkapselung: Kennzeichen *q*,
- Druckfeste Kapselung: Kennzeichen *d*,
- Flüssigkeitskapselung   Kennzeichen k,
- Schwadenhemmende Kapselung   Kennzeichen fr,
- Zündquellenüberwachung   Kennzeichen b1, b2,
- Konstruktive Sicherheit   Kennzeichen c,
- erhöhte Sicherheit: Kennzeichen e,
- nichtfunkende Einrichtung   Kennzeichen nA,
- Einrichtungen und Bauteile   Kennzeichen nC,
- Schwadensicheres Gehäuse   Kennzeichen nR,
- Eigensicherheit: Kennzeichen *ia* beziehungsweise *ib*.

12.2.16   Messgeräte können mit elektrochemischen Sensoren, katalytischen Sensoren und Infrarot-Sensoren ausgerüstet sein.

12.2.17   Unter kalibrieren versteht man die Feststellung des Zusammenhanges zwischen der Anzeige eines Messgerätes und dem tatsächlichen Wert der Messgröße.

12.3   Arbeitsgeräte

12.3.1   Zur Technischen Hilfeleistung stehen nachfolgende Arbeitsgeräte zur Verfügung:
- Hebezeuge, Seile, Leinen, Anschlagmittel,
- Pumpen,
- Stromerzeuger,
- motorbetriebene Arbeitsgeräte,
- Zubehör.

12.3.2   Technische Geräte zum Bewegen von Lasten sind beispielsweise:
- Hebebaum,
- Seilwinden,
- hydraulische Winden,
- Greifzüge und Mehrzweckzüge,
- hydraulische Hebesätze,
- Lufthebekissen.

12.3.3   Hydraulisches Spreizgerät (S) mit
- Mindest-Spreizkraft 35 kN,
- Spreizweite 750 mm,
- X: Masse des Gerätes.

12.3.4   Hydraulisches Schneidgerät (C) mit
- Schneidgeräteöffnung von 138 mm,
- Maultiefe von 105 mm,
- Schnittvermögen der Kategorie F
- 24 mm Rundmaterial,
- 80 × 10 mm Flachmaterial,
- 60,3 × 2,9 mm Rohr,
- 50 × 4 mm Vierkantrohr,
- 80 × 40 × 3,0 mm Rechteckrohr.

12.3.5   Hydraulischer Teleskop-Rettungszylinder (TR) mit
- 180 kN Druckkraft des Hauptkolbens,
- 300 mm Hub des Hauptkolbens,
- 60 kN Druckkraft des zweiten Kolbens,
- 150 mm Hub des zweiten Kolbens,
- X: Masse des Gerätes.

12.3.6   Einsatzbereiche von Hebekissensystemen:Rettung eingeschlossener bzw. eingeklemmter Personen nach Unfällen mit
- Fahrzeugen,

- schweren Maschinen,
- eingestürzten Gebäuden und Gräben,
- umgestürzten Bäumen.

12.3.7 Man unterscheidet Hebekissen nach ihrem zulässigen Betriebsdruck:
- $\leq$ 1 bar (»Niederdruckkissen«),
- $>$ 1 bar (»Hochdruckkissen«).

12.3.8 Drahtseile sind nach jedem Einsatz einer Sichtprüfung zu unterziehen, mindestens jedoch einmal jährlich.

12.3.9 Drahtseile sind auszumustern wenn:
- eine Litze gebrochen ist,
- Aufdoldungen oder Quetschungen erkennbar sind,
- Knicke festgestellt werden.

12.3.10 Bei der Bezeichnung TP 4/1 handelt es sich um eine Tauchpumpe, die zur Förderung von Schmutz- und Schlammwasser geeignet ist. Sie fördert 400 l/min bei 1 bar Förderdruck.

12.3.11 Für die Aneignung von Fachkenntnissen ist nachfolgende Ausbildung vorgeschrieben:
- ausführliche Einweisung und Beachtung der Betriebsanleitung,
- entsprechende praktische Übungen unter Anleitung Fachkundiger,
- jährliche Belehrung.

12.3.12 Folgende Persönliche Schutzausrüstung ist beim Umgang mit Motorkettensägen zu tragen:
- Feuerwehrhelm,
- Gesichtsschutz,
- Gehörschutz,
- Feuerwehrschutzanzug,
- Schnittschutzkleidung,
- Schutzhandschuhe,
- Sicherheitsschuhwerk.

12.3.13 Zum sicheren Betrieb von Motorkettensägen tragen folgende Bauteile bei:
- Handschutz mit Kettenbremse,
- Gashebelsperre,
- Handschutz am Haltegriff,
- Kettenfangbolzen,
- Vibrationsdämpfer,
- Krallenanschlag,
- Kettenschutz für den Transport.

12.3.14   Der Fallbereich eines Baumes beträgt das zweifache der Baumlänge und das dreifache der Kronenbreite.

12.3.15   Auf dem Dekontaminationsfahrzeug befinden sich unter anderem nachfolgende Arbeitsgeräte:
- Aufenthalts- und Duschzelte,
- Duschwannen,
- Wasserdurchlauferhitzer und Wasserheizgeräte,
- Elektrokreiselpumpen,
- Stromerzeuger 8 kVA, tragbar,
- Steckdosen, Elektroverteiler, Elektroanschlusskabel,
- formbeständige Schläuche,
- Reinigungsgeräte und Wannen,
- Übergangsstücke und Absperrhähne.

12.3.16   Strahlenschutzmessgeräte sind Dosisleistungsmessgeräte, Dosismessgeräte und Kombinationsnachweisgeräte.

12.3.17   Mit einem Dosisleistungswarngerät sind Alpha- und Beta-Strahlung nicht messbar. Es kann nur Gamma-Strahlung registriert werden.

12.4   Prüfungen

12.4.1   Ein Feuerwehr-Haltegurt ist betriebssicher, wenn
- das Gurtband nicht abgenutzt ist, keine Risse oder Beschädigungen aufweist,
- die Stiche der Nähte an keiner Stelle aufgerissen sind,
- die Niete fest sitzen, nicht abgenutzt und nicht beschädigt sind,
- die Beschläge einwandfrei funktionieren, keine Verformungen und keine Beschädigungen aufweisen,
- das Sicherungsseil, soweit sichtbar, keine zerrissenen Fäden hat,
- die Seilhülle einschließlich der Naht nicht abgenutzt und nicht beschädigt ist.

12.4.2   Feuerwehrleinen sind spätestens 20 Jahre nach dem Herstellungsdatum auszumustern.

12.4.3   Die Prüfergebnisse für Sprungpolster sind schriftlich festzuhalten durch:
- Fertigung eines Prüfprotokolls,
- Eintragung ins Prüfbuch sowie
- Vermerk direkt am Sprungpolster.

12.4.4   Die jährliche Prüfung hat wie nachstehend aufgeführt zu erfolgen:
- Die Funktion der Ersatzteile wird nach der Betriebsanleitung geprüft.

- Im Rahmen der Sichtprüfung wird das Hebekissen bis zum 0,2-fachen des zulässigen Betriebsdruckes aufgeblasen, mit Seifenwasser gereinigt und auf Risse, Schnitte, Stiche, Abspaltungen oder andere Schäden untersucht.
- Anschließend wird das Hebekissen bis zum 0,5-fachen des zulässigen Betriebsdruckes aufgeblasen und auf Dichtheit geprüft. Es gilt als undicht, wenn der Druck innerhalb einer Stunde um mehr als zehn Prozent sinkt.
- Der Ansprechdruck des Sicherheitsventils wird durch eine Steigerung des Druckes geprüft. Die Abweichung des Ansprechdruckes darf zehn Prozent über oder unter dem zulässigen Betriebsdruck sein.

12.4.5   Zur Überprüfung des Hakens wird die Hakenleiter in Hakenmitte senkrecht eingehängt und in der Mitte der untersten Sprosse mit 150 kg für 60 Sekunden belastet.

12.4.6   Die Hakenleiter ist betriebssicher, wenn

- nach der Belastungsprüfung weder Schäden noch bleibende Formveränderungen sichtbar sind,
- Schweißstellen keine Risse oder auffällige Mängel haben,
- Holzteile weder Riss- noch Splitterbildung aufweisen,
- alle Schrauben und Nieten einen festen Sitz haben,
- Sprossenanker und Sicherungsdrähte unbeschädigt sind und einen festen Sitz haben,
- der Haken keine Beschädigungen, Risse, Korrosionen und bleibende Formveränderungen aufweist,
- am Klapphaken die Klappvorrichtung leichtgängig und funktionsfähig ist,
- die Kennzeichnung vollständig ist.

12.4.7   Die Multifunktionsleiter ist nach jeder Benutzung einer Sichtprüfung auf Anzeichen von Verschleiß oder Beschädigungen zu unterziehen. Mindestens einmal jährlich ist eine Sicht- und Belastungsprüfung durch einen Sachkundigen durchzuführen.

12.4.8   Die Multifunktionsleiter wird auf ihre volle Länge ausgeklappt und das Aufsteckteil mit dem Einsteckhaken auf die letztmöglichen Sprossen aufgesteckt. Die Leiter wird in Gebrauchsstellung waagerecht auf zwei Böcke aufgelegt. Dann wird der Abstand zwischen Boden und Holmen ermittelt. Anschließend wird die Multifunktionsleiter mit 30 kg belastet ohne sie in Schwingung zu versetzen und der Abstand zwischen Boden und Holmen erneut gemessen.

12.4.9   Prüfdruck für Druckschläuche nach DIN 14811:2008-01 und DIN 14811/A1:2012-03

Druckschlauch	Prüfdruck
F152	12 bar
A110	12 bar
B75	16 bar

Druckschlauch	Prüfdruck
C52	16 bar
C42	16 bar
D25	16 bar

12.4.10 Der trockene Saugschlauch ist mit einer Kunststoffscheibe zu verschließen. Im Schlauch ist ein Unterdruck von 0,8 bar zu erzeugen. Bei der Druckprüfung ist der Schlauch gleichmäßig mit Wasser zu füllen und bis zum Prüfdruck von 3 bar zu beaufschlagen. Der Schlauch ist komplett zu entlüften. Der Prüfdruck ist mindestens 5 Minuten lang zu halten.

12.4.11 Ein Drahtseil ist nicht mehr betriebssicher, wenn es folgende Schäden aufweist:
- Bruch einer Litze,
- Beschädigung oder starke Abnutzung der Seilverbindungen,
- Aufdoldungen, Lockerung der äußeren Lage bei mehrlagigen Seilen,
- Quetschstellen, scharfe Knicke und herausstehende Drähte, Klinken,
- äußere und innere Korrosion,
- Drahtbrüche in größerer Zahl.

13 Kartenkunde

13.1 Die kürzeste Verbindung vom Nord- zum Südpol wird als Längengrad oder Meridian bezeichnet.

13.2 Die Erdkugel wird in 360 Längengrade eingeteilt. Der Nullmeridian verläuft durch die Sternwarte von Greenwich. Die Zählung verläuft von Greenwich aus bis 180 Grad westlich und bis 180 Grad ostwärts.

13.3 Der Breitengrad 0 ist der Äquator. Von ihm aus verlaufen 90 Breitengrade parallel in die nördliche Richtung und 90 Breitengrade parallel in die südliche Richtung. Der Umfang der Breitengrade nimmt zu den Polen hin ab.

13.4 UTM-Gitter bedeutet Universales Transversales Mercator Gitter. Man findet diese Gitter auf topographischen Karten, die u. a. im Feuerwehrdienst verwendet werden.

13.5 UTM-Gitterkarten werden in Zonen und Bänder unterteilt. Jeweils sechs Längengrade werden zu einer Zone zusammengefasst. Die Bänder ergeben sich durch Zusammenfassung von jeweils acht Breitengraden. Die nähere Bestimmung eines Raumes erfolgt durch das Buchstabenpaar in einem 100-Kilometer-Quadrat.

13.6 Sämtliche Höhenangaben auf den in Deutschland gebräuchlichen Karten beziehen sich auf einen bestimmten Punkt, den Amsterdamer Pegel. Dieser wird auch als Normal Null (NN) bezeichnet.

13.7 Höhenlinien sind Linien auf Karten, die Orte gleicher Höhenlage über NN miteinander verbinden. Je steiler der Hang ist, umso dichter liegen die Höhenlinien nebeneinander.

13.8 Im Feuerwehrdienst wird mit Karten in den Maßstäben:
- 1:250 000
- 1:100 000
- 1:50 000
- 1:25 000

gearbeitet.

13.9 Auf der 1:50 000 Karte ist eine 1,0 km lange Naturstrecke 2 cm lang.

13.10 Die Koordinatenangabe ist auf 100 m genau.

13.11 Magnetisch Nord ist die Richtung, in welche die Nordspitze eines Kompasses weist. Gitter-Nord ist die Richtung, welche die von Norden nach Süden verlaufenden UTM-Gitterlinien vorgeben. Geographisch Nord ist die Richtung der auf der Karte dargestellten Meridiane, meist des linken und rechten Kartenrandes.

13.12   Da es sich um eine ungerade Anzahl von Ziffern handelt, muss ein Übertragungsfehler vorliegen.

13.13   Als Pläne bezeichnet man Karten bis zu einem Maßstab 1:5 000.

13.14   Bei einer TK 50 handelt es sich um eine topographische Übersichtskarte im Maßstab 1:50 000.

13.15   Eine DGK 5 ist eine Deutsche Grundkarte im Maßstab 1:5 000.

13.16   TÜK 200 ist eine topographische Übersichtskarte im Maßstab 1:200 000.

13.17   ÜK 500 ist eine Übersichtskarte im Maßstab 1:500 000.

13.18   Zur Bezeichnung einer TK 50 verwendet man den Buchstaben L (L = römische Zahl 50 als Symbol für den Maßstab 1:50 000). Zusätzlich wird die Kartenblattnummer des in seiner Südwestecke gelegenen Kartenblattes TK 25 angegeben. Ferner wird der Name des auf ihm dargestellten größten oder bedeutendsten Ortes angegeben (z. B. L 4112 Warendorf).

13.19   Zur Kennzeichnung wird der Buchstabe C (C = römische Zahl 100 als Symbol für den Maßstab 1:100 000) angegeben. Zusätzlich wird die Kartennummer des in seiner Südwestecke gelegenen Kartenblattes TK 25 verwendet. Ferner wird der Name des auf ihm dargestellten größten oder bedeutendsten Ortes angegeben (z. B. C 4310 Münster).

13.20   Die Bezeichnung erfolgt durch die Buchstaben CC (CC = römische Zahl 200 als Symbol für den Maßstab 1:200 000). Zusätzlich wird die Kartenblattnummer des in seiner Südwestecke gelegenen Kartenblattes TK 25 angegeben. Ferner wird der Name des auf ihm dargestellten größten oder bedeutendsten Ortes angegeben (z. B. CC 5502 Köln).

13.21   Die topographische Karte C 4310 umfasst die Kartenblätter L 4310, L 4110, L 4312 und L 4112.

13.22   Geländeschnitte dienen der Ermittlung von einsehbarem und nicht einsehbarem Gelände. Weiterhin sollen die Höhenunterschiede und Neigungsverhältnisse des Geländes entlang einer Schnittlinie dargestellt werden. Bei den Feuerwehren kann ein Geländeschnitt zum Beispiel als Hilfsmittel bei der Wasserförderung über lange Wegstrecken eingesetzt werden. Mit seiner Hilfe lassen sich Höhenunterschiede und Geländeformationen besser erkennen.

13.23   Zur Erstellung eines Geländeschnittes wird zwischen zwei Punkten (z. B. Wasserentnahme – Wasserabgabe) eine Schnittlinie gezeichnet und ein Millimeterpapier angelegt. Entlang der Schnittlinie werden nun alle Schnittpunkte der Schnittlinie mit den Höhenlinien in das Millimeterpapier übertragen und miteinander verbunden. Zur besseren Darstellung ist es manchmal erforderlich die Geländeschnitte überhöht darzustellen (z. B. 1:5 oder 1:10), den Längenmaßstab jedoch gleich dem Kartenmaßstab zu lassen.

13.24   Als Hilfsmittel zur Entfernungsermittlung können Marschkompass oder ein Fernrohr mit Strichplatte verwendet werden.

13.25   Eine Richtung lässt sich entweder durch zwei Punkte oder durch eine Winkelangabe im Uhrzeigersinn von einer Bezugsrichtung aus genau bezeichnen.

13.26   Bei der Bezugsrichtung ist stets die Richtung von Geographisch-Nord, Magnetisch-Nord oder Gitter-Nord aus zu messen und anzugeben. Ebenso ist die Maßeinheit der Winkelmessung, zum Beispiel Strich oder Grad, anzugeben.

13.27   Der Richtungswinkel wird von Gitter-Nord aus gemessen, der magnetische Streichwinkel (bei Verwendung eines Marschkompasses ist dies die Kompasszahl) wird von Magnetisch-Nord aus gemessen, das Azimut wird von Geographisch-Nord aus gemessen.

13.28   Ein Geländeabschnitt ist zu bezeichnen als:
    a) eben: bei 0 bis 5 m Höhenunterschied,
    b) wellig: bei 5 bis 20 m Höhenunterschied,
    c) hügelig: bei 20 bis 100 m Höhenunterschied,
    d) bergig: bei 100 bis 1 000 m Höhenunterschied,
    e) alpin: bei mehr als 1 000 m Höhenunterschied.

13.29   Die Bezeichnungen bedeuten
    a) sanft: Steigung bis etwa 10 %,
    b) steil: Steigung zwischen 10 und 30 %,
    c) sehr steil: Steigung zwischen 30 und 60 %,
    d) übersteil: Steigung zwischen 60 und 175 %,
    e) schroff: Steigung über 175 %.

14 Löschlehre

14.1 Allgemeines

14.1.1 Löschmittel sind Stoffe, die geeignet sind, die Verbrennung auf Grund bestimmter Löschwirkungen zu unterbinden.

14.1.2 Bei den Löschwirkungen wird zwischen:
- dem Abkühlen,
- dem Ersticken und
- dem direkten Eingriff in den chemischen Verbrennungsablauf (Inhibition) unterschieden.

14.1.3 *Abkühlen:* Wasser, Schwerschaum, Mittelschaum
Ersticken: Schwerschaum, Mittelschaum, Leichtschaum, Kohlenstoffdioxid, ABC-Pulver in der Brandklasse A, D-Pulver
Inhibition: ABC- und BC-Pulver (in den Brandklassen B und C)

14.1.4 Unter Ersticken versteht man das Stören der mengenmäßigen Reaktionsbedingungen. Dies lässt sich durch folgende Verfahren erreichen:
- durch Verdünnen des Sauerstoffanteils in der Umgebungsatmosphäre,
- durch Abmagern des brennbaren Stoffes,
- durch Trennen der Reaktionspartner.

14.1.5 Bei festen Stoffen, welche unter Glutbildung verbrennen, erzielt man durch Abkühlen den besten Löscherfolg.

14.1.6 Der Begriff Inhibition leitet sich vom lateinischen Wort inhibiere ab und bedeutet so viel wie hemmen oder anhalten. Bezogen auf die Löschmittel versteht man darunter einen direkten Eingriff in den chemischen Verbrennungsablauf. Je nach Art des verwendeten Löschmittels wird zwischen der homogenen und der heterogenen Inhibition unterschieden.

14.1.7 Besteht keine Möglichkeit zur Reduzierung des Gasstromes, so ist es besser die Gasfackel nicht zu löschen. Ein Löschen hätte das Austreten brennbarer Gase zur Folge, was in der Regel eine größere Gefahr (Gefahr der Bildung explosiver Gas-Luft-Gemische) als die brennende Gasfackel darstellt. Die zu treffenden Maßnahmen beschränken sich auf das Kühlen der Umgebung und somit der Verhinderung der Brandausbreitung bis ein Absperren der Gaszufuhr möglich ist.

14.1.8 Inerte Gase sind Gase, die sich nur unter erschwerten Bedingungen zu einer chemischen Reaktion bewegen lassen. Sie verhalten sich zu den meisten Stoffen neutral. Zu den inerten Gasen gehören Stickstoff und die Edelgase (Helium, Neon, Argon usw.).

14.1.9   Gasförmige Löschmittel können verdrängend auf die Umgebungsluft wirken. Hierbei können so hohe Konzentrationen des Löschmittels erreicht werden, dass sie für den Menschen schädigend oder sogar tödlich sind.

14.1.10

a) Holz ist ein Stoff, der unter Glutbildung verbrennt. Um hier die Wärme zu entziehen, benötigt man ein Löschmittel mit guten abkühlenden Eigenschaften. Geeignet wären Wasser, Schwer- und Mittelschaum.

b) Zum Ablöschen von brennendem Diesel eignet sich Schwerschaum und, sofern Thermik und Wind nicht zu groß sind, auch Mittelschaum. Beide Löschmittel trennen den brennbaren Stoff vom Sauerstoff und kühlen gleichzeitig die Flüssigkeitsoberfläche, wodurch der Dampfaustritt abermals reduziert wird. ABC- und BC-Löschpulver sind ebenfalls zum Löschen des Brandes geeignet. Auf Grund einer fehlenden Kühlwirkung besteht jedoch die Gefahr einer Rückzündung.

c) Zum Löschen einer Erdgasfackel können verschiedene Löschmittel verwendet werden. Abhängig ist dies unter anderem vom Druck des ausströmenden Gases. Bei geringem Austrittsdruck ist ein Abschlagen der Flamme mit Wasser möglich. Bei höheren Drücken können mehrere, sich überschneidende Wasserstrahle zum gewünschten Erfolg führen. Bessere Löschmittel für Gasbrände als Wasser sind ABC- und BC-Löschpulver oder Kohlenstoffdioxid. Vor dem Ablöschen einer Gasfackel ist jedoch stets zu prüfen, welche Gefahr größer ist: die Gefahr, welche von der Gasfackel ausgeht oder die Gefahr des Austritts weiterer Gases nach dem Ablöschen (Explosionsgefahr).

d) Magnesium verbrennt mit sehr hohen Temperaturen. Bei diesen Temperaturen (2 000 bis 3 000 °C) gehen viele Löschmittel chemische Reaktionen mit dem brennenden Metall ein. Geeignet zur Brandbekämpfung ist hier nur das D-Löschpulver.

e) Wasser kann zur Brandbekämpfung nicht eingesetzt werden, da dies zu einer Fettexplosion führen würde. Zur Brandbekämpfung eignen sich ABC- und BC-Pulver sowie Schaum.

f) Da sich Methylalkohol in jedem Verhältnis mit Wasser mischt, kann Wasser als Löschmittel verwendet werden. Die Wasserzugabe führt zu einer Abnahme der Alkoholkonzentration und zu einem Anstieg des Flammpunktes. Der Einsatz von Schaum gestaltet sich insofern problematisch, da die meisten Schäume durch Alkohol zerstört werden. Aus diesem Grund müssen alkoholbeständige Schaummittel eingesetzt werden. Ebenfalls können ABC-, BC-Pulver oder Kohlenstoffdioxid bei Alkoholbränden als Löschmittel eingesetzt werden.

14.1.11   DIN VDE 0132 Brandbekämpfung im Bereich elektrischer Anlagen.

14.1.12   Schaum darf grundsätzlich nur in spannungsfreien Anlagen eingesetzt werden. Ausgenommen von dieser Beschränkung ist der Einsatz einiger typ-geprüfter und für die Verwendung in elektrischen Anlagen zugelassener Schaumlöschgeräte (Schaumfeuerlöscher). Diese Ausnahme gilt jedoch nur für den Niederspannungsbereich. In Hochspannungsanlagen ist jeder Schaumeinsatz verboten, solange die Anlage unter Strom steht.

14.1.13   Zum Ablöschen brennender Kleidung von Personen eignet sich Wasser oder der Einsatz von Löschdecken. Natürlich können auch andere Löschmittel (z. B. Kohlenstoffdioxid) eingesetzt werden, der Einsatz ist allerdings nicht immer ungefährlich (starkes Abkühlen der Haut durch den kalten Gasstrom). Sofern jedoch keine andere Alternative besteht, das heißt entweder Verbrennen oder Rettung der Person, dürfen Überlegungen dieser Art die Rettungsmaßnahmen nicht beeinflussen.

Beim Einsatz chemischer Löschmittel sollten Arzt beziehungsweise Rettungssanitäter über die Art des Löschmittels informiert werden.

14.2   Das Löschmittel Wasser

14.2.1   Wasser besitzt folgende physikalische Eigenschaften:

Gefrierpunkt: 0 °C bei 1 013 hPa
Siedepunkt: 100 °C bei 1 013 hPa
Dichte: 1 g/cm³ bei +4 °C
spez. Wärmekapazität: 4,187 kJ/kgK
Verdampfungswärme: 2 257 kJ/kg

14.2.2   Wasser besitzt mit 4,187 kJ/kgK eine hohe spezifische Wärmekapazität. Dies bedeutet, dass für die Erwärmung von Wasser große Wärmemengen erforderlich sind, die dem brennbaren Stoff entzogen werden. Noch größere Wärmemengen werden beim Verdampfen des Wassers gebunden, dadurch wird seine kühlende Wirkung noch größer.

14.2.3   a) Bei Kontakt mit Calciumcarbid reagiert Wasser unter Bildung von Acetylengas. Es besteht die Gefahr einer Explosion.

$$CaC_2 + 2\ H_2O \rightarrow Ca(OH)_2 + C_2H_2$$

Aus diesem Grund ist bei Bränden in Lagern mit Calciumcarbid kein Wasser einzusetzen.

b) Gebrannter Kalk reagiert mit Wasser stark exotherm, wobei Temperaturen bis zu 400 °C erreicht werden. Beim Hineinspritzen von Wasser in gebrannten Kalk kommt es zu einem schlagartigen Verdampfen, wodurch die erhitzte Masse umherspritzen kann. Für die Einsatzkräfte bestehen somit Gefahren durch Verätzungen und Verbrühungen. Des Weiteren können leicht entzündliche Stoffe durch das heiße Kalk-Wasser-Gemisch gezündet werden.

c) Leichtmetalle verbrennen mit sehr hohen Temperaturen bis zu 3 000 °C. Gelangt Wasser an das brennende Metall, so wird es in seine Bestandteile Wasserstoff und Sauerstoff (Knallgasbildung) zerlegt.

$$2\ H_2O \rightarrow 2\ H_2 + O_2$$

Die hierbei freigesetzten Mengen an Sauerstoff und Wasserstoff führen dann zu weiteren gefährlichen Reaktionen.

Als weitere Reaktion ist aber auch die direkte Reaktion des Wassers mit dem brennenden Metall möglich. Hierbei kann es ebenfalls zur Abspaltung von Wasserstoff kommen.

d) Glühender Koks reagiert mit Wasser unter Bildung von Wassergas nach der Gleichung:

$$C + H_2O \rightarrow CO + H_2$$

Da beide Gase brennbar sind, kann es in geschlossenen Räumen zur Bildung zündfähiger Gasgemische kommen. Außerdem ist die Bildung einer großen Menge von Wasserdampf möglich, hierdurch sind Verbrühungen der eingesetzten Kräfte möglich.

e) Beim Abbrand von Ruß in Kaminen können die Brandtemperaturen innerhalb des Schornsteins etwa 1 000 °C betragen. Durch die Zugabe von Wasser in den Kamin können sich hierbei folgende Gefahren ergeben:

- Durch die Bildung großer Mengen an Wasserdampf (1 Liter Wasser ergibt rund 1 700 Liter Wasserdampf) kann der Kamin auseinander gesprengt werden.
- Durch die extreme Abkühlung der heißen Schornsteinwangen treten Spannungen im Material auf, die ein Reißen des Kamins zur Folge haben können.
- Der Zusatz von Wasser begünstigt die Verstopfung des Kamins durch den gebildeten Rußkoks.

14.2.4 Unter der Dissoziation des Wassers versteht man die Zerlegung des Wassers in seine Bestandteile Wasserstoff und Sauerstoff. Dies kann zum Beispiel mit Hilfe des elektrischen Stromes oder durch sehr hohe Temperaturen erreicht werden. Die thermische Dissoziation des Wassers beginnt bei etwa 1 500 °C.

14.2.5 Durch die Verwendung des Sprühstrahls besitzen die einzelnen Wassertröpfchen eine größere Oberfläche, was wiederum eine bessere Wärmeaufnahme bewirkt. Gleichzeitig werden durch den Sprühstrahl größere Flächen abgedeckt, wodurch eventuelle Wasserschäden verringert werden.

14.2.6 Netzmittel sollen die Oberflächenspannung des Wassers herabsetzen und damit für eine bessere Benetzung der brennbaren Stoffe sorgen. Sinnvoll ist der Einsatz von Netzmitteln bei Bränden von Stäuben, Textilballen, Torf oder Holzfaserplatten.

14.2.7 Wird Wasser in das Behältnis einer hoch erhitzten Flüssigkeit (Öl, Fett, Wachs, Teer, Bitumen) gegeben, so sinkt es auf Grund seiner größeren spezifischen Dichte nach unten. Die Temperatur des Wassers kann dabei über 100 °C erreichen, ohne dass es sogleich siedet. Die starke Erwärmung führt jedoch nach kurzer Zeit zu einem Siedeverzug und das plötzlich verdampfende

Wasser schleudert die hoch erhitzte Flüssigkeit aus dem Gefäß heraus. Dieser Vorgang stellt eine erhebliche Gefährdung für die Einsatzkräfte dar. Noch größer wird diese Gefahr, wenn die Fette oder Öle bereits brennen oder beim Herausschleudern gezündet werden. Druckanstieg und Zerstörungen im Raum sind die Folge.

14.2.8   Mehrzweckstrahlrohre waren bis zum Jahr 2007 in der DIN 14365 normiert. Nach gegenwärtig gültiger EU-Norm DIN EN 15182-3 werden Strahlrohre PN 16 mit Vollstrahl und/oder unveränderlichem Sprühwinkel entsprechend ihres Durchflusses Q bei sechs bar Eingangsdruck unterschieden:

- $\leq$ 100 l/min (Festkupplung D),
- 100 l/min < Q $\leq$ 235 l/min (Festkupplung C),
- 235 l/min < Q $\leq$ 400 l/min (Festkupplung B),
- > 400 l/min (Festkupplung B).

Für Mehrzweckstrahlrohre nach DIN 14365 galt für den Durchfluss mit/ohne Mundstück bei fünf bar überschlägig:

- DM: 25/50 l/min,
- CM: 100/200 l/min,
- BM: 400/800 l/min.

14.2.9   Das Löschen von Ethanol (Ethylalkohol) mit Wasser ist möglich, da sich Ethanol in jedem Verhältnis mit Wasser mischen lässt. Ob sich nun brennendes Ethanol in einem Tank durch Wasser ablöschen lässt oder nicht, wird letztlich durch die Füllhöhe und die Konzentration des Ethanols bestimmt.

14.2.10   Durch die Verwendung von Wasser ist nur ein vorübergehendes Ablöschen möglich. Nach dem Ablaufen oder Verdunsten des Wassers kann sich der weiße Phosphor erneut entzünden. Außerdem besteht die Gefahr, dass der weiße Phosphor mit dem Löschwasser an unübersichtliche Stellen gelangt oder durch Auseinanderspritzen die Einsatzkräfte gefährdet.

14.2.11   Natrium und Kalium gehören zur Gruppe der Alkalimetalle und können sich explosionsartig mit Wasser umsetzen. Bereits Luftfeuchtigkeit kann mit diesen Stoffen reagieren. Aus diesem Grund werden beide Stoffe unter Petroleum aufbewahrt. Die Reaktion mit Wasser läuft nach folgender Gleichung ab:

$$2\ Na + 2\ H_2O \rightarrow 2\ NaOH + H_2$$
$$2\ K + 2\ H_2O \rightarrow 2\ KOH + H_2$$

Nicht selten kommt es zur Zündung des entstehenden Wasserstoffs und des Alkalimetalles.

14.2.12   Löschwasser leitet den elektrischen Strom. Aus diesem Grund müssen Sicherheitsabstände bei der Wasserabgabe in spannungsführenden Anlagen eingehalten werden. Die Größe der Abstände ist dabei im Wesentlichen vom Mundstücks- beziehungsweise Düsendurchmesser der Strahlrohre, dem Strahlrohrdruck und der Höhe der Spannung abhängig. Wichtig ist vor allen

Dingen, dass ein genügend großer Abstand zu dem von der Anlage zurück fließenden Wasser eingehalten wird.

14.2.13   Quellfähige Stoffe vergrößern durch Wasseraufnahme ihr Volumen. Zu diesen Stoffen rechnet man Produkte wie Hülsenfrüchte, Reis oder Getreide. Befinden sich die genannten Produkte in einem Silo, so kann es durch die Volumenvergrößerung zu einer Zerstörung des Objektes kommen.

14.2.14   **a)** Benzin ist nicht mit Wasser mischbar. Da es außerdem eine kleinere Dichte besitzt, schwimmt es auf dem Wasser auf und der Brandherd wird vergrößert.

b) Da sich Alkohol in jedem Verhältnis mit Wasser mischen lässt, ist ein Ablöschen eines Alkoholbrandes mit Wasser möglich.

14.2.15   Wasser besitzt bei $+4\,°C$ seine größte Dichte. Wird es über diesen Wert erwärmt oder unter diesen Wert abgekühlt, so dehnt es sich aus und vergrößert sein Volumen. Da dieses Verhalten nur bei Wasser auftritt, spricht man von der Anomalie des Wassers.

14.2.16   Durch den Einsatz größerer Wassermengen können erhebliche Mengen des Düngers gelöst werden. Durch das Versickern des Wassers gelangen diese Stoffe in das Erdreich oder das Grundwasser. Dies stellt eine Gefahr für das Trinkwasser und somit für den Menschen dar. Als weitere Folge eines übermäßigen Löschwassereinsatzes ist ein Verbacken des Düngers zu dicken Klumpen möglich. Er wird dadurch unbrauchbar.

14.2.17   Unter einem Wasserschaden versteht man den Folgeschaden durch den Einsatz von Löschwasser. Gerade in Bereichen wie Museen, Büchereien oder elektronischen Anlagen kann durch das Löschwasser ein erheblicher Schaden hervorgerufen werden.

14.2.18   Bei Knallgas handelt es sich um ein Gemisch bestehend aus zwei Teilen Wasserstoff und einem Teil Sauerstoff. Bei der chemischen Reaktion dieser Stoffe kommt es zur Bildung von Wasser.

$$2\,H_2 + O_2 \rightarrow 2\,H_2O$$

14.2.19   Wasser ist nur dann zum Löschen von Gasbränden geeignet, wenn das Gas mit geringem Druck entweicht. In der Regel wird Wasser bei Gasbränden zur Kühlung der Umgebung verwendet.

14.2.20   *Frostschutzmittel:* Sie setzen den Gefrierpunkt des Wassers herab.

Korrosionshemmende Zusätze: Sie sind wichtig, wenn das Wasser in metallischen Behältern aufbewahrt wird.

Konservierungsmittel: Sie sollen die Bildung von Bakterien unterdrücken. Erforderlich sind sie, wenn das Wasser über einen längeren Zeitraum in Behältern gelagert wird.

Löschwirksame Zusätze: Sie sollen die Löschfähigkeit des Wassers steigern.

Netzmittel: Sie dienen zur Herabsetzung der Oberflächenspannung.

14.3   Das Löschmittel Schaum

14.3.1   Das Löschmittel Schaum setzt sich aus den Komponenten Wasser, Schaummittel und Luft zusammen.

14.3.2   Bei Schwer- und Mittelschaum beruht die Löschwirkung auf einer erstickenden sowie einer abkühlenden Wirkung. Leichtschaum besitzt praktisch nur eine erstickende Wirkung.

14.3.3   Die Verschäumungszahl ist ein Vergrößerungsfaktor, welcher die Volumenvergrößerung des Wasser-Schaummittel-Gemisches durch Luftzutritt am Schaumstrahlrohr wiedergibt.

14.3.4   Die Verschäumungszahl kann für Schwerschaum bis zu 20 betragen. Beim Mittelschaum liegt die Verschäumungszahl über 20 bis zu 200. Leichtschaum besitzt eine Verschäumungszahl über 200.

14.3.5   Unter der Zumischung versteht man den prozentualen Anteil von Schaummittel im Wasser-Schaummittel-Gemisch.

14.3.6   Die Höhe der einzustellenden Zumischrate wird im Wesentlichen beeinflusst:
  - durch die Art des verwendeten Schaummittels,
  - durch die Qualität (Reinheit) des Wassers und
  - durch die Wassertemperatur.

14.3.7   Die Wasserhalbzeit ist ein Maß für die Beständigkeit des Schaumes. Sie gibt die Zeit wieder, in der die Hälfte der im Schaum enthaltenen Flüssigkeit ausgetreten ist.

14.3.8   Der Abbrandwiderstand ist ein Maß für die Beständigkeit des Schaumes gegenüber Wärme. In ihn gehen die Zerstörungsraten ein, welche durch heiße Wandungen, direkte Flammenberührung, Strahlungswärme usw. bewirkt werden.

14.3.9   Die Fließfähigkeit beschreibt das Fließverhalten der Schäume und wird im Wesentlichen durch die Dichte und die Dicke der Schaumschicht beeinflusst.

14.3.10   Protein-Schaummittel werden aus eiweißhaltigen Produkten wie zum Beispiel Hornspänen oder Hornmehl hergestellt. Aus ihnen lässt sich nur Schwerschaum erzeugen. Mehrbereichsschaummittel sind dagegen hydrolysierte Fettalkohole (auch als Tenside oder Detergentien bezeichnet). Sie eignen sich für die Herstellung aller Schaumarten.

14.3.11   Da es sich bei den Protein-Schaummitteln um eiweißhaltige Produkte handelt, besteht die Gefahr einer Infektion, wenn Schaummittel oder Schaum in eine offene Wunde gelangen.

14.3.12   Charakteristisch für wasserfilmbildende Schaummittel ist die Bildung eines wasserhaltigen Filmes zwischen der Schaumschicht und der brennbaren Flüssigkeit. Die Aufgabe des Films besteht darin, den Austritt von Dämpfen aus der Flüssigkeit zu reduzieren beziehungsweise zu verhindern.

14.3.13   Fluor-Protein-Schaummittel besitzen die gleichen Ausgangsstoffe wie die Protein-Schaummittel. Durch Zusatz von wasserlöslichen Fluortensiden konnten bestimmte Eigenschaften verbessert werden. Hierzu gehören:
- stärkere abweisende Wirkung gegenüber Kohlenwasserstoffen,
- Steigerung des Fließverhaltens,
- niedrigere Verschäumungszahlen.

14.3.14   Der Schwerschaum ist ein gutes Löschmittel für die Brandklassen A, B und F.

14.3.15   Mittelschaum kann zur Brandbekämpfung in den Brandklassen A, B und F eingesetzt werden. Weiterhin dient er zum Einschäumen brandgefährdeter Objekte oder zum Fluten von Räumen. Auch Leichtschaum kann zur Brandbekämpfung bei Feststoff- und Flüssigkeitsbränden benutzt werden. Aufgrund seines geringen Gewichtes ist ein Einsatz nur in geschlossenen Räumen möglich.

14.3.16   Light Water ist ein Schwerschaummittel mit einer wasserfilmbildenden Eigenschaft. Aufgabe des Films ist es, eine Sperrschicht auf der brennbaren Flüssigkeit zu bilden, um den Austritt von Dämpfen zu verhindern.

14.3.17   Bevor Räume geflutet werden, sind spannungsführende Anlagen abzuschalten. Die Räume müssen frei von Personen sein. Stoffe, die mit Schaum heftig reagieren würden (z. B. Natrium), dürfen nicht vorhanden sein.

14.3.18   Schäume aus Mehrbereichsschaummittel oder Protein-Schaummittel werden durch Stoffe wie Alkohol oder Aceton zerstört. Um Alkoholbrände durch Schaum löschen zu können, müssen alkoholbeständige Schaummittel verwendet werden.

14.3.19   Übersteigt der Druckverlust am Zumischer 2 bar, so unterbleibt die Injektorwirkung, da die eingebaute Kugel den Ansaugstutzen verschließt. Es wird kein Schaummittel mehr angesaugt.

14.3.20   Ein Ablöschen von brennendem Koks mit Schwerschaum ist möglich. Die Gefahr einer Wassergasbildung, wie es sie beim Wassereinsatz gibt, besteht nur in geringem Maße und ist deshalb zu vernachlässigen.

14.3.21   Da die Luftverunreinigungen ebenfalls am Schaumstrahlrohr angesaugt werden, vermischen sie sich mit dem Wasser-Schaummittel-Gemisch und unterdrücken die Schaumbildung. Begünstigt wird dieser Vorgang durch die Anwesenheit von Säuredämpfen, wie sie zum Beispiel bei Kunststoffbränden auftreten.

14.3.22   Zu den Nachteilen des Leichtschaumes gehören:

- der Einsatz ist nur in geschlossenen Räumen möglich,
- Leichtschaumgeneratoren sind sehr teuer,
- schwierige Förderung des Schaumes,
- Probleme bei der Schaumerzeugung im Winter.

14.3.23   Schaumvolumen in einer Minute: $1\,000 \times 200\ \text{l} = 200\ \text{m}^3$
Schaumvolumen in zehn Minuten: $10 \times 200\ \text{m}^3 = 2000\ \text{m}^3$

14.3.24   Der Erkundungstrupp muss mit umluftunabhängigem Atemschutz ausgerüstet und durch Feuerwehrleinen gesichert sein.

14.3.25   Die Bezeichnung M4-75 steht für ein Mittelschaumstrahlrohr mit 400 l Flüssigkeitsdurchfluss pro Minute und einer maximalen Verschäumung von 75 bei 5 bar Strahlrohrdruck.

14.3.26   Bei Übungen mit dem Löschmittel Schaum sollten folgende Punkte beachtet werden:

- Im Bereich von Wasserschutzgebieten, Grundwassereinzugsgebieten oder privater Trinkwassergewinnungsanlagen müssen Löschübungen und Erprobungen mit Schaum unterbleiben.
- Übungen und Erprobungen im Zuflussbereich von und auf Oberflächengewässern haben ebenfalls zu unterbleiben. Außerdem in sonstigen wasserwirtschaftlich empfindlichen Bereichen, wie zum Beispiel Vorbehaltsgebiete für die öffentliche Trinkwasserversorgung, Karstgebiete, Gebiete mit flurnahem Grundwasser, Überschwemmungsgebiete und Feuchtgebiete.
- Übungen mit Schaummittel sollten bevorzugt auf befestigten Flächen mit Ablauf zu biologischen Kläranlagen durchgeführt werden. Eine Beeinträchtigung biologischer Kläranlagen ist bei Vorliegen eines Verdünnungsverhältnisses Schaumabwasser zu Kläranlagengesamtzulauf von mindestens 1:250 in der Regel nicht zu erwarten. Die Zustimmung des Kläranlagenbetreibers ist jedoch vorher einzuholen.
- Auf den Einsatz von Schaummittel allein zu Vorführzwecken sollte aus Gründen des Gewässerschutzes verzichtet werden.
- Lassen sich bei Übungen oder Erprobungen diese Vorsichtsmaßnahmen nicht einhalten, so ist eine entsprechende wasserrechtliche Erlaubnis erforderlich.

14.4   Das Löschmittel Pulver

14.4.1   Zu den Anforderungen an das Löschmittel Pulver gehören u. a.:

- gute Löschfähigkeit,
- keine Leitung des elektrischen Stromes,
- ungiftig,
- unschädlich,

- lange Haltbarkeit,
- gute Lagerfähigkeit.

14.4.2   Das Hydrophobieren der Löschpulver mit Wachs oder Silikon wird durchgeführt, um eine Wasseraufnahme und damit ein Verklumpen der Löschpulver zu verhindern.

14.4.3   Bei den meisten ABC-Löschpulvern handelt es sich um Ammoniumverbindungen, die sich bei hohen Temperaturen zersetzen und auf dem Stoff der Brandklasse A eine so genannte Glasurschicht bilden. Durch die Bildung dieser Schicht werden die Poren des brennbaren Stoffes verschlossen und damit der Sauerstoffzutritt verhindert. Außerdem isoliert die Glasurschicht den brennbaren Stoff etwas gegen Strahlungswärme und verhindert so eine weitere Aufbereitung für den Verbrennungsvorgang.

14.4.4   Die Löschwirkung der Pulver in den Brandklassen B und C beruht auf ihrer inhibierenden Wirkung. Bei dieser Reaktion findet ein Zusammenstoß der Pulverteilchen mit den für die Verbrennung verantwortlichen Radikalen statt. Hierbei wird den Radikalen Energie entzogen und der Abbruch der Verbrennung eingeleitet.

14.4.5   Je größer die Oberfläche der Pulverteilchen ist, umso wahrscheinlicher ist das Zusammentreffen der verbrennungswichtigen Radikale mit den Pulverteilchen. Dies hat wiederum einen rascheren Energieentzug bei den Radikalen zur Folge.

14.4.6   Als Grundstoff für die Herstellung von BC-Löschpulver wird häufig Natriumhydrogencarbonat verwendet.

14.4.7   Zur Herstellung von ABC-Löschpulver werden überwiegend Ammoniumsalze, wie zum Beispiel Ammoniumphosphat und Ammoniumsulfat verwendet.

14.4.8   Das D-Löschpulver bildet durch Aufschmelzen auf der Oberfläche des brennenden Metalls eine Kruste, die den Zutritt von Sauerstoff reduziert und letztlich unterbindet.

14.4.9   Als Ersatzlöschmittel bei der Bekämpfung von Metallbränden können Salz, Sand, Zement oder Graugussspäne eingesetzt werden.

14.4.10   Nein, nicht jedes D-Löschpulver ist für jeden Metallbrand geeignet. Aus diesem Grund sollte man sich beim Hersteller über die Einsatzbereiche und -grenzen der verschiedenen D-Löschpulver informieren.

14.4.11   Als Sinterschicht wird eine leitfähige Pulverablagerung im Bereich spannungsführender Anlagen bezeichnet. Durch Einfluss von Temperatur, Nässe und Luftfeuchtigkeit können Löschpulver leitfähige Beläge bilden. Hierdurch auftretende Störlichtbögen stellen eine Lebensgefahr für die

Einsatzkräfte dar. Die Gefahr der Bildung von Sinterschichten besteht besonders bei den ABC- und D-Löschpulvern. Daher ist ihr Einsatz im Bereich von Hochspannungsanlagen verboten.

14.4.12   Löschpulver besitzt keine kühlende Wirkung, daher besteht die Gefahr, dass sich die weiterhin freiwerdenden Dämpfe an erhitzten Oberflächen erneut entzünden können (Rückzündungsgefahr).

14.4.13   Die meisten Pulver besitzen schaumzerstörende Eigenschaften. Diese Tatsache hat zur Entwicklung schaumverträglicher Löschpulver geführt. Eine gänzliche Reduzierung der schaumzerstörenden Eigenschaften ist jedoch auch bei diesen Löschpulvern nicht erreicht worden.

14.4.14   Das Feuer ist mit dem Wind anzugreifen, Tropf- und Fließbrände sind von oben nach unten zu löschen. Es ist genügend Löschmittel auf einmal einzusetzen und nach dem Ablöschen sind weitere Löschmittel bereitzuhalten, da die Gefahr der Wiederentzündung besteht.

14.4.15   Der größte Nachteil der Löschpulver ist wohl in der starken Verschmutzung nach deren Verwendung zu sehen. Als weiterer Nachteil kann die fehlende Kühlwirkung bei der Bekämpfung von Flüssigkeitsbränden angesehen werden. Im Bereich spannungsführender Anlagen ist die Bildung leitfähiger Beläge möglich. Ebenso kann es durch den Einsatz von Pulver zu Sichtbehinderungen kommen.

14.4.16   Bei Bränden von Feststoffen (Brandklasse A) ist das Pulver stoßweise abzugeben, damit es seine Löschwirkung entfalten kann. Durch die stoßweise Abgabe kann das Pulver aufschmelzen und die Poren des brennbaren Stoffes verschließen. Bei Flüssigkeitsbränden ist diese Vorgehensweise wirkungslos. Hier muss die Pulverabgabe solange erfolgen bis der Brand gelöscht ist, da ansonsten die gesamte Flüssigkeitsoberfläche erneut durchzündet.

14.4.17   Wegen der weitreichenden Verschmutzung durch das Löschmittel Pulver ist der Einsatz im Bereich von Großküchen nicht sinnvoll, da hierdurch dort gelagerte Nahrungsmittel unbrauchbar werden könnten.

14.4.18   Der Löschangriff mit Pulver hat mit dem Wind zu erfolgen, denn nur durch diese Maßnahme gelingt ein Zurückdrängen der Flammenfront. Außerdem ist die Sichtbehinderung bei dieser Vorgehensweise geringer.

14.4.19   Verwendetes Löschpulver ist als Sonderabfall zu entsorgen.

14.5   Das Löschmittel Kohlenstoffdioxid

14.5.1   Dichte des festen CO_2:   1,53 kg/l
Dichte des flüssigen CO_2:   0,766 kg/l
Relative Dichte (Luft = 1):   1,529 kg/l
Sublimationspunkt: −78,48 °C bei 1 013 hPa
Kritische Temperatur: 31,4 °C
Kritischer Druck: 73,6 bar

14.5.2   Kohlenstoffdioxid entsteht bei der vollständigen Verbrennung von kohlenstoffhaltigen Produkten.

14.5.3   Unter Sublimieren versteht man den direkten Übergang eines Stoffes vom festen in den gasförmigen Aggregatzustand unter Überspringen der flüssigen Phase.

14.5.4   Das für Löschzwecke verwendete Kohlenstoffdioxid wird aus der Atmosphäre gewonnen. Der Anteil des Kohlenstoffdioxid in der Luft liegt bei etwa 0,04 Vol.-%.

14.5.5   Kritische Temperatur und kritischer Druck spielen bei der Verflüssigung von Gasen durch Druckerhöhung eine wichtige Rolle. Eine Verflüssigung von Gasen durch Drucksteigerung lässt sich nur bis zu einer gewissen Grenztemperatur, der sogenannten kritischen Temperatur, durchführen. Der bei dieser Temperatur für die Verflüssigung mindestens aufzuwendende Druck wird als kritischer Druck bezeichnet. Liegt die Temperatur eines Gases oberhalb der kritischen Temperatur, so lässt sich eine Verflüssigung durch Druckerhöhung nicht mehr erreichen.

14.5.6   Kohlenstoffdioxid besitzt eine erstickende Löschwirkung, da es die Luft und damit den Sauerstoff verdrängt.

14.5.7   Der Einsatz von Kohlenstoffdioxid kann als
- CO_2-Schnee (fester Aggregatzustand),
- CO_2-Nebel (fester und gasförmiger Aggregatzustand) oder
- CO_2-Gas erfolgen.

14.5.8   Beim direkten Ansprühen von Personen mit Kohlenstoffdioxid kann es zu einem Kälteschock kommen. Hervorgerufen wird dies durch das starke Abkühlen komprimierter Gase bei der Expansion.

14.5.9   Konzentrationen bis zu 4 Vol.-% Kohlenstoffdioxid bewirken eine Steigerung der Atemfrequenz. Steigt die Konzentration von CO_2 über 4 Vol.-%, ist dagegen eine Lähmung der Atmung möglich.

14.5.10   Da Kohlenstoffdioxid als Löschmittel keine Rückstände hinterlässt, bietet sich sein Einsatz in Bereichen wie Apotheken, Laboratorien, Küchen und elektrischen Anlagen an.

14.5.11   Als Nachteile des Löschmittels Kohlenstoffdioxid lassen sich folgende Punkte nennen:
- ein rasches Verflüchtigen im Freien, daher geringe oder keine Löschwirkung,
- CO_2 ist ein Atemgift,
- nur geringe kühlende Wirkung,
- chemische Reaktion bei hohen Temperaturen.

14.5.12   Kohlenstoffdioxid ist für die Bekämpfung von Metallbränden nicht geeignet. Bei den hohen Temperaturen, welche bei Metallbränden auftreten, kommt es zu einer chemischen Reaktion des Löschmittels mit dem brennenden Metall. Einige Metalle, wie zum Beispiel Magnesium, brennen sogar in einer 100 %-igen CO_2-Atmosphäre weiter.

14.5.13   Beim Einsatz von Kohlenstoffdioxid in engen Räumen kann die Konzentration des Löschmittels rasch Werte erreichen, die für den Menschen gefährlich sind. Aus diesem Grund ist dort umluftunabhängiger Atemschutz zu tragen.

14.5.14   Kohlenstoffdioxid eignet sich zur Bekämpfung von Bränden der Brandklassen B, C und F.

14.5.15   Zur Reduzierung des Sauerstoffgehaltes der Luft von 21 Vol.- % auf 15 Vol.-% (bei diesem Wert kommen die meisten Brände zum Erliegen) ist eine CO_2-Konzentration von etwa 30 Vol.- % in der Umgebungsatmosphäre erforderlich.

14.5.16   Das Raumvolumen beträgt 6 m³, somit sind 3 m³ CO_2-Gas erforderlich. Aus 1 kg verflüssigtem Kohlenstoffdioxid entstehen bei 20 °C etwa 550 l CO_2-Gas.
Für die Erzeugung von 3 m³ CO_2-Gas sind somit 5,45 kg CO_2 erforderlich.

14.5.17   Kohlenstoffdioxid besitzt nur eine geringe kühlende Wirkung bei Bränden von Feststoffen. Oft ist zwar ein Abschlagen der Flammen möglich, durch die mangelnde Kühlwirkung kann der brennbare Stoff jedoch erneut durchzünden.

14.6   Sonstige Löschmittel

14.6.1   Bei den Halonen handelt es sich um halogenierte Kohlenwasserstoffe.

14.6.2   Da die Halone in der Lage sind das Ozon in der Atmosphäre zu zerstören, wurden sie verboten.

14.6.3   Die Halone wurden in der Regel durch Kohlenstoffdioxid oder Inergen ersetzt.

14.6.4   Inergen ist ein Gasgemisch bestehend aus 40 Vol.-% Argon, 52 Vol.-% Stickstoff und 8 Vol.-% Kohlenstoffdioxid.

14.6.5   Inergen besitzt eine erstickende Wirkung.

14.6.6   Das Wort Inergen setzt sich aus den Wörtern Inertgas und Nitrogen zusammen.

14.6.7   »CAF« steht als Abkürzung für »Compressed Air Foam«. Im Deutschen wird hierfür häufig die Bezeichnung Druckluftschaum (Abkürzung: DLS) verwendet.

14.6.8   Während beim herkömmlich produzierten Schaum der Luftzutritt (und somit die Verschäumung) zum Wasser-Schaummittel-Gemisch erst am Schaumstrahlrohr erfolgt, wird beim Druckluftschaum die Verschäumung durch Druckluft beim Mischen des Wassers mit dem Schaummittel erreicht. Somit befindet sich bereits in der Schlauchleitung ein Gemisch bestehend aus Wasser, Schaummittel und Luft.

14.6.9   Als Vorteile können angesehen werden:
- größere Wurfweiten und -höhen,
- geringeres Gewicht der gefüllten Schlauchleitung,
- Schaumerzeugung erfolgt am Aggregat des Löschfahrzeuges, somit spielen Reibungsverluste – wie beim Einsatz eines Zumischers – keine Rolle,
- kein spezielles Schaumrohr notwendig, da die Schaumabgabe über die normalen Strahlrohre erfolgen kann.

14.6.10   Als Nachteile können u. a. folgende Punkte genannt werden:
- Da die Schlauchleitung einen hohen Druckluftanteil enthält, können beim Zerplatzen von Schläuchen sehr laute Knallgeräusche entstehen.
- Aufgrund des hohen Druckluftanteils in der Schlauchleitung ist die innere Kühlung geringer, sodass ein Durchbrennen früher möglich ist.

15 Löschwasserförderung

15.1 Wir kennen die offene und die geschlossene Schaltreihe.

15.2 Bei der geschlossenen Schaltreihe wird das Löschwasser von Feuerlöschkreiselpumpe (FP) bzw. Tragkraftspritze (TS) zu Feuerlöschkreiselpumpe bzw. Tragkraftspritze gefördert. Es ist ein bestimmter Eingangsdruck erforderlich. Bei der offenen Schaltreihe werden Vorratsbehälter angelegt, von denen aus jede FP bzw. TS erneut ansaugt.

15.3 Bei der offenen Schaltreihe steht mir üblicherweise ein Druck von 8 bar zur Verfügung, bei der geschlossenen Schaltreihe ein Druck von 6,5 bar (8 bar Ausgangsdruck minus 1,5 bar Eingangsdruck).

15.4 Ein natürliches Gefälle ist beispielsweise ein Höhenunterschied im Gelände, ein künstliches Gefälle beispielsweise ein Bauwerk (Turm). Wasser fließt von der Stelle des höheren Druckes zu der Stelle des niedrigeren Druckes.

15.5 Um die Fließgeschwindigkeit zu verdoppeln, ist der vierfache Druck zu wählen.

15.6 Förderströme werden nach der Formel: $Q = A \times v$ berechnet.
Hierbei bedeuten: Q = Förderstrom in l/min oder in m^3/h
A = Querschnittsfläche der Schlauchleitung
v = Fließgeschwindigkeit.

15.7 Bei einer Fördermenge von 800 l/min rechne ich mit 1 bar Druckverlust für 10 m Höhenunterschied und 1,1 bar Druckverlust für 100 m B-Schlauchleitung.

15.8 Bei einer Löschwasserförderung über lange Wegestrecken ist der Ausgangsdruck so zu wählen, dass alle auftretenden Druckverluste überwunden werden können.

15.9 Der Eingangsdruck bei einer geschlossenen Schaltreihe soll im Mittel 1,5 bis 2,0 bar betragen. Da bei der Erfassung der Druckreibungsverluste und der Druckhöhenverluste Fehler möglich sind, baut man den Eingangsdruck als Sicherheitsfaktor ein, weil möglicherweise der atmosphärische Druck die drucklose Schlauchleitung zusammendrücken würde und der Wasserfluss zum Stillstand käme.

15.10   **Wasserentnahme**   **Wasserabgabe**

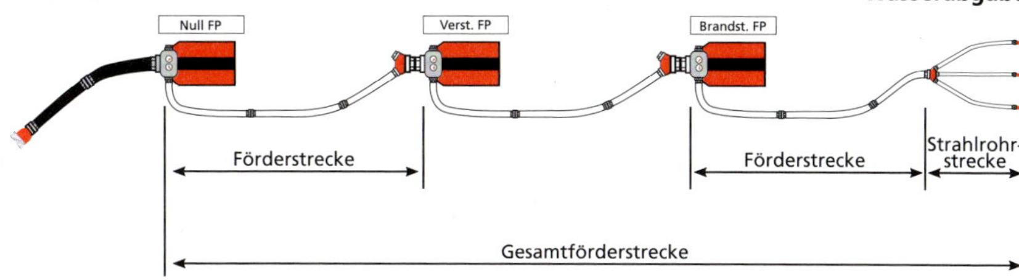

15.11   Die Druckreibungsverluste betragen bei einer Löschwassermenge von:

        a) 500 l/min: 0,5 bar/100 m Schlauchleitung

        b) 600 l/min: 0,7 bar/100 m Schlauchleitung

        c) 800 l/min: 1,1 bar/100 m Schlauchleitung

        d) 1 000 l/min: 1,7 bar/100 m Schlauchleitung.

15.12   Pumpenabstand im Gelände: (Verfügbarer Druck in bar : Reibungsverlust in bar) × 100 m.

15.13   Nachfolgende Angaben sind erforderlich, um eine lange Wegestrecke einzurichten:

- erforderliche Wassermenge,
- Entfernung zur Wasserentnahmestelle,
- Höhenunterschiede (evtl. Karten mit Höhenlinien),
- Material der eigenen Feuerwehr (z. B. Pumpen und Schläuche).

15.14   2 000 000 l : 2 400 l/min = 833 min

        833 min : 60 min   = 13,8 h

                          = 13 h 48 min

13 Stunden und 48 Minuten kann Löschwasser entnommen werden.

15.15   Bei 800 l/min ist der Druckverlust 1,1 bar pro 100 m Schlauchleitung. Bei drei Kilometern Schlauchlänge ergibt sich der Druckverlust zu (3 000 m × 1,1 bar) : 100 m = 33 bar.

15.16

Kurzzeichen	Bedeutung
Q	Fördermenge, Förderstrom in l/min
Qges	Gesamtförderstrom in l/min
s	Förderstrecke, FP-Abstand in m
Hgeo	Höhenunterschied in m
p	Druck in bar
pa	Ausgangsdruck in bar
pe	Eingangsdruck in bar
pstr	Strahlrohrdruck in bar

15.17   Je größer der Höhenunterschied, also das Druckgefälle ist, desto größer wird die Fließgeschwindigkeit.

15.18   Die Fließgeschwindigkeit wird nach folgender Formel berechnet:

$$V = \sqrt{2 \times g \times h}$$

15.19   Soll der Förderstrom vergrößert werden, so ist entweder die Fläche zu vergrößern (weitere
Schlauchleitung) oder die Fließgeschwindigkeit zu erhöhen (Drucksteigerung).

15.20   Eine laminare Strömung fließt fadenförmig, eine turbulente Strömung fließt wirbelnd. Bei der
turbulenten Strömung erhöht sich der Druckverlust durch Reibung.

15.21   Die äußere Reibung wird hervorgerufen durch:
- Unebenheiten auf der Oberfläche der Innenbeschichtung (Rauhigkeit),
- die Anhaftkraft (Adhäsion) des Wassers an den Schlauchwandungen,
- durch scharfe Umlenkungen (Knicke).

15.22   Bei abfallendem Gelände hat man zwar einen Druckgewinn zu verzeichnen, da durch Reibung
jedoch mehr Druck verloren geht und am Ende der Förderleitung noch genügend Strahlrohrdruck vorhanden sein muss, sind auch in abfallendem Gelände Verstärkerpumpen einzusetzen.

15.23   Für die Einrichtung eines Pendelverkehrs spricht:
- temporäre Einrichtung zur Überbrückung der Zeit, die zum Aufbau einer Wasserversorgung über längere Förderstrecken erforderlich ist,
- schnelle Verfügbarkeit und Einsatzbereitschaft geeigneter Löschfahrzeuge, vor-
nehmlich Tanklöschfahrzeuge,
- dauerhafter Betrieb bei Förderstrecken > 3 km Länge und/oder geringem Löschwasserbedarf = 500 l/min,
- ausreichende örtliche Verhältnisse (z. B. Straßen, Entnahme- und Abgabeplatz,
Ausweichstellen, Wendemöglichkeiten, Witterungsverhältnisse etc.),
- genügend Ausfallreserven (Fahrzeuge und Material).

15.24   Bestimmung der Umlaufzeit:
- Befüllung und Entleerung des Löschwasserbehälters,
- Rangier- und Kupplungszeiten,
- Wartezeiten,
- Fahrstrecke hin und zurück.

16 Löschwasserversorgung

16.1 Gesetzliche Grundlagen, Allgemeines

16.1.1 Die Städte und Gemeinden sind für die Löschwasserversorgung verantwortlich.

16.1.2 Der Eigentümer/Bauherr kann dazu verpflichtet werden, selbst Löschwasser bereitzustellen, wenn aufgrund des Baugenehmigungsverfahrens festgestellt wird, dass eine erhöhte Brandlast oder Brandgefährdung vorliegt.

16.1.3 Die Gemeinde ist für die Wartung und Pflege der Hydranten verantwortlich. Nicht selten werden diese Aufgaben aber an das örtliche Wasserversorgungsunternehmen übertragen. Im Rahmen von Ausbildung und Übung ist eine Erprobung der Leistungsfähigkeit abhängiger Löschwasserversorgungen dennoch empfehlenswert.

16.1.4 An die Sammelwasserversorgung werden nachfolgende Anforderungen gestellt:
- Hydranten in ausreichender Anzahl einzubauen,
- Hydranten in ausreichendem Abstand einzubauen,
- Hydranten planmäßig zu erfassen,
- Hydranten ausreichend kenntlich zu machen,
- Hydranten mit ausreichender Nennweite einzubauen,
- die Zugriffsmöglichkeit zu den Hydranten jederzeit zu sichern.

16.1.5 Bis zum Jahr 2006 wurden Hydranten in Abständen zwischen 100 bis 140 m in Abhängigkeit der Bebauung vorgesehen. Gegenwärtig bestehen keine expliziten Anforderungen mehr an die Entnahmeabstände. Hydranten zu Feuerlöschzwecken sollen lediglich in angemessenen Abständen eingebaut werden; in Ortsnetzen meist unter 150 m.

16.1.6 In den Vorlagen zum Bauantrag, z. B. Brandschutznachweis, sind der Löschwasserbedarf (in l/min) und der Löschwassernachweis für die erste Löschwasserentnahmestelle im 75 m Bereich (Lauflinie bis zum Grundstück) sowie für die gesamte Löschwassermenge in einem Umkreis (Radius) von 300 m darzustellen.

16.1.7 Vorhaltekosten fallen an, wenn eine Stadt/Gemeinde über ihre vom Gesetzgeber festgelegten Pflichten hinaus zusätzlich Löschwasser bereithält (etwa bei besonders brand- oder explosionsgefährdeten Betrieben).

16.1.8 Zur Ermittlung des Löschwasserbedarfes bestehen folgende Möglichkeiten:
- Schätzung anhand vorzunehmender Strahlrohre oder taktischer Einheiten,
- Erfahrungswerte für verschiedene Nutzungen (Wohngebiete, Kerngebiete, Industriegebiete),

- Ermittlung nach dem Arbeitsblatt W 405 der DVGW e. V.,
- Ermittlung nach Brandlastberechnung und Industriebaurichtlinie.

16.1.9   In Feuerwehrplänen werden Löschwasserentnahmestellen blau gekennzeichnet.

16.1.10   Zur Deckung des erforderlichen Löschwasserbedarfs eines Löschbereichs dienen sämtliche Löschwasserentnahmestellen in einem Umkreis von 300 m Radius um das Brandobjekt. Jede Löschwasserentnahmestelle sollte hierbei eine Löschwasserentnahme von 24 m³/h über eine Dauer von zwei Stunden ermöglichen.

16.1.11   Die Geschossflächenzahl ist eine dimensionslose Zahl, welche die Dichte der Bebauung angibt. Zur Ermittlung der Geschossflächenzahl wird die Summe aller Geschossflächen der auf dem Grundstück befindlichen Gebäude durch die Grundstücksfläche geteilt. Je dichter die Bebauung, desto höher ist der Löschwasserbedarf anzusetzen.

16.1.12   Die örtlichen Verhältnisse sind zum Beispiel:
- Wohndichte,
- Flächengröße,
- Art der Bebauung,
- Bodengestaltung,
- große Waldflächen,
- große Heideflächen,
- Verkehrsnetz,
- Industrieanlagen
  definiert.

16.1.13   Objekte mit erhöhtem Brandrisiko:
- Holzlagerplätze
- Parkplätze
- Betriebe zur Herstellung und Verarbeitung von Lösungsmitteln
- Lagerplätze für leicht entzündliche Güter

Objekte mit erhöhtem Personenrisiko:
- Versammlungsstätten
- Geschäftshäuser
- Krankenhäuser
- Hotels
- Hochhäuser

Sonstige Objekte:
- Aussiedlerhöfe
- Raststätten

- Kleinsiedlungen
- Wochenendhausgebiete

16.2   Die zentrale Löschwasserversorgung

16.2.1   Stationen der Sammelwasserversorgung sind:
- Wassergewinnung,
- Wasseraufbereitung,
- Wasserspeicherung,
- Wasserverteilung,
- Wasserentnahme (Hydranten).

16.2.2   Nachfolgende Hydranten werden für Feuerlöschzwecke eingebaut:
- Unterflurhydranten nach DIN EN 14339,
- Überflurhydranten nach DIN EN 14384,
- Wandhydranten in Gebäuden.

16.2.3   Vorteile des Unterflurhydranten gegenüber dem Überflurhydranten:
- geringere Anschaffungskosten,
- keine Behinderung des Verkehrs,
- keine Gefahr der Beschädigung durch den Verkehr,
- einfacher Einbau,
- leichte Auswechselbarkeit der Innenteile.

16.2.4   Nachteile des Unterflurhydranten gegenüber dem Überflurhydranten:
- erschwertes Auffinden besonders bei Dunkelheit und Schnee,
- geringere Wasserlieferung,
- Behinderung durch parkende Fahrzeuge,
- Zeitaufwand für die Inbetriebsetzung,
- schlechtes Erkennen von Undichtigkeiten,
- häufige Verunreinigung durch Straßenschmutz.

16.2.5   Vorteile des Überflurhydranten gegenüber dem Unterflurhydranten:
- schnellere Einsatzmöglichkeit,
- leichtes Auffinden, auch bei Dunkelheit und Schnee,
- höhere Wasserlieferung.

16.2.6   Der Überflurhydrant weist gegenüber dem Unterflurhydranten folgende Nachteile auf:
- höhere Anschaffungskosten,
- Behinderung des Verkehrs,
- Gefährdung durch den Verkehr,

16

- höhere Einbaukosten,
- aufwändiges Auswechseln der Innenteile,
- größere Sicherungsmaßnahmen gegen Frostschäden,
- höhere Wartungskosten.

16.2.7   Ich rechne etwa mit 1 000 l/min.

16.2.8   Ich rechne etwa mit 1 500 l/min.

16.2.9   Folgende Angaben befinden sich auf den Hinweisschildern für Hydranten nach DIN 4066:
- Nennweite der Versorgungsleitung,
- Lage des Hydranten vom Schild aus gemessen, Angaben in Metern.

16.2.10   Bei der selbsttätigen Entleerung und beim Druckwasserschutz handelt es sich um eine Entwässerungsbohrung in der Hydrantensäule, über die im Hydranten stehendes Wasser selbstständig abläuft. Diese Entwässerungsbohrung muss bei geöffnetem Hydranten zunächst geschlossen werden, um ein Austreten von Druckwasser und somit ein Unterspülen des Hydranten zu verhindern.

16.2.11   Die Überprüfung von Hydranten soll mindestens alle vier Jahre erfolgen.

16.2.12   Es werden Überflurhydranten mit selbsttätiger Entleerung und Druckwasserschutz und ohne selbsttätige Entleerung und ohne Druckwasserschutz unterschieden. Weiterhin können Überflurhydranten mit Fallmantel und mit frei liegenden Abgängen ausgestattet sein. Zwischen Hydrant und Versorgungsleitung kann sich eine zusätzliche Absperrung befinden.

16.2.13   Überflurhydrantenschlüssel nach DIN 3223 werden in Form A und Form B unterschieden. Bei der Form B ist zusätzlich ein Sechskant zur Betätigung der Spindel beim Überflurhydranten mit Fallmantel angebracht. Außerdem ist die Form B etwa 55 Zentimeter lang.

16.2.14   Der Sicherungsbolzen beim Überflurhydranten mit Fallmantel verhindert ein Schließen des Fallmantels bei bewässerter Hydrantensäule. Außerdem dient der Sicherungsbolzen als Belüftungsventil.

16.2.15   Sollbruchstellen (Umfahrstellen) bewirken ein Abscheren des Hydranten, etwa durch Fahrzeuge, die vor den Hydranten fahren, an einer bestimmten Stelle. Hierdurch soll verhindert werden, dass der Antrieb und das Ventil des Hydranten aus der Strassendecke herausgerissen werden und Druckwasser aus der Versorgungsleitung herausströmt.

16.2.16   Unterflurhydranten werden nach DIN EN 14339, Überflurhydranten nach DIN EN 14384 genormt.

16.2.17   Der DVGW e. V. ist der Deutsche Verein des Gas- und Wasserfaches e. V. Das Arbeitsblatt W 331 befasst sich mit Wasserversorgungsanlagen, das Arbeitsblatt W 405 mit der Bereitstellung von Trinkwasser aus der öffentlichen Sammelwasserversorgung.

16.2.18   Die Wasserlieferung von Hydranten ist abhängig von:
- dem eingebauten Hydrantentyp,
- dem Durchmesser der Versorgungsleitung an welcher der Hydrant angeschlossen ist,
- dem Fließdruck in der Versorgungsleitung,
- dem Grad der Inkrustierungen der Versorgungsleitung (Ablagerungen).

16.2.19   Die Wasserlieferung von Unterflurhydranten wird durch die Verengung im Standrohr (64 mm) erheblich eingeschränkt. Somit liefert ein Unterflurhydrant auf einer Versorgungsleitung DN 100 nur etwa 800 bis 1 000 l/min Löschwasser.

16.3   Die unabhängige Löschwasserversorgung

16.3.1   Als unerschöpfliche Löschwasserentnahmestellen gelten:
- natürliche, offene Gewässer,
- künstliche, offene Gewässer,
- Löschwasserbrunnen nach DIN 14220.

16.3.2   Zu den erschöpflichen Löschwasserentnahmestellen zählen:
- Löschwasserteiche nach DIN 14210,
- unterirdische Löschwasserbehälter nach DIN 14230,
- sonstige, für die Löschwasserentnahme geeignete Behälter.

16.3.3   Anforderungen an die Löschwasserentnahmestellen der offenen Gewässer:
- geeignete Zufahrt, Breite mindestens 3,0 Meter, Höhe mindestens 3,5 Meter, Befestigung für 12 t,
- mindestens geeigneter Zugang mit Stellplatz für Tragkraftspritze.

16.3.4   Zufahrten zu Löschwasserentnahmestellen müssen wie nachfolgend beschrieben beschaffen sein:
- lichte Breite = 3,0 m,
- lichte Höhe = 3,5 m,
- Befestigung für Achslasten = 10 t und zul. Gesamtgewicht = 16 t,
- Zufahrt oder Zugang mit Stellplatz für Tragkraftspritzen,
- Beschilderung nach DIN 4066,
- Lage außerhalb des Trümmerschattens von Gebäuden.

16

16.3.5   Ob ein offenes Gewässer für Löschwasserentnahmezwecke ausreicht, kann wie folgt beurteilt werden:

1. Querschnittsfläche des Gewässers schätzen,
2. Fließgeschwindigkeit schätzen,
3. nach Formel: Q = A x v (Wasserlieferung in l/min = Fläche x Fließgeschwindigkeit) Wasserlieferung ermitteln.
4. Zur Sicherheit nur die Hälfte des errechneten Wertes in Ansatz bringen.

16.3.6   Unerschöpfliche Wasserentnahmestellen müssen die geforderten Wassermengen über mindestens drei Stunden liefern.

16.3.7   Löschwasserbrunnen nach DIN 14220 werden wie nachfolgend beschrieben eingeteilt:
- kleine Löschwasserbrunnen: 400 – 800 l/min Wasserlieferung,
- mittlere Löschwasserbrunnen: 800 – 1600 l/min Wasserlieferung,
- große Löschwasserbrunnen: mehr als 1 600 l/min Wasserlieferung.

16.3.8   Die genannten Bezeichnungen haben nachfolgende Bedeutung:

a) Löschwasserbrunnen nach DIN 14220/400 S: Wasserlieferung 400 l/min, Saugbetrieb,

b) Löschwasserbrunnen nach DIN 14220/800 T: Wasserlieferung 800 l/min mit Tiefpumpe.

16.3.9   Ein Löschwasserbrunnen muss nach maximal 60 Sekunden betriebsbereit sein.

16.3.10   Unterirdische Löschwasserbehälter werden nach ihren Fassungsvermögen wie nachfolgend aufgeführt eingeteilt:
- kleine, unterirdische Löschwasserbehälter: bis 150 m^3 Inhalt,
- mittlere, unterirdische Löschwasserbehälter: 151 – 300 m^3 Inhalt,
- große, unterirdische Löschwasserbehälter: mehr als 300 m^3 Inhalt.

16.3.11   Die Behälterabdeckung eines unterirdischen Löschwasserbehälters muss so bemessen sein, dass sie einem Fahrzeuggewicht von 18 t und der auf ihr liegenden Erdlast standhält. Liegt der Behälter unter einer Verkehrsfläche, muss die Behälterabdeckung die entsprechende Verkehrslast aufnehmen können.

16.3.12   Ein mittlerer unterirdischer Löschwasserbehälter muss mindestens mit zwei Saugrohren ausgestattet sein.

16.3.13   Es ist nicht erlaubt, ungeklärtes Schmutzwasser in einen unterirdischen Löschwasserbehälter oder in einen Löschwasserteich einzuleiten.

16.3.14   Sonstige, für die Löschwasserentnahme geeignete Behälter sind:
- Frei- und Hallenbäder,
- Zierteiche,
- Wasserspeicher der Industrie.

16.3.15   Bei der Wasserentnahme aus natürlichen Gewässern soll die geodätische Saughöhe fünf Meter nicht überschreiten.

16.3.16   Eine fest verlegte Saugleitung zu einem offenen Gewässer soll 20 Meter Länge nicht überschreiten.

16.3.17   Beim Saugbetrieb (max. 7,50 m geodätische Saughöhe möglich) wird das Löschwasser über Feuerlöschkreiselpumpen angesaugt. Tiefpumpen sind elektrisch betriebene Tauchpumpen, die auch in große Tiefen eingesetzt werden können. Da nicht mehr angesaugt werden muss, ist auch eine Wasserlieferung aus größeren Tiefen möglich.

16.3.18   Löschwasserbrunnen müssen in maximal 60 Sekunden entlüftet werden können.

16.3.19   Beispielhafte Anforderungen, die an unterirdische Löschwasserbehälter zu stellen sind:
- Pumpensumpf = 150 mm unter dem Saugrohr,
- Behälterabdeckungen müssen Erdlast und 18 t Fahrzeuggewicht aufnehmen,
- Löschwasservorrat muss frostsicher gelagert sein,
- Lüftungsrohr mit Innendurchmesser = 100 mm,
- Lage außerhalb des Trümmerschattens von Gebäuden,
- Saugschacht, Einstiegsschacht mit lichter Weite = 800 mm,
- Saugrohr = 10 m Länge,
- Beschilderung nach DIN 4066.

16.3.20   Behelfslöschwasserbehälter sind Behälter, an die keine besonderen Anforderungen bezüglich Handhabung, Aussehen und Rauminhalt gestellt werden. Allgemeine Anforderungen sind:
- moderfrei,
- lange Lebensdauer,
- leichter Transport,
- geringes Gewicht,
- wenig Raumbedarf,
- schnelles Instellungbringen.

16

16.4   Löschwassereinrichtungen und Wandhydranten

16.4.1   Nachfolgende Löschwasseranlagen kommen zur Anwendung:
- Löschwasseranlage »nass«,
- Löschwasseranlage »trocken«,
- Löschwasseranlage »nass/trocken«.

16.4.2   Als Löschwasseranlagen »nass« werden Löschwasserleitungen in Gebäuden bezeichnet, die ständig unter Druck stehen und über die der Benutzer eines Gebäudes im Brandfall Löschwasser entnehmen kann.

16.4.3   Löschwasseranlagen »trocken« sind Löschwasserleitungen, über die im Brandfall Löschwasser durch die Feuerwehr eingespeist wird. Hierdurch entfällt das mühsame Verlegen von Schlauchleitungen durch die Treppenräume.

16.4.4   Löschwasseranlagen »nass/trocken« sind Löschwasserleitungen, die nur dann mit Wasser gefüllt werden, wenn die Niederschraubventile geöffnet werden (Auslösung über Magnetschalter).

16.4.5   Löschwasseranlagen »nass/trocken« können im Gegensatz zu Löschwasseranlagen »nass« auch in frostgefährdeten Bereichen verlegt werden.

16.4.6   Die Löschwasseranlage »nass« und die Löschwasseranlage »nass/trocken« werden in erster Linie für die Benutzer eines Gebäudes zur Brandbekämpfung eingesetzt.

16.4.7   Bei der Sichtprüfung von Löschwasserleitungen in Gebäuden ist insbesondere zu beachten:
- Ist die Entnahmestelle/Einspeisstelle beschildert?
- Sind Tür und Haspel leichtgängig?
- Ist der Schlauch unversehrt?
- Ist das Schaltorgan gängig und dicht?
- Ist eine Gebrauchsanweisung vorhanden?
- Sind Korrosionsschäden sichtbar?

16.4.8   Wandhydranten mit formstabilem Druckschlauch sind nach DIN 14461-1 als Typ S und Typ F gebräuchlich:
- Typ S: Selbsthilfeeinrichtung zur Brandbekämpfung ausschließlich für Laien,
- Typ F: Löschwassereinrichtung zur Brandbekämpfung für Laien und die Feuerwehr.

16.4.9   Durchflussmenge bei Mindestförderdruck nach DIN 14462:
- Typ S: 24 l/min an zwei gleichzeitig betriebenen Entnahmestellen bei 0,20 MPa,
- Typ F: 100 l/min an drei gleichzeitig betriebenen Entnahmestellen bei 0,30 MPa,
- Typ F: 200 l/min an drei gleichzeitig betriebenen Entnahmestellen bei 0,45 MPa.

17 Mechanik

17.1 Grundlagen, Größen, Einheiten

17.1.1 Die Mechanik ist ein Teilgebiet der Physik. Sie beschäftigt sich mit den Bewegungsänderungen und Zuständen von Körpern unter dem Einfluss von Kräften.

17.1.2 Mit dem Gesetz über die Einheiten im Messwesen sind die zu verwendenden Einheiten verbindlich festgelegt. Es handelt sich hierbei um so genannte »SI-Einheiten« (Einheiten des Système International), die auf sieben Basiseinheiten aufbauen.

17.1.3

Basisgröße	Basiseinheit	Kurzzeichen
Länge	Meter	m
Masse	Kilogramm	kg
Zeit	Sekunde	s
Stromstärke	Ampere	A
Temperatur	Kelvin	K
Lichtstärke	Candela	Cd
Stoffmenge	Mol	mol

17.1.4 Folgende Basisgrößen finden in der Mechanik Verwendung:
- Länge in Meter,
- Masse in Kilogramm,
- Zeit in Sekunden.

17.1.5 Eine von den Basisgrößen abgeleitete Einheit ist zum Beispiel die Geschwindigkeit, gemessen in Meter pro Sekunde. Hier sind die Basiseinheiten für die Länge und die Zeit miteinander verknüpft.

17.1.6 Zahlenwörter und ihre Bedeutung:
   a) Giga: Milliarde (10^9)
   b) Mega: Million (10^6)
   c) Kilo: Tausend (10^3)
   d) Hekto: Hundert (10^2)
   e) Deka: Zehn (10^1)
   f) Dezi: Zehntel (10^{-1})
   g) Zenti: Hundertstel (10^{-2})
   h) Milli: Tausendstel (10^{-3})

17.1.7   Zur Beschreibung von Ursachen und Wirkungen werden physikalische Größen verwendet (Länge, Kraft, Zeit, …). Ihre Einheiten benennen das Maß, in dem die Größe gemessen wird (Meter, Newton, Sekunde, …).

17.1.8   Die Kinematik befasst sich mit der Bewegung von Körpern und beschreibt ihren Ort, ihre Geschwindigkeit und ihre Beschleunigung in Abhängigkeit von der Zeit.

17.1.9   Leistung ist die verrichtete Arbeit pro Zeiteinheit.

17.1.10   Von der Längeneinheit Meter abgeleitete Einheiten sind zum Beispiel Kilometer, Zentimeter, Dezimeter, Quadratmeter, Kubikmeter.

17.1.11   Unter Beschleunigung versteht man die pro Zeiteinheit erfolgte Geschwindigkeitsänderung.

17.1.12   Kraft = Masse × Beschleunigung

17.1.13   Die »Goldene Regel der Mechanik« lautet: Was an Kraft gewonnen wird, geht an Weg verloren.

17.1.14   Arbeit = Kraft × Weg (Kraft entlang eines Weges)
Leistung = Arbeit/Zeiteinheit (Arbeit in einer gewissen Zeit)

17.1.15   Der Druck ist die auf die Flächeneinheit wirkende Kraft:
Druck = Kraft/Fläche.

17.1.16   Der Bodendruck berechnet sich aus dem Produkt der Wichte und der Höhe der Flüssigkeit. Der Bodendruck ist abhängig von der Form des Gefäßes.

17.1.17   Der Satz des Archimedes lautet:
»Ein in eine Flüssigkeit eintauchender Körper verliert scheinbar so viel an Gewicht, wie das von ihm verdrängte Flüssigkeitsvolumen wiegt.«

17.1.18   Die Dichte eines Stoffes ist das Verhältnis von seiner Masse zu seinem Volumen.
Die Wichte eines Stoffes ist das Verhältnis von seiner Gewichtskraft zu seinem Volumen.
Die Dichte ist wie die Masse ortsunabhängig, die Wichte ist wie das Gewicht ortsabhängig.

17.1.19   Strömungsgeschwindigkeit und Querschnitt verhalten sich umgekehrt proportional. Tritt eine Flüssigkeit aus einem weiten Rohr in ein enges Rohr über, so erhöht sich in dem Maß die Strömungsgeschwindigkeit, wie der Querschnitt abnimmt.

17.1.20   Bei idealen Gasen und gleichbleibender Temperatur ist das Produkt aus Druck und Volumen konstant ($p \times V$ = const).

17.1.21   Unter Viskosität versteht man die innere Reibung (»Zähigkeit«) von Flüssigkeiten. Sie ist von der Temperatur abhängig.

17.1.22   Wärme ist eine Form der Energie. Wird einem Stoff Wärme zugeführt, so steigt die Temperatur des Stoffes an. Die Bewegung der kleinsten Teilchen nimmt zu, ihre Geschwindigkeit wird größer und damit auch ihre Bewegungsenergie (kinetische Energie).

17.1.23   Metalle wie Silber, Kupfer und Aluminium sind gute Wärmeleiter. Glas, keramische Stoffe, Flüssigkeiten und Gase sind schlechte Wärmeleiter.

17.1.24   Normalerweise ziehen sich Stoffe bei Abkühlung zusammen und dehnen sich bei Wärme aus. Wasser nimmt eine Sonderstellung ein. Eine bestimmte Wassermenge hat bei 4 °C sein kleinstes Volumen. Zwischen 0 °C und 4 °C sowie oberhalb 4 °C ist das Volumen größer. Wasser von 4 °C dehnt sich also sowohl beim Abkühlen als auch beim Erwärmen aus.

17.1.25   Beim Übergang in den festen Zustand nimmt das Volumen des Wassers zu (ungefähr um 11 %). Daher schwimmt Eis auf dem Wasser.

17.2   Geschwindigkeit, Beschleunigung, Kraft, Reibung

17.2.1   Unter Geschwindigkeit versteht man die pro Zeiteinheit zurückgelegte Wegstrecke. Sie wird in Metern pro Sekunde m/s (SI-Einheit) oder Kilometern pro Stunde km/h gemessen.

17.2.2   Die Beschleunigung ist die Geschwindigkeitsänderung pro Zeiteinheit. Eine negative Beschleunigung ist eine Geschwindigkeitsabnahme (Bremsen).

17.2.3   An der Änderung des Bewegungszustandes (Beschleunigung bzw. Verzögerung) kann man erkennen, dass Kräfte auf einen Körper einwirken.

17.2.4   Eine Kraft wird gekennzeichnet durch:
- eine Richtung,
- eine bestimmte Größe (Betrag) und
- einen Angriffspunkt.

17.2.5   Kraft = Masse × Beschleunigung

$$F = m \times a.$$

17.2.6

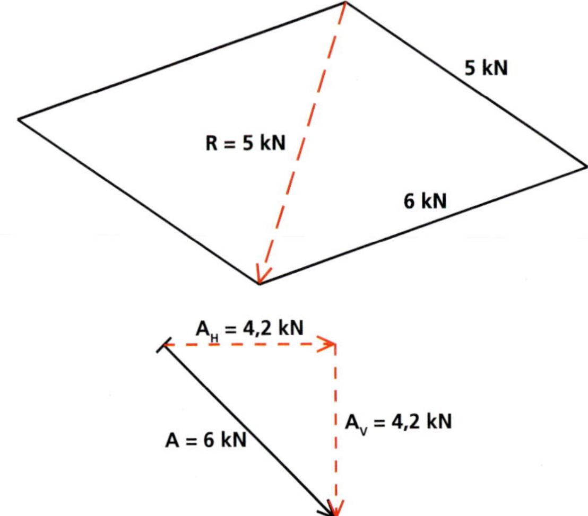

17.2.7

17.2.8 Nachfolgende Reibungsarten werden unterschieden:
- Haftreibung,
- Gleitreibung,
- Rollreibung.

17.2.9 Die Reibung ist abhängig von der Masse des Körpers, also der Gewichtskraft, und der Oberflächenbeschaffenheit der sich berührenden Flächen (glatt oder rau).

17.2.10 **a)** Gummi auf Asphalt: Reibzahl ungefähr 0,5
b) Gummi auf Beton: Reibzahl ungefähr 0,7.

17.2.11 Nach dem Physiker Isaac Newton, der bereits vor 300 Jahren die Newton'schen Axiome formuliert hat, werden Kräfte benannt. Da die Kraft als $F = m \times a$ definiert ist, hat sie die Einheit $N = kg \times m/s^2$.

17.2.12 Die Gewichtskraft des Fahrzeugs ist 120 kN. Die Reibzahl von Gummi auf Asphalt ist 0,5. Die Zugkraft ergibt sich aus dem Produkt aus Gewichtskraft und Reibzahl: 120 kN × 0,5 = 60 kN Das Fahrzeug kann mit bis zu 60 kN Zugkraft beaufschlagt werden.

17.2.13

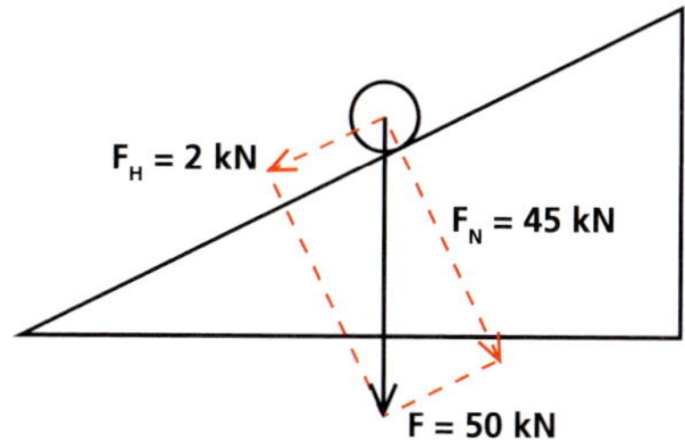

17.2.14   Gegeben: t = 10 s; v = 100 km/h

$$v = 100.000\,m : 3600\,s = 28\,m/s$$

Gesucht: s [m]

$$s = v \times t = 28\,m/s \times 10\,s = 280(\,m/s) \times s = 280\,m$$

Das Fahrzeug legt in 10 Sekunden 280 Meter zurück.

17.2.15   Konstante Beschleunigung auf einer geradlinigen Bahn bedeutet, dass in gleichen Zeiten der Geschwindigkeitszuwachs/die Geschwindigkeitsabnahme gleich groß ist.

17.2.16   Das Geschwindigkeits-Zeit-Gesetz besagt, dass die Geschwindigkeitsänderung aus dem Produkt von Beschleunigung und Zeit besteht ($v_e - v_a = a \times t$).

17.2.17   Für geradlinige, gleichmäßig beschleunigte Bewegungen gilt das Weg-Zeit-Gesetz in folgender Form:

$$s(t) = \tfrac{1}{2} \times a \times t^2 + v_0 \times t + s_0$$

a: Beschleunigung [m/s^2]
t: Zeit [s]
v_0:   Anfangsgeschwindigkeit [m/s]
s_0:   Anfangsweg [m]

17.2.18   Gegeben: v_a = 0 km/h, v_e = 60 km/h = 17 m/s
Gesucht: a [m/s^2]

$$a = v_e - v_a/t = (17\,m/s - 0\,m/s) : 170\,s = 0{,}1\,m/s^2$$

17.2.19   Gegeben: t = 10 s, g = 9,81 m/s^2, v_a = 0 m/s^2
Gesucht: v_e [m/s] beziehungsweise [km/h]

$$v_e - v_a = g \times t$$
$$v_e - 0 = 9{,}81\,m/s^2 \times 10\,s \cdot v_e = 98{,}1\,m/s = 353\,km/h$$

Gesucht: s [m]

$$s = 0{,}5 \times 9{,}81 \text{ m/s} \times (10\,\text{s})^2$$
$$s = 0{,}5 \times 9{,}81 \times 100 \ (\text{m/s}^2) \times \text{s}^2$$
$$s = 490{,}5 \text{ m}$$

17.2.20   Die gleichförmige Kreisbewegung oder Rotation ist eine Bewegung, bei der ein Körper eine geschlossene Kreisbahn mit konstanter Bahngeschwindigkeit durchläuft. Der Betrag der Bahngeschwindigkeit ist konstant, ihre Richtung ändert sich jedoch laufend.

17.2.21   Die Zentrifugalkraft hängt vom Quadrat der Winkelgeschwindigkeit beziehungsweise Quadrat der Drehzahl ab.

17.2.22

Drehzahl	$n = 2\,500$ U/min
Durchmesser	$d = 250$ mm
Masse	$m = 1$ g
Geschwindigkeit	$v = ?$ [m/s]
Zentrifugalkraft	$F_z = ?$ [N]

$$v = 2 \times \pi \times n \times r = 2 \times 3{,}14 \times 2\,500\,\text{U/min} \times \tfrac{1}{2} \times 0{,}25\,\text{m} = 1\,962{,}5\,\text{m/min} = 32{,}7\,\text{m/s}$$

$$F_z = m \times v^2/r = 1\,\text{g} \times (32{,}7\,\text{m/s})^2/(\tfrac{1}{2} \times 0{,}25\,\text{m}) = 8\,554\,\text{g} \times \text{m/s}^2 = 8{,}55\,\text{N}$$

17.2.23   Der englische Physiker Isaac Newton formulierte drei Grundsätze der Bewegung, die bis heute die Grundlage der Mechanik bilden:

1. Trägheitsprinzip,
2. Aktionsprinzip und
3. Wechselwirkungsprinzip.

17.2.24   Jeder Körper verharrt im Zustand der Ruhe oder geradlinig gleichförmigen Bewegung, solange keine Kraft auf ihn wirkt oder ein Gleichgewicht zwischen allen angreifenden Kräften herrscht.

17.2.25   Wechselwirkungsprinzip: Wirkt ein Körper A auf einen Körper B mit einer Kraft F, so wirkt auch Körper B auf Körper A und zwar mit einer Kraft vom gleichen Betrage, aber mit entgegengesetzter Richtung.

17.2.26   Die Wirkungslinie einer Kraft ist eine gedachte Linie durch die Kraftrichtung, längs derer der Angriffspunkt der Kraft beliebig verschoben werden kann.

17.2.27   Man erhält die Resultierende durch Konstruktion eines Kräfteparallelogramms. Die Verbindungslinie zwischen dem Ausgangspunkt der beiden Kräfte und dem Schnittpunkt der beiden parallel verschobenen Strecken ist die Resultierende.

17.2.28 Ein Anschlagwinkel von 120° soll beim Anschlagen von Lasten nicht überschritten werden. Allgemein ist der Anschlagwinkel möglichst klein zu wählen.

17.2.29 Länge $\quad l = 4{,}00\ \text{m}$
Höhe $\quad h = 1{,}50\ \text{m}$
Masse $\quad m = 100\ \text{kg}$
Kraft $\quad F_H = ?\ [\text{N}]$
Arbeit $\quad W = ?\ [\text{J}]$

$$F_G = m \times g = 100\,\text{kg} \times 9{,}81\,\text{m/s}^2 = 981\,\text{N}$$
$$F_H = F_G \times h/l = 981\,\text{N} \times 1{,}50\,\text{m}/4{,}00\,\text{m} = 368\,\text{N}$$
$$W = F_H \times l = 368\,\text{N} \times 4{,}00\,\text{m} = 1472\,\text{Nm} = 1{,}5\,\text{kJ}$$

17.2.30
$$v = s : t$$
$$v = (7\,\text{km} \times 60\,\text{min}) : (6\,\text{min} \times \text{h})$$
$$v = 70\,\text{km/h}$$

17.2.31 Die Drahtseile sind wie nachfolgend aufgeführt anzuschlagen: Drei Drahtseile werden zwischen RW und dem ersten Anhänger in Stellung gebracht, zwei Drahtseile zwischen dem ersten und dem zweiten Anhänger, ein Drahtseil zwischen dem zweiten und dritten Anhänger.

17.2.32 Bei wenig verzögertem Rollen wirkt der Reibungsbeiwert der Haftreibung, bei blockierten Rädern wirkt der Reibungsbeiwert der Gleitreibung. Der Reibungsbeiwert der Gleitreibung ist kleiner als der Reibungsbeiwert der Haftreibung.

17.3 Hebel, lose und feste Rolle

17.3.1 Das Hebelgesetz lautet: Kraft × Kraftarm = Last × Lastarm.
Ist das Produkt aus Kraft × Kraftarm und Last × Lastarm gleich, befindet sich der Hebel im Gleichgewicht.

17.3.2

17.3.3
$$F \times 10\,\text{m} = 250\,\text{kN} \times 4\,\text{m}$$

$$F = 100\,\text{kN}$$

Eine Kraft von 100 kN ist erforderlich, um den Wagon wieder einzugleisen.

17.3.4   Masse vorn $m_v = 750\,\text{kg}$
Masse hinten $m_h = 520\,\text{kg}$
Achsabstand $l = 4{,}50\,\text{m}$
Schwerpunkt $l_1 = ?\,[\text{m}]$

$$mv \times l = (mv + mh) \times l_1$$
$$l_1 = mv \times l / (mv + mh) = 750\,\text{kg} \times 4{,}50\,\text{m} / 1.270\,\text{kg} = 2{,}66\,\text{m}$$

17.3.5   Eine lose Rolle verteilt die Last gleichmäßig auf zwei Seile. Zum Heben benötigt man nur die halbe Kraft, muss dafür aber den doppelten Weg (Seillänge) zurücklegen.
Eine feste Rolle dient nur zum Umlenken der Kraft ohne jegliche Krafteresparnis (Umlenkrolle).

17.3.6   Da eine »lose Rolle« eingebaut ist, wird die Zugkraft halbiert. Es ist jedoch der doppelte Weg (Zugseillänge) zurückzulegen.

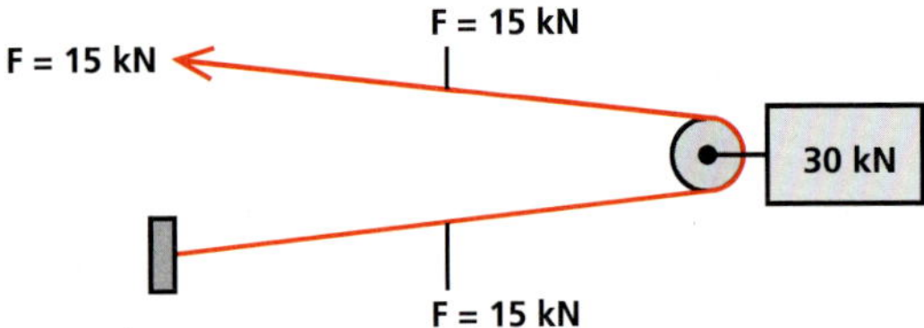

17.3.7   Es wurde eine »feste Rolle« eingebaut. In diesem Fall wird die Zugkraft nur umgelenkt, eine Krafteresparnis wird nicht bewirkt.

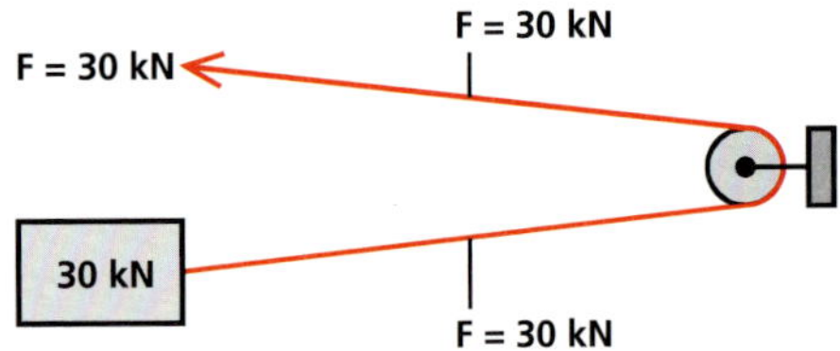

17.3.8   Es wurde eine »lose Rolle« und eine »feste Rolle« eingebaut. Da drei Zugseile angeschlagen sind, beträgt die Zugkraft ein Drittel der Gewichtskraft.

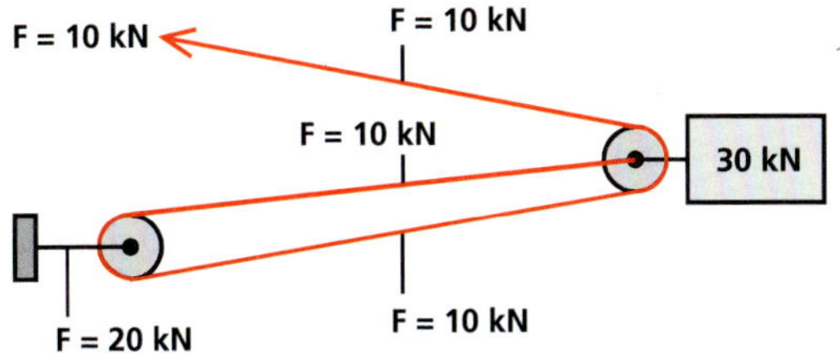

17.3.9   Es wurden zwei »lose Rollen« angeschlagen. Demnach wird die Last (30 kN) zweimal halbiert, sodass mit einer Zugkraft von 15 kN gearbeitet werden kann.

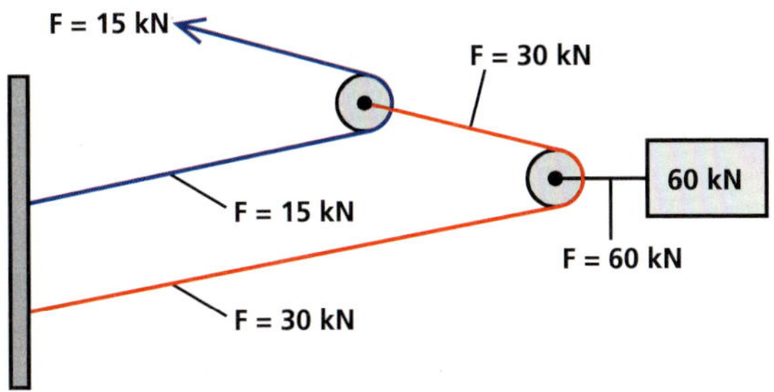

17.3.10   Beim Anschlagen von Lasten soll der Anschlagwinkel (Spreizwinkel) möglichst klein sein, also einen spitzen Winkel bilden (innere Seilkräfte).

17.3.11

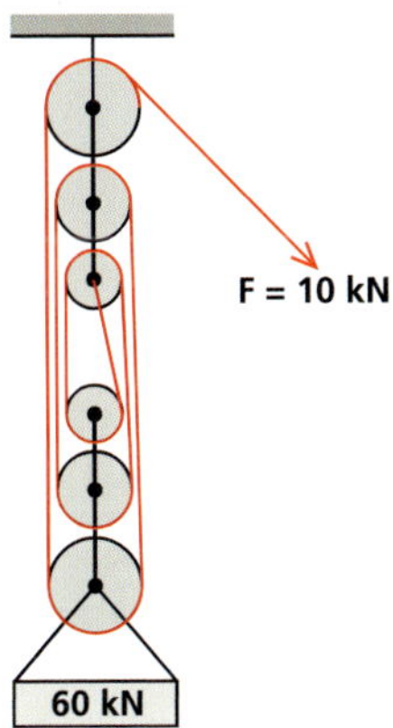

17.3.12 $F = F_1;\; F_1 = (900\,\text{N} + 30\,\text{N}) : 3 = 310\,\text{N}$

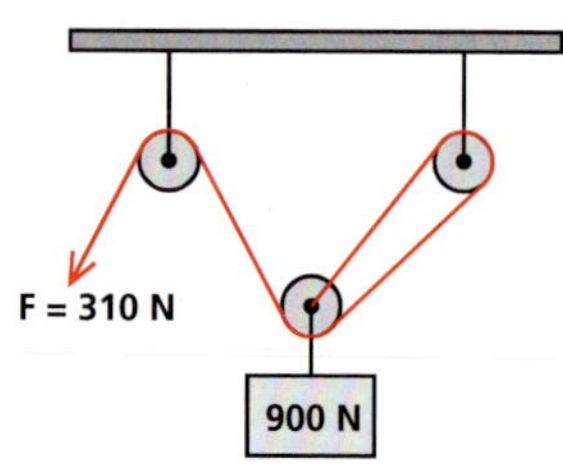

17.3.13   Gegeben: $F_L = 1/3 \times 3\,000\,\text{kg} \times 10\,\text{m/s}^2 = 100\,\text{kN}$
$s_L = 0,5\,\text{m}$
$s_K = 2,5\,\text{m}$

Gesucht: F_K [kN]
$F_K \times s_K = F_L \times s_L$
$F_K = F_L\, s_L/s_K = 20\,\text{kN}$

17.3.14   Gegeben: $F = 50\,\text{kN}$
$r = 9\,\text{cm} = 0,09\,\text{m}$

Gesucht: M [Nm]
$M = F \times r = 50\,\text{kN} \times 0,09\,\text{m} = 4,5\,\text{kNm} = 4.500\,\text{Nm}$

18 Mitarbeiterführung

18.1 Bei der Mitarbeiterführung sollten folgende Grundregeln beachtet werden:
- Der Mitarbeiter möchte ernst genommen werden.
- Der Mitarbeiter möchte Anerkennung.
- Der Mitarbeiter möchte sich sicher fühlen.
- Der Mitarbeiter möchte dazugehören.

18.2 Bei der Mitsprache ist der Mitarbeiter entweder an den Entscheidungen beteiligt oder kann sogar selbst Entscheidungen treffen.

18.3 Unter Delegation versteht man die dauerhafte Übertragung von Entscheidungsbefugnis sowie dazugehöriger Kompetenzen und Verantwortung an nachgeordnete Stellen.

18.4 Bei der Partizipation nimmt der Mitarbeiter an den Prozessen der Willensbildung und den Entscheidungen übergeordneter Führungsebenen teil.

18.5 Beim Empowerment wird dem Mitarbeiter die Möglichkeit gegeben, sich selbst eigene Arbeitsziele zu setzen, eigene Entscheidungen zu treffen und Problemfälle innerhalb seines Verantwortungs- beziehungsweise Zuständigkeitsbereiches zu lösen.

18.6 Durch die Art wie ich mit meinem Mitarbeiter spreche, mache ich deutlich, welches Menschenbild ich von ihm habe.

18.7 Die Qualität von Mitarbeitergesprächen hängt in erster Linie von der persönlichen Einstellung ab, welche ich zu dem jeweiligen Mitarbeiter besitze.

18.8 Durch das Führen von Mitarbeitergesprächen soll/sollen:
- Missverständnisse, Fehlurteile oder Meinungsverschiedenheiten frühzeitig erkannt und sich hieraus eventuell ergebende Konflikte rechtzeitig beigelegt werden,
- bestehende Konflikte beseitigt werden,
- organisatorische Mängel aufgedeckt beziehungsweise vermieden werden,
- Lösungen von Sachproblemen gefunden werden,
- Hilfe geleistet werden bei der Bewältigung persönlicher Schwierigkeiten.

18.9 Ursachen für das Scheitern von Mitarbeitergesprächen können zum Beispiel darin liegen dass:
- die Führungskraft sich nur ungenügend auf das Gespräch vorbereitet hat,
- die Führungskraft während des Gespräches andere Aufgaben erledigt,
- die Führungskraft nicht zuhören kann,
- die Führungskraft gedanklich bereits bei anderen Dingen ist,
- die Führungskraft voreingenommen ist,
- die Führungskraft zu wenig Zeit für das Gespräch vorgesehen hat (Zeitdruck).

18.10 Bei der Vorbereitung auf ein Mitarbeitergespräch sollten folgende Punkte beachtet werden:
- Die Absprache des Termins für das Gespräch sollte nach Möglichkeit persönlich erfolgen.
- Auch dem Mitarbeiter soll genügend Zeit zur Vorbereitung auf das Gespräch gegeben werden.
- Der Mitarbeiter soll Hinweise auf den voraussichtlichen Gesprächsinhalt erhalten.
- Für das Gespräch ist genügend Zeit einzuplanen, damit auch der Mitarbeiter eigene Wünsche oder Vorstellungen vortragen kann.
- Der Gesprächsort sollte sorgfältig ausgewählt werden (angenehme Atmosphäre, störungsfrei).
- Vorhandene schriftliche Unterlagen oder sonstige für die Durchführung des Gespräches erforderliche Informationen sind bereitzuhalten oder rechtzeitig zu beschaffen.

18.11 Beim Führen von Kritikgesprächen sind folgende Punkte zu beachten:
- Kritik auszuüben ist Aufgabe der Führungskraft, sie soll nicht auf andere Personen übertragen werden.
- Kritik darf nicht als Strafe gedacht sein.
- Kritik ist nicht vor dritten Personen zu äußern.
- Zeigen Sie Bereitschaft zur Klärung des Sachverhaltes: Dem Mitarbeiter soll die Möglichkeit zur Stellungnahme gegeben werden.
- Entschuldigungen des Mitarbeiters sind anzunehmen.

18.12 Ziel der Kritik ist es, schlechte Leistungen der Mitarbeiter abzustellen oder Fehlerquellen auszuschalten.

18.13 Motivation kann erreicht werden durch:
- Anerkennung des Mitarbeiters als Mensch,
- gemeinsames Erarbeiten von Zielvorgaben und verbindlichen Regeln,
- rechtzeitige und gute Information des Mitarbeiters,
- Gewährung von Freiräumen,
- Anerkennung guter Leistung und Aussprechen von Lob,
- keine Versprechungen geben, die nicht eingehalten werden können,
- Delegieren von Entscheidungsverantwortung,
- gerechtes und faires Behandeln der Mitarbeiter.

18.14 Fehlbeurteilungen lassen sich vermeiden indem
- Fakten über einen längeren Zeitraum gesammelt werden,
- Beobachtungen schriftlich fixiert werden,
- Sie den Mitarbeiter in verschiedenen Situationen beobachten,
- eigene Urteile mit anderen Führungskräften besprochen werden,
- eigene Beobachtungen von Erzählungen Dritter getrennt werden.

18.15   Als Folge eines belastenden Ereignisses kann es zum Auftreten einer
- akuten Belastungsreaktion,
- posttraumatischen Belastungsstörung kommen.

18.16   Bei akuten Belastungsreaktionen handelt es sich um länger anhaltende Reaktionen (Stunden, Tage) als Folge eines außergewöhnlichen körperlichen und/oder seelischen Ereignisses eines ansonsten psychisch nicht gestörten Menschen.

18.17   Der/die unmittelbare/n Vorgesetzte/n, aber auch jede andere Einsatzkraft.

18.18   Symptome einer akuten Belastungsreaktion sind zum Beispiel:
- starkes Zittern,
- Aggressivität,
- Weinen,
- Weglaufen,
- Übelkeit, Erbrechen,
- Atemnot,
- Angst,
- Hilflosigkeit.

18.19   Wichtig ist, dass die Opfer von akuten Belastungsreaktionen keine Versager oder Schwächlinge sind, sondern auf Grund einer ungewöhnlichen Situation ein völlig normales Verhalten zeigen, welches aber ihre Handlungsfähigkeit einschränkt. Unverzügliche Hilfe durch Akzeptanz der Gefühle oder körperlicher Kontakt (z. B. umarmen, halten der Hand) sollten als erste Hilfsmaßnahmen erfolgen. Der Betroffene sollte auf keinen Fall mit seinen Problemen alleine gelassen werden.

18.20   Auslöser einer akuten Belastungsreaktion können zum Beispiel:
- Informationsübermaß,
- Informationsmangel,
- Überforderung,
- schockierende Einsatzbilder (z. B. der Tod kleiner Kinder),
- eine eigene Verletzung,
- die Verletzung oder der Tod eines Kameraden während des Einsatzes,
- das Erkennen der eigenen Hilflosigkeit sein.

18.21   Bei der Durchführung von Einsatznachbesprechungen sind folgende Punkte zu beachten:
- Die Nachbesprechung sollte zeitnah zum Ereignis erfolgen.
- Jede beteiligte Einsatzkraft soll sich an dem Gespräch beteiligen und ihre persönlichen Erlebnisse und Eindrücke schildern.
- Es ist für eine störungsfreie Umgebung zu sorgen.
- Gefühle des Anderen sind zu akzeptieren.

- Die Führungskräfte fungieren als Leiter der Besprechung und sollten auch offen über ihre eigenen Gefühle und Ängste sprechen.

18.22   Notfallseelsorger, Ärzte oder Psychologen, sind dann erforderlich, wenn die Hilfe aus dem Kameradenkreis nicht ausreichend ist.

18.23   PTSD steht als Abkürzung für Post Traumatic Stress Disorder, zu Deutsch posttraumatische Belastungsstörung.

18.24   Symptome einer PTSD sind zum Beispiel:
- Schlafstörungen, häufig verbunden mit Alpträumen,
- immer wiederkehrende Erinnerungen,
- Verhaltensänderungen,
- Erinnerungslücken,
- körperliche Stresszeichen bei Reizen, die an das Ereignis erinnern.

18.25   Im Prinzip jede Einsatzkraft.

18.26   Das Risiko, an einer PTSD zu erkranken, kann durch folgende Maßnahmen reduziert werden:
- Durchführung von Vorbereitungen auf den Einsatz,
- Durchführung von Stressbewältigungsmaßnahmen, zum Beispiel Nachbesprechungen,
- Anwendung eigener Bewältigungsstrategien,
- eine spirituelle Einstellung/ein gefestigter religiöser Glaube,
- Erfahrung (Einsatz-/Berufserfahrung).

18.27   Posttraumatische Belastungsstörungen können noch Monate oder Jahre nach dem Trauma auftreten.

19 Rechtsgrundlagen

19.1 Beamtenrecht

19.1.1 Für die Gruppe der Beamten gelten insbesondere
- das Gesetz zur Regelung des Statusrechts der Beamtinnen und Beamten in den Ländern (Beamtenstatusgesetz – BeamtStG),
- die jeweiligen Landesbeamtengesetze der Bundesländer.

19.1.2 Der Beamte steht zu seinem Dienstherrn in einem öffentlich-rechtlichen Dienst- und Treueverhältnis.

19.1.3 Eine Berufung in das Beamtenverhältnis ist nur zur Wahrnehmung hoheitsrechtlicher Aufgaben oder solcher Aufgaben zulässig, die aus Gründen der Sicherung des Staates oder des öffentlichen Lebens nicht ausschließlich Personen übertragen werden dürfen, die in einem privatrechtlichen Arbeitsverhältnis stehen.

19.1.4 Das Beamtenverhältnis kann begründet werden
- auf Lebenszeit,
- auf Zeit,
- auf Probe,
- auf Widerruf.

Des Weiteren ist eine Berufung als Ehrenbeamter möglich.

19.1.5 Wer in ein Beamtenverhältnis berufen werden möchte, muss:
1. Deutscher im Sinne des Artikels 116 des Grundgesetzes sein oder die Staatsangehörigkeit
    a) eines anderen Mitgliedsstaates der Europäischen Union oder
    b) eines anderen Vertragsstaates des Abkommens über den Europäischen Wirtschaftsraum oder
    c) eines Drittstaates, dem Deutschland und die Europäische Union vertraglich einen entsprechenden Anspruch auf Anerkennung von Berufsqualifikation eingeräumt haben, besitzen;
2. die Gewähr dafür bieten, jederzeit für die freiheitliche demokratische Grundordnung im Sinne des Grundgesetzes einzutreten, und
3. die nach Landesrecht vorgeschriebene Befähigung besitzen.

19.1.6 Einer Ernennung bedarf es:
- zur Begründung des Beamtenverhältnisses,
- zur Umwandlung des Beamtenverhältnisses in ein solches anderer Art,

- zur Verleihung eines anderen Amtes mit anderem Grundgehalt,
- zur Verleihung eines anderen Amtes mit anderer Amtsbezeichnung, soweit das Landesrecht dies bestimmt.

19.1.7 Die Ernennung erfolgt durch die Aushändigung einer Ernennungsurkunde.

19.1.8 In der Ernennungsurkunde müssen enthalten sein:
1. bei der Begründung des Beamtenverhältnisses die Worte »unter Berufung in das Beamtenverhältnis« mit dem die Art des Beamtenverhältnisses bestimmenden Zusatz »auf Lebenszeit«, »auf Probe«, »auf Widerruf« oder »als Ehrenbeamter« oder »auf Zeit« mit der Angabe der Zeitdauer der Berufung,
2. bei der Umwandlung des Beamtenverhältnisses in ein solches anderer Art die diese Art bestimmenden Worte nach Nummer 1,
3. bei der Verleihung eines Amtes die Amtsbezeichnung.

19.1.9 Nein, eine Ernennung auf einen zurückliegenden Zeitpunkt ist unzulässig und insoweit unwirksam.

19.1.10 Die Ernennung zum Beamten auf Lebenszeit ist nur zulässig, wenn der Beamte sich in einer Probezeit von mindestens sechs Monaten und höchstens fünf Jahren bewährt hat. Von der Mindestprobezeit können durch Landesrecht Ausnahmen bestimmt werden.

19.1.11 Nach fünf Jahren.

19.1.12 Ernennungen sind nach Eignung, Befähigung und fachlicher Leistung ohne Rücksicht auf Geschlecht, Abstammung, Rasse oder ethnische Herkunft, Behinderung, Religion oder Weltanschauung, politische Anschauungen, Herkunft, Beziehungen oder sexuelle Identität vorzunehmen.

19.1.13 Eine Ernennung ist zurückzunehmen:
- wenn sie durch Zwang, arglistige Täuschung oder Bestechung herbeigeführt wurde,
- wenn nicht bekannt war, dass der Ernannte ein Verbrechen oder Vergehen begangen hatte, das ihn der Berufung in das Beamtenverhältnis unwürdig erscheinen lässt, und er deswegen rechtskräftig zu einer Strafe verurteilt war oder wird.

19.1.14 Es wird zwischen vier Laufbahngruppen unterschieden, die in den Bundesländern unterschiedlich bezeichnet werden. Die vier Laufbahnmöglichkeiten:
- Einfacher Dienst
  - 1. Einstiegsamt der 1. Laufbahngruppe
  - Qualifikationsebene 1
  - 1. Einstiegsamt

- Mittlerer Dienst
  - 2. Einstiegsamt der 1. Laufbahngruppe
  - Qualifikationsebene 2
  - 2. Einstiegsamt

- Gehobener Dienst
  - 1. Einstiegsamt der 2. Laufbahngruppe
  - Qualifikationsebene 3
  - 3. Einstiegsamt

- Höherer Dienst
  - 2. Einstiegsamt der 2. Laufbahngruppe
  - Qualifikationsebene 4
  - 4. Einstiegsamt

19.1.15 Das Beamtenverhältnis endet außer durch Tod durch

- Entlassung,
- Verlust der Beamtenrechte,
- Entfernung aus dem Dienst nach den Disziplinargesetzen,
- durch Eintritt in den Ruhestand.

19.1.16 Zu den Pflichten des Beamten gehören zum Beispiel:

- eine unparteiische und gerechte Aufgabenerfüllung,
- ein Bekenntnis und Eintreten zur freiheitlichen demokratischen Grundordnung im Sinne des Grundgesetzes durch sein gesamtes Verhalten,
- Mäßigung und Zurückhaltung bei politischer Betätigung,
- sich mit vollem persönlichem Einsatz seinem Beruf zu widmen,
- uneigennützige Verwaltung seines Amtes,
- ein Verhalten innerhalb und außerhalb des Dienstes, welches der Achtung und dem Vertrauen gerecht wird, die sein Beruf erfordert,
- Beratung und Unterstützung seiner Vorgesetzten,
- das Vorbringen von Bedenken gegen die Rechtmäßigkeit dienstlicher Anordnungen,
- Verschwiegenheit über dienstliche Belange auch nach Beendigung des Beamtenverhältnisses.

19.1.17 Der Begriff Eintreten für die freiheitliche demokratische Grundordnung lässt sich nicht einfach umschreiben. Entsprechend einem Urteil des Bundesverfassungsgerichtes wird von einem Beamten erwartet, dass er den Staat und seine Verfassung als einen hohen positiven Wert erkennt und anerkennt. Es wird also mehr verlangt als korrekte, kühle, innerlich distanzierte aber uninteressierte Haltung gegenüber dem Staat und seiner Verfassung. Gefordert ist vielmehr eine eindeutige Distanzierung von Gruppen und Bestrebungen, die diesen Staat, seine verfassungsmäßigen Organe und die Rechtsnorm angreifen, bekämpfen oder diffamieren.

19.1.18 Der Beamte bedarf zur Übernahme jeder Nebentätigkeit, soweit er nicht zu ihrer Wahrnehmung verpflichtet ist, der vorherigen Genehmigung.

19.1.19 Zu den nicht genehmigungspflichtigen Nebentätigkeiten gehören:
- eine unentgeltliche Nebentätigkeit (Hinweis: Hier gibt es jedoch einige Ausnahmen),
- die Verwaltung des eigenen oder der Nutznießung des Beamten unterliegenden Vermögens,
- eine schriftstellerische, wissenschaftliche, künstlerische oder Vortragstätigkeit des Beamten,
- die mit Lehr- oder Forschungsaufgaben zusammenhängende selbstständige Gutachtertätigkeit von Lehrern an öffentlichen Hochschulen und Beamten an wissenschaftlichen Instituten und Anstalten,
- die Tätigkeit zur Wahrung von Berufsinteressen in Gewerkschaften oder Berufsverbänden oder in Selbsthilfeeinrichtungen der Beamten.

Auch wenn es sich hier um nicht genehmigungspflichtige Nebentätigkeiten handelt, so kann jedoch in einigen Bundesländern eine Anzeigepflicht für diese Tätigkeiten bestehen.

19.1.20 Die Genehmigung ist zu versagen, wenn zu befürchten ist, dass durch die Nebentätigkeit dienstliche Interessen beeinträchtigt werden. Dies kann der Fall sein, wenn die Nebentätigkeit
- nach Art und Umfang die Arbeitskraft des Beamten so stark in Anspruch nimmt, dass die ordnungsgemäße Erfüllung seiner dienstlichen Pflichten behindert werden kann,
- den Beamten in einen Widerstreit mit seinen dienstlichen Pflichten bringen kann,
- in einer Angelegenheit ausgeübt wird in der die Behörde, der der Beamte angehört, tätig wird oder tätig werden kann,
- die Unparteilichkeit oder Unbefangenheit des Beamten beeinflussen kann,
- zu einer wesentlichen Einschränkung der künftigen dienstlichen Verwendbarkeit des Beamten führen kann,
- dem Ansehen der öffentlichen Verwaltung abträglich sein kann.

19.1.21 Zu den Rechten eines Beamten nach dem Beamtenrechtsrahmengesetz gehören zum Beispiel:
- die Fürsorgepflicht des Dienstherrn,
- das Alimentationsrecht,
- Anspruch auf Erholungsurlaub unter Fortzahlung der Dienstbezüge,
- Recht auf Einsicht in die vollständige Personalakte auch nach Beendigung des Beamtenverhältnisses,

- Anhörungsrecht zu Beschwerden, Behauptungen und Bewertungen vor deren Aufnahme in die Personalakte, wenn sie für ihn ungünstig sind oder ihm nachteilig werden können (die Äußerung ist ebenfalls zu den Personalakten zu nehmen),
- das Recht sich in Gewerkschaften oder Berufsverbänden zusammenzuschließen,
- das Recht bei Anträgen oder Beschwerden den Beschwerdeweg bis zu seiner obersten Dienstbehörde zu bestreiten (der Dienstweg ist jedoch einzuhalten).

19.1.22   Das Recht, Beamte zu haben, besitzen
1. Länder, Gemeinden und Gemeindeverbände,
2. sonstige Körperschaften, Anstalten und Stiftungen des öffentlichen Rechts, die dieses Recht im Zeitpunkt des Inkrafttretens des Beamtenstatusgesetzes besitzen oder denen es durch ein Landesgesetz oder aufgrund eines Landesgesetzes verliehen wird.

19.1.23   Eine Festlegung aller hergebrachten Grundsätze des Berufsbeamtentums ist sehr schwierig und wegen der Möglichkeit zur Fortentwicklung entsprechend problematisch. Zu den hergebrachten Grundsätzen gehören zum Beispiel:
- das Beamtenverhältnis als ein öffentlich-rechtliches Dienstverhältnis in Form eines besonderen Gewaltverhältnisses mit Funktionsvorbehalt,
- beiderseitige besondere öffentlich-rechtliche Treuepflicht,
- jederzeitiges Eintreten des Beamten für den Staat und seine verfassungsgemäße Ordnung,
- Neutralitätsgebot sowie Wahrnehmung der Interessen der Gesamtheit und Wahrnehmung der Interessen des Dienstherrn,
- persönliche Verantwortlichkeit des Beamten und Gehorsamspflicht,
- Laufbahnprinzip,
- amtsmäßiges persönliches Verhalten,
- Leistungsprinzip,
- besonders ausgestaltete Amtshaftung,
- Streikverbot.

19.1.24   Ein Grundsatz gilt dann als hergebracht, wenn er schon zur Zeit der Weimarer Republik oder früher Gültigkeit besaß.

19.2   Staatsbürgerkunde

19.2.1   Zum Staatsbegriff gehören die Elemente Staatsgebiet, Staatsvolk und Staatsgewalt.

19.2.2   Als Staatsgebiet bezeichnet man den abgegrenzten Teil der Erdoberfläche, in dem der Staat seine Herrschaft ausübt. Zum Staatsgebiet gehören:
- der abgegrenzte Teil der Erdoberfläche,

- das Erdinnere darunter,
- der Luftraum darüber (nicht Weltraum),
- das Küstenmeer (umstritten, mindestens Dreimeilenzone).

19.2.3   Eine Änderung des Staatsgebietes ist möglich durch:
- Abtretung (freiwillig, durch Vereinbarung),
- Annexion (gewaltsame Besitzergreifung),
- Okkupation (Inbesitznahme des Gebietes ohne Beeinträchtigung der Eigenstaatlichkeit).

19.2.4   Ein Staatsvolk ist eine Gemeinschaft von Menschen, welche dieselbe Staatsangehörigkeit besitzen.
Unter Nation ist eine Gemeinschaft von Menschen zu verstehen, die durch gemeinsame Merkmale wie zum Beispiel Abstammung, geschichtliche Vergangenheit, Kultur, Sprache und Zusammengehörigkeitsgefühl miteinander verbunden sind.

19.2.5   Unter Staatsgewalt versteht man die Anordnungs- und Zwangsgewalt eines Staates zur Aufrechterhaltung seiner Ordnung. Eine Berechtigung des Staates, seine Staatsgewalt willkürlich oder unbegrenzt zu gebrauchen, besteht jedoch nicht. Auch der Staat ist bei der Erfüllung seiner Aufgaben an den Grundsatz der Verhältnismäßigkeit gebunden. Nach dem Grundgesetz der Bundesrepublik Deutschland geht alle Staatsgewalt vom Volke aus (Ausübung z. B. durch Wahlen und Abstimmungen).

19.2.6   Unter einer Staatsform versteht man die verfassungsmäßige Bestimmung des Trägers der Staatsgewalt und der Art ihrer Ausübung.

19.2.7   Bei den Staatsformen unterscheiden wir zwischen der:
- Monarchie: Herrschaft eines Einzelnen (Kaiser, König, Fürst),
- Republik: Staatsgewalt liegt bei einer Mehrheit von Personen,
- Diktatur: Herrschaft einer Einzelperson (Diktator).

19.2.8   Entsprechend Art. 20 des Grundgesetzes ist die Bundesrepublik Deutschland ein demokratischer und sozialer Bundesstaat.

19.2.9   Unter einem Rechtsstaat ist ein Staat zu verstehen, dessen Ziel die Schaffung eines materiell gerechten Zustandes ist. Die Rechtmäßigkeit staatlichen Handelns wird dabei durch unabhängige Gerichte kontrolliert. Die Rechte der Bürger werden durch die Anerkennung von Grundrechten gesichert. In diese Rechte darf nur aufgrund eines formellen vom Parlament beschlossenen – Gesetzes eingegriffen werden.

19.2.10   Zu den Merkmalen eines Rechtsstaates gehören zum Beispiel:
- die Gewaltenteilung,

- die Gewähr der persönlichen Freiheitsrechte,
- die Bindung der Staatsgewalt an Gesetz und Recht,
- das Prinzip vom Vorbehalt des Gesetzes,
- dass Eingriffe in die Rechtssphäre des Bürgers nur durch oder auf Grund eines Gesetzes möglich sind,
- der Grundsatz der Verhältnismäßigkeit staatlichen Handelns,
- der Rechtsschutz gegen staatliche Gewalt,
- der Grundsatz, dass Handlungen nur dann bestraft werden können, wenn ihre Strafbarkeit vorher gesetzlich bestimmt wurde.

19.2.11   Bei einem Bundesstaat ist die Ausübung der Staatsgewalt auf einen Zentralstaat (Bund) und mehrere Gliedstaaten (Länder) aufgeteilt. Die Gliedstaaten besitzen in der Regel im Bund ein Mitspracherecht.

19.2.12   Die obersten Bundesorgane der Bundesrepublik Deutschland sind:
- der Bundestag,
- der Bundesrat,
- die Bundesversammlung,
- der Bundespräsident,
- die Bundesregierung und der Bundeskanzler,
- der Gemeinsame Ausschuss,
- das Bundesverfassungsgericht.

19.2.13   Die Zuständigkeit des Bundestages erstreckt sich auf:
- das Gesetzgebungsrecht (Legislativgewalt Art. 77 GG),
- das Enqueterecht (Untersuchsrechte Art. 44 GG),
- die Wahl des Bundeskanzlers (Art. 63),
- die Entlassung des Kanzlers durch die Wahl eines Nachfolgers (konstruktives Mißtrauensvotum Art. 67, 68 GG),
- die Wahl der Hälfte der Richter des Bundesverfassungsgerichtes (Art. 94),
- die Wahl der Hälfte der Mitglieder des Richterwahlausschusses, der über die Berufung der Richter der obersten Gerichtshöfe des Bundes entscheidet (Art. 95 Abs. 2 GG),
- die Erhebung der Richteranklage beim BVerfG (Art. 98 GG),
- dem Zitier- und Interpellationsrecht (Art. 43 GG),
- die Feststellung des Bundeshaushalts (Budgetrecht Art. 110, 114 GG).

19.2.14   Die Abgeordneten des Bundestages werden für vier Jahre nach den Grundsätzen des allgemeinen und gleichen Wahlrechts gewählt.

19.2.15   Bei der Mehrheitswahl wird das Wahlgebiet in so viele Wahlkreise aufgeteilt, wie das Parlament Sitze haben soll. In jedem Wahlkreis wird nur ein Kandidat gewählt. Bei einer reinen Verhältniswahl erhalten die Parteien prozentual so viele Sitze im Parlament, wie sie Stimmen im gesamten Wahlgebiet erhalten haben. Die Entsendung der Kandidaten in das Parlament erfolgt nach vorher aufgestellten Listen.

19.2.16   Das Wahlsystem der Bundesrepublik Deutschland besteht aus einer Kombination von Mehrheits- und Verhältniswahl. Eine Hälfte der Sitze des Bundestages wird an die Direktkandidaten, die andere an die Listenkandidaten vergeben.

19.2.17   Die 5 %-Klausel soll gegen eine Überzahl kleiner Splitterparteien im Parlament sichern (Problem der Weimarer Republik).

19.2.18   Unter einer Fraktion versteht man den Zusammenschluss gesinnungsmäßig gleich orientierter Abgeordneter (meist einer Partei oder einander nahestehender Parteien z. B. CDU und CSU) im Parlament. Sie soll den technischen Ablauf der Parlamentsarbeit steuern und erleichtern und den Abgeordneten eine effektive Wahrnehmung ihrer Rechte und Pflichten ermöglichen.

19.2.19   Untersuchungsausschüsse sollen Tatbestände des öffentlichen Interesses sowie Unregelmäßigkeiten in der Geschäftsführung von Bundestag oder Bundesregierung durch Beweiserhebung aufklären.

19.2.20   Im Gegensatz zu den Untersuchungsausschüssen werden die Enquetekommissionen nicht nur mit Mitgliedern des Bundestages besetzt, sondern vor allem mit Fachleuten der betreffenden Sachgebiete.

19.2.21   Der Bundesrat soll als Organ des Bundes die Interessen der Länder wahrnehmen.

19.2.22   Die Anzahl der Vertreter richtet sich nach der Einwohnerzahl, wobei jedes Bundesland mindestens drei Vertreter (Stimmen) entsendet.
- Länder mit mehr als zwei Millionen Einwohnern besitzen vier Stimmen.
- Länder mit mehr als sechs Millionen Einwohnern besitzen fünf Stimmen.
- Länder mit mehr als sieben Millionen Einwohnern besitzen sechs Stimmen.

19.2.23   Zu den wichtigsten Aufgaben des Bundesrates gehören die Mitwirkung:
- im ordentlichen Gesetzgebungsverfahren (Art. 77 GG),
- beim Gesetzgebungsnotstand (Art. 81 GG),
- beim Bundeszwang (Art. 37 GG),
- bei der Errichtung von bundeseigenen Mittel- und Unterbehörden (Art. 87 Abs. 3 GG),
- bei der Bundesaufsicht über die Ausführung der Bundesgesetze durch die Länder,
- der Feststellung des Verteidigungsfalles (Art. 115 a Abs. 1).

19.2.24   Die Amtszeit beträgt ein Jahr.

19.2.25   Die Aufgabe der Bundesversammlung besteht in der Wahl des Bundespräsidenten.

19.2.26   Die Bundesversammlung besteht aus den Mitgliedern des Bundestages und einer gleichen Zahl von Mitgliedern, die von den Volksvertretungen der Länder gewählt werden. Die Wahl dieser Mitglieder erfolgt nach der Stärke der in den einzelnen Ländern vertretenen Parteien.

19.2.27   Der Bundeskanzler leitet die Bundesregierung, bestimmt die Richtlinien der Politik und trägt dafür die Verantwortung.

19.2.28   Der Bundeskanzler wird auf Vorschlag des Bundespräsidenten vom Bundestag gewählt (absolute Mehrheit erforderlich) und dann vom Bundespräsidenten ernannt.

19.2.29   Zuständigkeiten des Bundeskanzlers:
- Er schlägt dem Bundespräsidenten die zu ernennenden oder zu entlassenden Bundesminister vor.
- Er hat die Richtlinienkompetenz.
- Ihm obliegt die Leitung der Geschäfte der Bundesregierung.
- Mit Verkündung des Verteidigungsfalles geht die Befehls- und Kommandogewalt über die Streitkräfte vom Verteidigungsminister auf den Bundeskanzler über.

19.2.30

Konrad Adenauer	1949 – 1963
Ludwig Erhard	1963 – 1966
Kurt Georg Kiesinger	1966 – 1969
Willy Brandt	1969 – 1974
Helmut Schmidt	1974 – 1982
Helmut Kohl	1982 – 1998
Gerhard Schröder	1998 – 2005
Angela Merkel	2005 – 2021
Olaf Scholz	seit 2021

19.2.31   Aufgaben der Bundesregierung:
- Gesetzesinitiative nach Art. 76 GG, Erlass von Rechtsverordnungen, Verwaltungsvorschriften (Art. 80 GG),
- Antrag auf Anordnung des Gesetzgebungsnotstandes,
- Maßnahmen bei inneren Notständen und im Verteidigungsfall,
- Aufgaben aus der Stellung als Organ der Exekutive in Innen- und Außenpolitik.

19.2.32   Die Amtszeit des Bundespräsidenten umfasst fünf Jahre, eine Wiederwahl ist einmal möglich.

19.2.33   Zu den Rechten und Pflichten des Bundespräsidenten gehören:
- die Wahrnehmung repräsentativer Aufgaben,
- die Völkerrechtliche Vertretung der Bundesrepublik,

19

- die Ausfertigung von Gesetzen,
- der Vorschlag des Bundeskanzlerkandidaten im Bundestag,
- die Ernennung und Entlassung der Bundesrichter, der Bundesbeamten, Offiziere und Unteroffiziere,
- die Ausübung des Begnadigungsrechts,
- die jederzeitige Einberufung des Bundestages,
- die Verleihung von Ehrungen (z. B. Bundesverdienstkreuz).

19.2.34
Theodor Heuss	1949–1959
Heinrich Lübke	1959–1969
Gustav Heinemann	1969–1974
Walter Scheel	1974–1979
Karl Carstens	1979–1984
Richard von Weizsäcker	1984–1994
Roman Herzog	1994–1999
Johannes Rau	1999–2004
Horst Köhler	2004–2010
Christian Wulff	2010–2012
Joachim Gauck	2012–2017
Frank-Walter Steinmeier	seit 2017

19.2.35   Entsprechend Art. 73 GG hat der Bund bei den nachfolgend aufgeführten Punkten die Gesetzgebungskompetenz:

- auswärtige Angelegenheiten,
- Schutz der Zivilbevölkerung,
- Verteidigung,
- Staatsangehörigkeit,
- Passwesen,
- Geld- und Münzwesen.

19.2.36   Bei der konkurrierenden Gesetzgebung liegt die Gesetzgebungsbefugnis bei den Ländern, solange und sofern der Bund von seinem Gesetzgebungsrecht keinen Gebrauch macht.

19.2.37   Bei der Rahmengesetzgebung darf der Bund nur die Rahmenvorschriften erlassen, den Ländern muss Raum zu eigener Entscheidung belassen werden (z. B. Hochschulrahmengesetz, Beamtenrechtsrahmengesetz).

19.2.38   Die ausschließliche Gesetzgebungskompetenz der Länder erstreckt sich auf:

- das Landesverfassungsrecht,
- die innere Landesverwaltung,
- das Schul- und Kulturwesen,
- das Gemeinderecht (Kommunalverfassungsrecht),

- das Polizei- und Ordnungsrecht,
- das Landessteuerrecht.

19.2.39   Der Vermittlungsausschuss dient der Beilegung von Meinungsverschiedenheiten zwischen dem Bundestag und dem Bundesrat bei Gesetzesvorlagen. Er setzt sich aus einer gleichen Anzahl von Mitgliedern des Bundestages und des Bundesrates zusammen. Die Mitglieder des Bundesrates sind hierbei nicht weisungsgebunden.

19.3   Straßenverkehrsordnung

19.3.1   Die wichtigsten Grundregeln der Straßenverkehrsordnung sind im § 1 der StVO zusammengefasst, hier heißt es: Die Teilnahme am Straßenverkehr erfordert ständige Vorsicht und gegenseitige Rücksicht. Jeder Verkehrsteilnehmer hat sich so zu verhalten, dass kein anderer geschädigt, gefährdet oder mehr als nach den Umständen unvermeidbar behindert oder belästigt wird.

19.3.2   Beim Ein- und Aussteigen ist darauf zu achten, dass eine Gefährdung anderer Verkehrsteilnehmer ausgeschlossen ist. Weiterhin sind alle nötigen Maßnahmen zu treffen, um Unfälle oder Verkehrsstörungen zu vermeiden.

19.3.3   Gemäß § 35 StVO kann die Feuerwehr von den Vorschriften der Straßenverkehrsordnung befreit werden, soweit das zur Erfüllung hoheitlicher Aufgaben dringend geboten ist.

19.3.4   Unter hoheitlichen Aufgaben ist jede Vornahme von Diensthandlungen zu verstehen, die zur Erfüllung der gesetzlich zugewiesenen Aufgaben der Sonderrechtsträger erforderlich ist.

19.3.5   Eine Befreiung der Fahrzeuge des Rettungsdienstes von den Vorschriften der Straßenverkehrsordnung ist dann möglich, wenn höchste Eile geboten ist, um Menschenleben zu retten oder schwere gesundheitliche Schäden abzuwenden.

19.3.6   Die Sonderrechte dürfen nur unter gebührender Berücksichtigung der öffentlichen Sicherheit und Ordnung ausgeübt werden.

19.3.7   Die Kreuzung darf nur mit entsprechender Vorsicht (Schrittgeschwindigkeit) überquert werden. Weiterhin ist zu beachten, ob die anderen Verkehrsteilnehmer die Sondersignale wahrnehmen und berücksichtigen.

19.3.8   Blaues Blinklicht darf mit dem Einsatzhorn zusammen nur verwendet werden, wenn höchste Eile geboten ist, um Menschenleben zu retten oder schwere gesundheitliche Schäden abzuwenden, eine Gefahr für die öffentliche Sicherheit oder Ordnung abzuwenden, flüchtige Personen zu verfolgen oder bedeutende Sachwerte zu erhalten sind.

19

19.3.9 Nach der Straßenverkehrsordnung darf das blaue Blinklicht allein nur von den damit ausgerüsteten Fahrzeugen und zur Warnung an Unfall- oder sonstigen Einsatzstellen, bei Einsatzfahrten oder bei der Begleitung von Fahrzeugen oder von geschlossenen Verbänden verwendet werden.

19.3.10 Für die Erteilung der Fahrerlaubnis ist die Straßenverkehrsbehörde zuständig, in deren Zuständigkeit der Marsch beginnen soll.

19.3.11 Die Erlaubnis der zuständigen Straßenverkehrsbehörde ist dann erforderlich, wenn mehr als 30 Kraftfahrzeuge im geschlossenen Verband fahren sollen.

19.3.12 Die Erlaubnispflicht entfällt bei Einsätzen anlässlich von Unglücksfällen, Katastrophen und Störungen der öffentlichen Sicherheit oder Ordnung sowie in den Fällen der Artikel 91 und 87 a Abs. 4 des Grundgesetzes sowie im Verteidigungsfall und im Spannungsfall.

19.4 Einsatzrecht

19.4.1 Auf Grundalge von Artikel 73 des Grundgesetzes hat der Bund die ausschließliche Gesetzgebung für den Schutz der Zivilbevölkerung und ist somit für diesen verantwortlich. Nach § 4 des Zivilschutz- und Katastrophenhilfegesetzes (ZSKG) wird die Verwaltungsaufgabe des Bundes dem Bundesamt für Bevölkerungsschutz und Katastrophenhilfe zugewiesen.

19.4.2 Für den Katastrophenschutz sind die Bundesländer verantwortlich.

19.4.3 Der Schutz der Zivilbevölkerung (Zivilschutz) schützt die Bevölkerung vor kriegsbedingten Gefahren und greift beispielsweise im Verteidigungsfall. Der Katastrophenschutz hingegen ist in Friedenszeiten zuständig.

19.4.4 Grundrechte sind grundlegende Freiheits- und Gleichheitsrechte, die Menschen gegenüber dem Staat zugestanden werden.

19.4.5 Die Grundrechte werden im Grundgesetz sowie einigen Landesverfassungen geregelt. Im Grundgesetz stehen diese im I. Abschnitt (Artikel 1 bis 19).

19.4.6 Ja, der Staat kann auf Grundlage einer verfassungsgemäßen Rechtsgrundlage in Grundrechte eingreifen.

19.4.7 Ein Grundrechtseingriff darf grundsätzlich nur auf Grund einer verfassungsgemäßen Rechtsgrundlage erfolgen. Somit bedarf der Eingriff eines Gesetzes, einer Rechtsverordnung oder Satzung als Grundlage.

19.4.8   Bei einem größeren Einsatz werden durch die Feuerwehr Personen zur Hilfe herangezogen. Die Grundlage für diesen Eingriff ergibt sich aus den jeweiligen Brandschutzgesetzen der Länder. Eingeschränkt wird die Freiheit der Person nach Art. 2 GG.
Bei einem Wohnungsbrand möchte die Feuerwehr neben der betroffenen Wohnung auch die direkt angrenzenden Wohnungen kontrollieren. Ein Anwohner verweigert der Feuerwehr die Kontrolle der Wohnung. Die Kontrolle der Wohnung darf auch gegen den Willen des Bewohners durchgeführt werden. Eingeschränkt wird das Grundrecht auf Unverletzlichkeit der Wohnung Art. 13 GG.

19.4.9   Bei einer Verhältnismäßigkeitsprüfung wird die Geeignetheit, Erforderlichkeit und Angemessenheit überprüft (GEA).
Geeignetheit: Die beabsichtigte Maßnahme muss zur Abwehr der erkannten Gefahr geeignet sein.
Erforderlichkeit: Von mehreren geeigneten Maßnahmen ist diejenige zu ergreifen, die den Einzelnen und die Allgemeinheit am wenigsten beeinträchtigt.
Angemessenheit: Es dürfen nur Maßnahmen getroffen werden, die nicht zu einem Schaden führen, der zu dem verfolgten Ziel außer Verhältnis steht.

19.4.10   Ein hoheitliches Handeln liegt in der Regel vor, wenn die Feuerwehr im Rahmen der Brandschutzgesetze der Länder tätig werden.

19.4.11   Verhaltensstörer: Eine Person, die durch ihr Verhalten die öffentliche Sicherheit und Ordnung stört. Neben dem Verursacher können auch Gaffer Verhaltensstörer an einer Einsatzstelle sein.
Zustandsstörer: Eine Person, die für den Zustand einer Sache verantwortlich ist. Zum Beispiel Besitzer von Fahrzeugen, Gebäuden oder Grundstücken.
Nichtstörer: Eine Person, von der keine Gefahr für die öffentliche Sicherheit und Ordnung ausgeht. Beispielsweise zufällig an einer Einsatzstelle vorbeikommende Personen.

19.4.12   Ersatzvornahme: Bei der Ersatzvornahme führt die Behörde oder ein von ihr Beauftragter die Handlung anstelle der Verpflichteten durch.
Zwangsgeld und Ersatzzwangshaft: Das Zwangsgeld dient dazu, durch Androhung den Willen des Betroffenen zu beugen. Ist das Zwangsgeld uneinbringlich, kann Ersatzzwangshaft angeordnet werden.
Unmittelbarer Zwang: Bei der Anwendung von unmittelbarem Zwang wird auf die Person oder Sache mittels körperlicher Gewalt oder Hilfsmittel der körperlichen Gewalt eingewirkt. (Im Bereich der zuständigen und befugten Amtsträger kommt noch der Einsatz von Waffen hinzu).

19.4.13   Die Verhältnismäßigkeit muss gewahrt bleiben (Verhältnismäßigkeitsprüfung).
Vor dem Einsatz von Zwangsmitteln ist dem Betroffenen nochmals die Möglichkeit zu gewähren, freiwillig der Anordnung nachzukommen.
Zwangsmittel sind grundsätzlich vor der Anwendung anzudrohen. (Ausnahme unaufschiebbare Fälle).

19.4.14 Bei der Zuständigkeit wird zwischen

- der sachlichen Zuständigkeit,
- der instanziellen Zuständigkeit und
- der örtlichen Zuständigkeit unterschieden.

19.4.15 Die sachliche Zuständigkeit ist gegeben, wenn der Behörde die Erledigung der Aufgabe nach einem Gesetz obliegt.

19.4.16 Die instanzielle Zuständigkeit beschreibt die Aufgabenverteilung innerhalb einer hierarchischen Struktur von unter- und übergeordneten Behörden. Grundsätzlich ist zunächst die Behörde der untersten Verwaltungsebene zuständig.

19.4.17 Die örtliche Zuständigkeit beschreibt den räumlichen Tätigkeitsbereich einer Behörde. In aller Regel ist die Feuerwehr der Kommune örtlich zuständig, in der der Schadensort liegt. Es gibt jedoch Ausnahmen, in denen eine Spezialzuweisung durchgeführt werden kann (z. B. für Bundeswasserstraßen, Bundesautobahnen oder Eisenbahnen).

19.4.18 Amtshilfe ist die im Grundgesetz Artikel 35 beschriebene gegenseitige Rechts- und Amtshilfe aller Behörden des Bundes und der Länder.

19.4.19 Eine Behörde kann um Amtshilfe insbesondere dann ersuchen, wenn sie

- aus rechtlichen Gründen die Amtshandlung nicht selbst vornehmen kann;
- aus tatsächlichen Gründen, besonders weil die zur Vornahme der Amtshandlung erforderlichen Dienstkräfte oder Einrichtungen fehlen, die Amtshandlung nicht selbst vornehmen kann;
- zur Durchführung ihrer Aufgaben auf die Kenntnis von Tatsachen angewiesen ist, die ihr unbekannt sind und die sie selbst nicht ermitteln kann;
- zur Durchführung ihrer Aufgaben Urkunden oder sonstige Beweismittel benötigt, die sich im Besitz der ersuchten Behörde befinden;
- die Amtshandlung nur mit wesentlich größerem Aufwand vornehmen könnte als die ersuchte Behörde.

19.4.20 Die ersuchte Behörde darf Hilfe nicht leisten, wenn

- sie hierzu aus rechtlichen Gründen nicht in der Lage ist;
- durch die Hilfeleistung dem Wohl des Bundes oder eines Landes erhebliche Nachteile bereitet würden.

19.4.21 Die ersuchte Behörde braucht Hilfe nicht zu leisten, wenn

- eine andere Behörde die Hilfe wesentlich einfacher oder mit wesentlich geringerem Aufwand leisten kann;
- sie die Hilfe nur mit unverhältnismäßig großem Aufwand leisten könnte;
- sie unter Berücksichtigung der Aufgaben der ersuchenden Behörde durch die Hilfeleistung die Erfüllung ihrer eigenen Aufgaben ernstlich gefährden würde.

19.4.22   Die Zulässigkeit der Maßnahme richtet sich nach dem geltenden Recht der ersuchenden Behörde.

19.4.23   Die Durchführung der Amtshilfe richtet sich nach dem geltenden Recht der ersuchten Behörde.

19.4.24   Die ersuchende Behörde trägt gegenüber der ersuchten Behörde die Verantwortung für die Rechtmäßigkeit der zu treffenden Maßnahme.

19.4.25   Die ersuchte Behörde ist für die Durchführung der Amtshilfe verantwortlich.

19.4.26   Nein, es handelt sich in diesem Fall nicht um Amtshilfe. Sobald die Hilfeleistung in Handlungen besteht, die der ersuchten Behörde als eigene Aufgaben obliegen, handelt es sich nicht um Amtshilfe.

19.4.27   Nein, es handelt sich in diesem Fall nicht um Amtshilfe. Amtshilfe kann nur durch eine Behörde einer anderen Behörde geleistet werden. Die Stadt gilt als eine Behörde.

20 Funk

20.1 Sprechfunk

20.1.1   Die FwDV/DV 810 gilt für die Behörden und Organisationen der allgemeinen Gefahrenabwehr (Feuerwehr, Rettungsdienst und Katastrophenschutz). Für die polizeiliche Gefahrenabwehr besteht eine besondere Dienstvorschrift.

20.1.2   Teilnehmer des Sprechfunkverkehrs haben daran zu denken, dass sie der Verschwiegenheitspflicht unterliegen, die sich aus der in § 11 (1) Nr. 2 und 4 StGB definierten rechtlichen Stellung ergibt.

20.1.3   Bei den Sprechfunknachrichten wird zwischen den Gesprächen, Durchsagen und den Sprüchen unterschieden.

20.1.4   Bei Gesprächen handelt es sich um einen formlosen, unmittelbaren Informationsaustausch.

20.1.5   Bei einer Durchsage handelt es sich um eine formlose Übermittlung von schriftlich abgefassten Nachrichten.

20.1.6   Sprüche sind formgebundene, schriftlich festgelegte Nachrichten. Auf die exakte vorgegebene Übermittlung der Nachricht ist zu achten.

20.1.7   Sprüche gliedern sich in einen Kopf, eine Anschrift, besondere Vermerke, den Inhalt und den Absender.

20.1.8   Der Gruppenruf besteht aus:
- der dreimaligen Ankündigung der Vorrangstufe bei Blitz oder Sofort,
- dem Rufnamen der Gegenstelle,
- dem Wort »von«,
- dem eigenen Rufnamen,
- ggf. der Ankündigung der Nachricht,
- der Aufforderung »Kommen«.

20.1.9   Anrufe an alle oder mehrere Teilnehmer einer Rufgruppe erfolgen mit:
- dem Wort »Hier«,
- dem eigenen Rufnamen,
- dem Wort »an«,
- der Nennung aller betroffenen Teilnehmer.

20.1.10   Jede Frage wird mit dem Wort »Frage« eingeleitet.

20.1.11   In der FwDV/DV 810 sind folgende Statusmeldungen vorgesehen:

Status	Bedeutung
0	Priorisierter Sprechwunsch
1	Einsatzbereit Funk
2	Einsatzbereit Wache
3	Einsatzübernahme
4	Einsatzort
5	Sprechwunsch
6	Nicht einsatzbereit
7	Einsatzgebunden
8	Bedingt verfügbar
9	Quittung/Fremdanmeldung

Bei den Status 7 und 8 wurden bundesweit organisationsübergreifende, einheitliche Bezeichnungen gewählt. Die bislang bekannten und geläufigen Status für den Rettungsdienst sind bei diesen Bezeichnungen ausdrücklich eingeschlossen.

20.1.12   Die folgenden Meldungen der Leitstelle an die Teilnehmer sind in der FwDV/DV 810 definiert:
- Aufmerksamkeitsruf an alle,
- Melden für Einsatz,
- Für sonstige Dienstgeschäfte abgestellt,
- Positiv,
- Eigensicherung,
- Über Telefon melden,
- Dienststelle anfahren,
- Standort durchgeben,
- Sprechaufforderung,
- Aus Einsatz entlassen,
- Negativ,
- Sonder- bzw. Wegerechte möglich,
- Alarmglocke bzw. Sirene,
- Status/Funkgerät überprüfen.

20.1.13   Bei den Vorrangstufen unterscheidet man zwischen:
- Einfach-Nachrichten,
- Sofort-Nachrichten,
- Blitz-Nachrichten.

20.1.14 Einfach-Nachrichten sind nicht speziell gekennzeichnet und werden in der Reihenfolge ihres Einganges in der Fernmeldebetriebsstelle abgefertigt.

20.1.15 Als Sofort-Nachrichten werden dringende Nachrichten bezeichnet, die vom Aufgeber mit dem Vermerk »Sofort« oder »SSS« gekennzeichnet wurden. Sofort-Nachrichten werden deklariert, wenn eine verzögerte Bearbeitung zu negativen Einsatzauswirkungen führt.

20.1.16 Die Nachricht soll vorrangig, aber nicht unverzüglich, bearbeitet werden.

20.1.17 Bei Blitz-Nachrichten handelt es sich um sehr dringende Nachrichten. Blitz-Nachrichten werden mit »Blitz« oder »BBB« gekennzeichnet.

20.1.18 Der Empfänger muss die Nachricht unverzüglich entgegennehmen und sichten. Falls technisch möglich, unterbricht eine Nachricht andere Kommunikation und ermöglicht ein unverzügliches Absetzen der Nachricht.

20.1.19 Blitz-Nachrichten dürfen aufgegeben werden, wenn:
- Menschenleben zu schützen sind,
- Kapitalverbrechen oder Katastrophen zu bekämpfen sind,
- ein dringendes Interesse der öffentlichen Sicherheit und Ordnung vorhanden ist.

20.1.20 Nein.

20.2 Digitalfunk

20.2.1 Das Digitalfunknetz der BOS basiert auf den (Terrestrial Trunked Radio) TETRA-Standard.

20.2.2 Für Aufbau, Betrieb, Funktionsfähigkeit und Weiterentwicklung des Funknetzes ist die Bundesanstalt für den Digitalfunk der Behörden und Organisationen mit Sicherheitsaufgaben (BDBOS) verantwortlich.

20.2.3 Die wesentlichen Merkmale des Digitalfunks der BOS sind:
- Abhörsicherheit durch Verschlüsselung,
- bundesweite oder regionale Einsatzmöglichkeiten,
- Übertragung der Teilnehmerkennung,
- Möglichkeit der differenzierten Berechtigungsverwaltung.

20.2.4 Im Digitalfunk der BOS werden die zwei folgenden Betriebsarten unterschieden:
- netzabhängiger Betrieb »**T**runked **M**ode **O**peration« (TMO, Netzbetrieb),
- netzunabhängiger Betrieb »**D**irect **M**ode **O**peration« (DMO, Direktbetrieb).

20.2.5   Ein Gateway ermöglicht den Funkteilnehmenden die Kommunikation zwischen einer DMO-Rufgruppe und einer TMO-Rufgruppe durch Überleitung von Gesprächen aus dem Netzmodus (TMO) in den Direktmodus (DMO) und umgekehrt.

20.2.6   Ein DMO-Repeater ermöglicht eine Reichweitenverschiebung für Teilnehmende einer Rufgruppe im DMO. Hierdurch können zwei oder mehr Funkteilnehmende, die sich im Empfangsbereich des Repeaters befinden, auch bei eigentlich nicht ausreichender Funkreichweite miteinander kommunizieren.

20.2.7   Ein Wechsel soll nur durchgeführt werden, wenn er aus betrieblichen oder taktischen Gründen erforderlich ist. Er hat nur auf besondere Weisung und mit Ankündigung zu erfolgen. Die Ankündigung ist von allen betroffenen Nutzern zu bestätigen.

20.2.8   Durch das Auslösen eines Notrufes im TMO-Betrieb:
- wird automatisch eine Sprachverbindung zur zuständigen Leitstelle aufgebaut und die Freisprechfunktion aktiviert,
- tritt eine verdrängende Wirkung mit höherer Priorität ein; dabei werden z. B. bestehende Gespräche in dieser Rufgruppe unterbrochen,
- wird allen Teilnehmern der Rufgruppe für einen bestimmten Zeitraum das Mithören ermöglicht,
- wird ausschließlich die Teilnehmerkennung übertragen.

20.2.9   Durch das Auslösen eines Notrufes im DMO-Betrieb:
- wird automatisch eine Sprachverbindung in die aktive Rufgruppe aufgebaut und die Freisprechfunktion aktiviert,
- tritt eine verdrängende Wirkung mit höherer Priorität ein; dabei werden z. B. bestehende Gespräche in dieser Rufgruppe unterbrochen,
- wird allen Teilnehmern der Rufgruppe für einen bestimmten Zeitraum das Mithören ermöglicht,
- wird ausschließlich die Teilnehmerkennung übertragen.

21 Stationäre Löschanlagen

21.1 Allgemeines

21.1.1 Ortsfeste Löschanlagen:
- Sprinkleranlagen (DIN EN 12845),
- Sprühwasserlöschanlagen (ehem. DIN 14494),
- Berieselungsanlagen (ehem. DIN 14495),
- Schaumlöschanlagen (DIN EN 13565),
- Löschanlagen mit gasförmigen Löschmitteln (DIN EN 12094),
- Pulverlöschanlagen (DIN EN 12416),
- Funkenlöschanlagen,
- Kleinlöschanlagen.

21.1.2 Eine ortsfeste Löschanlage ist eine ständig betriebsbereite Anlage, bei der aus einem ortsfest verlegten Rohrleitungssystem über geeignete Aufgabevorrichtungen Löschmittel abgegeben wird. Die Anlage kann automatisch und/oder von Hand ausgelöst werden.

21.1.3 Im Gegensatz zu baulichen Maßnahmen (Brandwand), die nur einer Ausbreitung von Feuer und Rauch vorbeugen, besteht bei der ortsfesten Löschanlage die Möglichkeit, einen Entstehungsbrand aktiv zu bekämpfen. Somit können:
- Brandabschnitte vergrößert werden,
- Versicherungsprämien rabattiert werden,
- die Betriebssicherheit erhöht werden.

21.1.4 Bei selbsttätigen Feuerlöschanlagen spricht eine Automatik (Brandmelder) auf Begleiterscheinungen der Verbrennung an (Temperatur, Rauch). Handbetätigte Feuerlöschanlagen werden manuell ausgelöst. Eine Kombination von automatischer Auslösung und Handauslösung ist möglich.

21.2 Sprinkleranlagen

21.2.1 Eine Sprinkleranlage ist eine ständig betriebsbereite Löschanlage, bei der aus einem ortsfest verlegten Rohrleitungssystem Löschwasser über Sprinkler abgegeben wird. Die Anlage wird automatisch ausgelöst. Sie erkennt, meldet und bekämpft Brände.

21.2.2 Sprinklerglasfläschchen haben folgende Auslösetemperaturen:
- a) rot: 68 °C
- b) gelb: 79 °C
- c) blau: 141 °C

21.2.3   Sprinkleranlagen bestehen aus:
- Sprinkler (Glasfässchen oder Schmelzlot),
- Rohrleitungsnetz,
- Alarmventilstation,
- Wasserversorgung,
- Pumpen und elektrische Energieversorgung,
- Druckluftversorgung (für Trockensysteme und Druckluftwasserbehälter).

21.2.4   Arten von Sprinkleranlagen nach DIN EN 12845:
- Nass-Anlagen,
- Trocken-Anlagen,
- Nass-Trocken-Anlagen,
- Vorgesteuerte Anlagen,
- Tandemanlagen,
- Tandem-Trocken-Anlagen.

21.2.5   Tandemanlagen sind ein Teil einer Nass- oder Nass-Trockenanlage, der ständig mit Luft oder Inertgas unter Druck gefüllt ist.

21.2.6   Die Auslösetemperatur eines Sprinklers soll mindestens 30 °C über der Raumtemperatur liegen.

21.2.7   Bestandteile eines Sprinklers:
- Sprinklergehäuse mit Verschluss,
- wärmeempfindliches Auslöseelement (Schmelzlot oder Glasfass),
- Sprühteller.

21.2.8   Sprinklerarten sind zum Beispiel:
- Normalsprinkler,
- Schirmsprinkler,
- Flachschirmsprinkler,
- Seitenwandsprinkler.

21.2.9   Bei thermisch auslösenden natürlichen Rauchabzugsanlagen darf deren Auslösetemperatur im Regelfall mit der Nennöffnungstemperatur der Sprinkler identisch sein.

21.2.10   Der Schutz von Kabeln vor Feuer und mechanischer Beschädigung erfolgt durch Bauteile mit mindestens 60 Minuten Feuerwiderstandsdauer.

21.2.11   Für den Bau von Sprinkleranlagen gilt die Richtlinie zur Planung und zum Einbau von Sprinkleranlagen, welche vom Verband der Sachversicherer herausgegeben werden.

21.2.12   Bei Trocken-Anlagen sind Rohrleitungen mit Luft oder Inertgas gefüllt.

Bei Nass-Anlagen sind Rohrleitungen ständig mit Wasser gefüllt.
Bei vorgesteuerten Anlagen wird das Alarmventil der Sprinkleranlage von einer unabhängigen Brandmeldeanlage im Schutzbereich angesteuert.

21.2.13   Normal-Sprinkler weisen eine kegelförmige Sprühwasserverteilung auf.
Schirm-Sprinkler verteilen das Wasser zum Boden gerichtet in paraboloider Form.
Flachschirm-Sprinkler verhalten sich wie Schirm-Sprinkler mit einem sehr flachen Sprühbild. Ein Teil des Wassers kann zudem zur Decke sprühen.

21.2.14   Die Anordnung der Sprinklerdüsen ist abhängig von:
- Art und Wasserleistung des Sprinklers,
- baulichen Gegebenheiten,
- der Raumhöhe.

21.2.15   Beispiele für gesprinklerte Objekte:
- Verkaufsstätten,
- Versammlungsstätten,
- Verwaltungsgebäude,
- Großgaragen,
- Industrieanlagen,
- Lager,
- Krankenhäuser.

21.2.16   RTI (response time index) beschreibt ein Maß für die thermische Ansprechempfindlichkeit eines Sprinklers. Es werden die folgenden Klassen nach DIN EN 12259 unterschieden:
- Schnell,
- Spezial,
- Standard A und
- Standard B.

21.2.17   RTI-Werte [(m × s)½] nach Ansprech-Klassen:
- Schnell RTI < 50,
- Spezial 50 ≤ RTI ≤ 80,
- Standard A 80 < RTI ≤ 200,
- Standard B RTI > 200.

21.2.18   Einstufung von Brandgefahren:
- LH: leichte Brandgefahr,
- OH1-4: mittlere Brandgefahr,
- HH: hohe Brandgefahr
    - HHP1-4:
      Produktionsrisiken,

    – HHS1-4:
    Lagerrisiken.

21.2.19   Beispiele für Nutzungen von Brandgefahrenklassen:
- LH: Gefängnisse, bestimmte Bereiche von Schulen und Büros
- OH1:   Datenverarbeitung, Krankenhäuser, Hotels
- OH2:   Metallverarbeitung, Bäckereien, Brauereien
- OH3:   Getreidemühlen, Bahnhöfe, Bauernhöfe
- OH4:   Kinos, Theater, Sägewerke
- HHP1: Druckereien, Verkaufsstätten für Farben und Lösemittel
- HHP2: Busdepots, Papiermaschinenhallen
- HHP3: Zellulosenitratherstellung, Gummireifenherstellung
- HHP4: Feuerwerkskörper-Herstellung

21.3   Schaumlöschanlagen

21.3.1   Arten von Schaumlöschanlagen nach Verschäumungszahl (VZ):
- Schwerschaumanlagen VZ $\leq$ 20,
- Mittelschaumanlagen 20 < VZ $\leq$ 200,
- Leichtschaumanlagen VZ > 200.

21.3.2   Schaumlöschanlagen können eingesetzt werden zur Beschäumung brennbarer Flüssigkeiten (Brandklasse B) und/oder brennbarer fester Werkstoffe (Brandklasse A). Leichtschaumanlagen dienen der Flutung geschlossener Räume bei dreidimensionalen Gefährdungen durch Brennstoffe der Brandklassen A und/oder B.

Typische Anwendungsbeispiele sind:
- Schwerschaumanlagen: Vorratstanks für brennbare Flüssigkeiten,
- Mittelschaumanlagen: Flüssiggastanks, Tankgruben,
- Leichtschaumanlagen: Flugzeughangars, Kabeltunnel.

21.3.3   Bestandteile einer ortsfesten Schaumlöschanlage sind:
- Pumpen,
- Vorratsbehälter für Schaummittel,
- Zumischereinrichtungen,
- Schaumerzeuger,
- Auslöseeinrichtungen,
- Rohrleitungs- und Verteilungssysteme.

21.3.4   Der Wasserbedarf ist für das größtmögliche Brandszenario aus der Berechnungsfläche, der Aufbringrate und der Betriebszeit sowie zusätzlich angeschlossenen handbetätigten Löschgeräten zu errechnen.

21.3.5   Schaumtöpfe haben die Aufgabe, den Tankinnenraum gegen die Schaumleitung gasdicht abzuschließen. Dies geschieht oft durch eine Glasscheibe oder durch eine Folie.

21.3.6   Schaumkrümmer haben die Aufgabe:
- den Schaumfluss durch Vergrößerung des Querschnittes zu verlangsamen,
- den durch den Schaumkrümmer einströmenden Schaum in gebundenem Strahl gegen die innere Tankwand zu leiten, von wo er dann auf die Tankflüssigkeit fließen und sich ausbreiten kann.

21.3.7   Bei dieser Methode handelt es sich um ein Verfahren, bei welchem das Wasser-Schaummittelgemisch durch ein fest verlegtes Rohrleitungssystem zum Behältergrund geführt wird. Aufgrund der spezifischen Dichte treibt das Gemisch dann an die Flüssigkeitsoberfläche und verschäumt.

21.4 CO_2-Löschanlagen

21.4.1   Zum Einbau von CO_2-Löschanlagen sind folgende Objekte geeignet:
- Tankanlagen im Raum,
- Transformatoren im Raum,
- Rechenzentren,
- Schalt- und Steuerzentralen,
- Hydraulikanlagen,
- Prüfstände,
- Generatoren.

21.4.2   Bei Hochdruckanlagen erfolgt die Bereitstellung von CO_2 in Stahlflaschen bei einem Druck von ca. 56 bar (CO_2 unter Druck verflüssigt). Alternative für die Bevorratung großer CO_2-Mengen sind CO_2–Niederdruck-Feuerlöschanlagen. Sie kommen überall dort zum Einsatz, wo große Mengen CO_2 benötigt werden. In einem auf −20 °C gekühlten und isolierten Behälter können Mengen ab ca. 3 000 kg platzsparender bei ca. 20 bar gelagert werden.

21.4.3   Anforderungen an CO_2-Löschanlage:
- Das CO_2 muss rein und trocken sein.
- Die Räume müssen so beschaffen sein, dass das CO_2 nicht entweichen kann.
- Sicherheitsauslässe müssen vorhanden sein, um Überdrücke abzubauen.
- Be- und Entlüftungsanlagen müssen selbsttätig abschalten.
- Warnschilder sind an den Ausgangstüren anzubringen.
- CO_2-Feuerlöschanlagen sind zu erden.

21.4.4   Sicherheitseinrichtungen bei CO_2-Löschanlagen sind zum Beispiel:
- Verzögerungseinrichtungen (Flutung erst nach Vorwarnzeit),
- CO_2-Stopptaster (Taster um Vorwarnzeit zu verlängern),
- Odorierung (dem CO_2 wird ein Geruchsstoff beigemischt),
- Blockierung (Auslöseeinrichtung einer CO_2-Löschanlage kann blockiert werden).

21.4.5   Da hohe Kohlenstoffdioxid-Konzentrationen für Personen im Flutungsbereich lebensgefährlich sind, darf erst nach einer entsprechenden Vorwarnzeit ein Raum geflutet werden (Vorwarnzeit mindestens zehn Sekunden).

21.4.6 CO_2-Löschanlagen kommen bei folgenden brennbaren Stoffen zur Anwendung:
- brennbare Flüssigkeiten,
- brennbare Gase,
- Elektroanlagen,
- brennbare Feststoffe (hier ist allerdings eine längere Einwirkzeit erforderlich).

21.4.7   Die Löschwirkung einer CO_2-Löschanlage beruht hauptsächlich auf der Herabsetzung des Sauerstoffgehaltes der Luft auf einen Wert, bei dem der Verbrennungsvorgang nicht weiter abläuft.

21.5   Sauerstoffreduzierungsanlagen

21.5.1   Durch Zugabe von Inertgasen, wie beispielsweise CO_2, Stickstoff oder Edelgasen, soll die Bildung explosionsfähiger Gemische oder die Entstehung/Ausbreitung von Bränden in geschlossenen Räumen verhindert werden. Zu unterscheiden sind hierbei stationäre Anlagen zur kontinuierlichen oder bedarfsweisen Inertisierung.

21.5.2   Anwendungsbereiche:
- Lager,
- Informationstechnologie,
- elektrische/elektronische Schalt- oder Verteilerräume,
- Archive,
- Silos,
- Tresorräume.

21.5.3   Bestandteile einer Sauerstoffreduzierungsanlage:
- Inertgasbehälter,
- Verdampfer/Behälterheizung bzw. Inertgaserzeuger,
- Druckminderer,
- Rohrleitungsnetz,
- Düsen/Austrittsöffnungen im Schutzbereich,

21

- Einrichtungen zur Detektion von Gefahrenkenngrößen, Alarmierung, Überwachung, Ansteuerung und Auslösung.

21.5.4   Nach Zumischung ausreichender Mengen Sauerstoff oder Luft wird das partiell inertisierte Gemisch wieder explosions- bzw. zündfähig. Dies ist bei totaler Inertisierung auch unter Zugabe größerer Mengen Sauerstoff oder Luft nicht möglich.

21.6   Pulverlöschanlagen

21.6.1   Pulverlöschanlagen bestehen im Wesentlichen aus:
- dem Löschmittelbehälter,
- dem Treibgasbehälter,
- den Leitungssystemen und Düsen,
- den Auslöseeinrichtungen,
- der Alarmeinrichtung.

21.6.2   Zwischen der Auslösung der Pulverlöschanlage und der Flutung dürfen maximal 30 Sekunden vergehen.

21.6.3   Pulverlöschanlagen können
- durch Magnetspulen,
- pneumatisch,
- mechanisch oder
- manuell ausgelöst werden.

21.6.4   Anwendungsbereiche für Pulverlöschanlagen sind:
- Freiluftanlagen für brennbare Flüssigkeiten oder brennbare Gase,
- Kesselwagenbeladungsanlagen,
- Ölabscheideranlagen,
- Prüfstände.

22 Strahlenschutz

22.1 Grundbegriffe und Einheiten

22.1.1 Unter Radioaktivität ist die Fähigkeit bestimmter Atomkerne zu verstehen, sich unter Aussendung von Teilchen oder elektromagnetischer Strahlung umzuwandeln.

22.1.2 Unter der Aktivität eines radioaktiven Stoffes versteht man die Anzahl der Kernumwandlungen pro Zeiteinheit.

22.1.3 Zu Ehren des Entdeckers der natürlichen Radioaktivität wird die Einheit der Aktivität in Becquerel angegeben (1 Becquerel (Bq) = 1 Zerfall/s).

22.1.4 Unter der Energiedosis einer ionisierenden Strahlung versteht man die pro Masse des durchstrahlten Stoffes absorbierte Energie.

22.1.5 Die Einheit der Energiedosis ist das Gray (1 Gray = 1 Gy = 1 J/kg).

22.1.6 Die Äquivalentdosis ist ein Maß für die biologische Wirksamkeit der absorbierten Strahlung.

22.1.7 Die Äquivalentdosis errechnet sich aus der Energiedosis multipliziert mit dem Bewertungsfaktor der jeweiligen Strahlenart.

22.1.8

Strahlungsart	Bewertungsfaktor
Alpha-Strahlung	10 bis 20
Beta-Strahlung	1
Gamma-Strahlung	1

22.1.9 Die Einheit der Äquivalentdosis ist das Sievert (Sv).

22.1.10 Die Ionendosis ist ein Maß für die Ionisation der Luft. Sie ist der Quotient aus der durch Ionisation gebildeten Ladung und der Masse der durchstrahlten Luft.

22.1.11 Unter Dosisleistung versteht man den Quotienten aus Dosis und Zeit.

22.1.12 Unter Korpuskularstrahlung ist eine Teilchenstrahlung zu verstehen, wobei die einzelnen Teilchen eine Ruhemasse besitzen.

22.1.13   **a)** Isotope sind Atomkerne eines Elementes mit gleicher Protonenzahl aber einer unterschiedlichen Anzahl von Neutronen.

b) Bei den Isotonen liegen Atome verschiedener Elemente mit gleicher Neutronenzahl vor.

c) Isobare sind Atome verschiedener Elemente mit gleicher Nukleonenzahl (Summe der Protonen und Neutronen).

d) Isomere sind Atome mit gleicher Protonen-, gleicher Neutronen- und gleicher Nukleonenzahl. Die einzelnen Atome unterscheiden sich jedoch in ihrem Energieinhalt.

22.1.14 Die Halbwertszeit ist ein Maß für die Zerfallsgeschwindigkeit eines Nuklides. Sie gibt die Zeit an, in der die Hälfte der vorhandenen zerfallsfähigen Kerne zerfällt.

22.1.15 Unter der Halbwertsdicke ist die Schichtdicke eines Materials zu verstehen, die bei Durchtritt von Gamma-Strahlung die Intensität dieser Strahlung um die Hälfte reduziert.

22.1.16 Nach dem Abstandsgesetz ist die Intensität einer punktförmigen Strahlenquelle umgekehrt proportional zum Quadrat des Abstandes von dieser Strahlenquelle.

22.1.17 Bei der Schwächung der Gamma-Strahlung wird zwischen drei Arten der Wechselwirkung unterschieden. Wir kennen den:

- *Photoelektrischen Effekt:*
  Hierbei dringt ein Gamma-Quant in die Hülle eines Atoms und setzt ein Elektron (in der Regel aus der K-Schale) frei.
- *Compton-Effekt:*
  Beim Compton-Effekt überträgt ein Gamma-Quant einen Teil seiner Energie auf ein äußeres Elektron der Atomhülle. Das Elektron verlässt den Atomverband, während der geschwächte Gamma-Quant seine Richtung ändert.
- *Paarbildung:*
  Bei der Paarbildung gelangt ein Gamma-Quant in die Nähe des Kerns. Hierbei wird seine Energie in Materie umgewandelt. Es entstehen ein Positron und ein Elektron, ein sogenanntes Paar.

22.2 Einsätze im Strahlenschutz

22.2.1 Die Dosisrichtwerte betragen für:

- Einsatz zum Schutz der Umwelt oder von Sachgütern 20 mSv je Einsatz und Kalenderjahr,
- Einsätze zum Schutz von Menschenleben oder der Gesundheit 100 mSv je Einsatz und Kalenderjahr,
- Einsatz zur Rettung von Menschenleben, zur Vermeidung schwerer strahlungsbedingter Gesundheitsschäden oder zur Vermeidung oder Bekämpfung einer Katastrophe 250 mSv je Einsatz und Leben.

22.2.2   Nein, Personen vor Vollendung ihres 18. Lebensjahres dürfen bei Feuerwehreinsätzen nicht mit Strahlung exponiert werden.

22.2.3   Der Referenzwert der maximalen effektiven Dosis von 250 mSv darf nur zur erkennbaren möglichen Rettung von Menschenleben, zur Vermeidung schwerer strahlungsbedingter Gesundheitsschäden oder zur Vermeidung oder Bekämpfung einer Katastrophe auf 500 mSv durch die Einsatzleitung erhöht werden. Hierbei ist zu berücksichtigen, dass bei Einsätzen, bei denen die effektive Dosis von 100 mSv überschritten werden kann, die Tätigkeit nur von Freiwilligen ausgeführt werden darf, die vor dem jeweiligen Einsatz über die Möglichkeit einer solchen Exposition informiert wurden und ihrem Einsatz zugestimmt haben.

22.2.4   Der Wert der Körperdosis darf 1 mSv pro Jahr nicht überschreiten.

22.2.5   Der Sicherheitsabstand sollte ca. 50 Meter betragen.

22.2.6   Außerhalb des Absperrbereiches darf die Dosisleistung 25 µSv/h nicht überschreiten.

22.2.7   Die Dosisrichtwerte wurden festgelegt, da ein Schutz der Einsatzkräfte vor direkter äußerer Gamma-Strahlung nicht möglich ist. Sie sollen das Einsatzrisiko in ein zum Einsatzerfolg vertretbares Risiko reduzieren.

22.2.8   Der Träger der Feuerwehr ist als Unternehmer zuständig. Bei der Überwachung der Fristen wird der Unternehmer vom Leiter der Feuerwehr unterstützt. Der Leiter der Feuerwehr kann die ihm obliegenden Pflichten an andere Personen übertragen.

22.2.9   Die Einsätze haben so zu erfolgen, dass
- äußere Bestrahlung und Kontamination auf ein Minimum beschränkt bleiben,
- Kontaminationsverschleppungen unbedingt vermieden und
- Inkorporationen ausgeschlossen werden.

22.2.10   Bei den A-Einsätzen sind insbesondere folgende Fragen zu klären:
- Welche Dosisleistung liegt vor?
- Um welches Radionuklid handelt es sich?
- Welche Strahlung wird erzeugt?
- In welcher Form liegt der radioaktive Stoff vor?
- Besteht die Gefahr, dass die Umhüllung umschlossener radioaktiver Stoffe zerstört wurde?
- Sind radioaktive Stoffe frei geworden?
- Welcher Art ist die vorhandene Abschirmung?
- Besteht die Gefahr der Ausbreitung radioaktiver Stoffe durch Brandrauch oder Löschwasser?

22.2.11   Gemäß der FwDV 500 obliegen dem Gruppenführer im Strahlenschutzeinsatz folgende Aufgaben:

- festlegen des Gefahrenbereichs,
- Erkundung außerhalb des möglichen Gefahrenbereichs,
- Verbindungsaufnahme mit sachkundigen Personen,
- Kontrolle, dass der Gefahrenbereich nicht ohne geeignete Schutzkleidung betreten und nicht ohne geeignete Dekontamination verlassen wird,
- rechtzeitiges Heranführen weiterer Kräfte und Isoliergeräte,
- Kontrolle, dass die Strahlenschutzüberwachung durchgeführt wird.

22.2.12   Der Maschinist.

22.2.13   Dosiswarngeräte dienen zur Überwachung der im Absperrbereich eingesetzten Kräfte. Beim Erreichen des eingestellten Warnschwellenwertes ertönt ein akustischer Warnton.

22.2.14   Bei der persönlichen Sonderausrüstung wird zwischen der Schutzkleidung Form 1, 2 und 3 unterschieden.

Schutzkleidung Form 1:
Bei der Form 1 wird die Schutzkleidung zur Brandbekämpfung durch eine Schutzhaube (hier Kontaminationsschutzhaube) zum Abdecken freier Stellen im Hals/Kopf-Bereich ergänzt. Sie ist dann zu tragen, wenn das thermische Risiko höher zu bewerten ist als eine mögliche Kontamination.
Bei Einsätzen zur Menschenrettung in den Gefahrengruppen IIA und IIIA sind die Einsatzkräfte mindestens mit Schutzkleidung Form 1 auszurüsten. Darüber hinaus hat die Ausrüstung mit Isoliergeräten, amtlichen Dosimeter und Dosiswarngerät zu erfolgen.

Schutzkleidung Form 2:
Die Form 2 besteht aus einem Schutzanzug (hier Kontaminationsschutzanzug), der anstelle des Feuerwehrschutzanzuges getragen wird. Die Schutzkleidung Form 2 ist für alle Einsatzsituationen zulässig, in denen nicht zusätzliche Gefahren das Tragen der Form 3 notwendig machen. Diese Schutzkleidung wird im Regelfall getragen.

Schutzkleidung Form 3:
Die Form 3 bietet einen Schutz gegen Kontamination mit festen, flüssigen und gasförmigen Stoffen. Es handelt sich hierbei um gasdichte Chemikalienschutzanzüge vom Typ 1 a-ET oder Typ 1 b-ET.
Diese Schutzkleidung ist dann erforderlich, wenn mit radioaktiven Stoffen in Form von Gasen oder Dämpfen zu rechnen ist.

22.2.15   Gemäß der FwDV 500 ist ein Dekon-Platz bei jedem ABC-Einsatz der Gefahrengruppen II und III einzurichten und abzugrenzen.

22.2.16   Bei der Bestimmung der Lage des Dekontaminationsplatzes ist darauf zu achten, dass keine Beeinflussung durch die vorhandene Ortsdosisleistung besteht.

22.2.17   Personen oder Gegenstände gelten dann als kontaminiert, wenn sie das dreifache der natürlichen Nullrate aufweisen.

22.2.18   Dosiswarngeräte dienen der Überwachung der im Absperrbereich eingesetzten Kräfte. Bei Erreichen eines vorgegebenen Dosiswertes ertönt ein Signal. Auf Grund der Entscheidung des Einsatzleiters wird nun der Einsatz entweder abgebrochen oder das Dosiswarngerät auf einen höheren Wert eingestellt. Dosisleistungswarngeräte sind Geräte, die bei Erreichen eines einstellbaren Dosisleistungswertes (25 µSv/h) ein akustisches Signal geben. Sie dienen zur Festlegung der Absperrgrenze.

22.2.19   Der Nachweis einer Inkorporation lässt sich mit Hilfe eines Kontaminationsnachweisgerätes nicht durchführen.

22.2.20   Filmdosimeter dienen der Ermittlung der aufgenommenen Dosis. Sie können nur bei einer fachkundigen amtlichen Stelle ausgewertet werden und gelten, weil nicht löschbar, als Dokumente.

22.2.21   In Abhängigkeit von der Strahlenbelastung können Strahlenkater, Übelkeit, Erbrechen, Hautrötung, Durchfall, Kreislaufschwäche oder Schock auftreten.

22.2.22   a)   Bei einer Einmalbestrahlungsdosis von 4 bis 5 Sv ist bei 50 % der bestrahlten Menschen mit Todesfällen zu rechnen.

b)   Bei einer Einmalbestrahlungsdosis von 7 bis 8 Sv muss damit gerechnet werden, dass 100 % der bestrahlten Menschen sterben.

22.2.23   Als Voraussetzung für das Auftreten natürlicher Radioaktivität lassen sich folgende Punkte aufzählen:

- die Protonenzahl (Ordnungszahl) ist größer als 83,
- die Massenzahl ist größer oder gleich 209,
- es liegt kein optimales Verhältnis zwischen Protonen und Neutronen vor,
- die Nukleonen befinden sich in angeregten Zuständen.

23 Unfallverhütungsvorschrift Feuerwehren

23.1 Die Unfallverhütungsvorschrift Feuerwehren gilt für Feuerwehreinrichtungen und den Feuerwehrdienst.

23.2
    a) *Feuerwehren* sind die nach landesrechtlichen Bestimmungen als Feuerwehr aufgestellten Einheiten.

    b) *Feuerwehreinrichtungen* sind alle für den Feuerwehrdienst eingesetzten sächlichen Mittel, insbesondere bauliche Anlagen, Fahrzeuge, Geräte und Ausrüstungen mit Ausnahme der Hilfs- und Betriebsstoffe.

    c) *Feuerwehrangehörige* sind alle, die aktiv im Feuerwehrdienst tätig sind (Feuerwehrdienstleistende, Feuerwehranwärter und Angehörige der Jugendfeuerwehr).

    d) *Feuerwehrdienst* ist die dienstliche Tätigkeit der Feuerwehrangehörigen, insbesondere bei Ausbildung, Übung und Einsatz.

    e) *Einsatzort* ist die Stelle, an der die Feuerwehr dienstlich tätig wird.

    f) *Unternehmer* ist der nach landesrechtlichen Vorschriften bestimmte Träger der Feuerwehr.

23.3 Die bauliche Anlage muss so eingerichtet und beschaffen sein, dass Gefährdungen von Feuerwehrangehörigen vermieden und Feuerwehreinrichtungen sicher untergebracht sowie bewegt und entnommen werden können.

23.4 Verkehrswege und Durchfahrten von Feuerwehrhäusern müssen so angelegt sein, dass auch unter Einsatzbedingungen Gefährdungen der Feuerwehrangehörigen durch das Bewegen der Fahrzeuge vermieden werden.

23.5 Atemschutz-Übungsanlagen sind so zu gestalten, dass eine schnelle Rettung der Feuerwehrangehörigen sichergestellt ist.

23.6 Maschinell betriebene Leitern und Hubrettungsgeräte müssen über zwei voneinander unabhängige Einrichtungen verfügen, die jede für sich allein auch bei ausgeschaltetem Antrieb die Leiter und das Hubrettungsgerät sicher in jeder Stellung halten kann.

23.7 Bei den kraftbetriebenen Aggregaten ist darauf zu achten, dass sie so beschaffen und ausgerüstet sind, dass Gefährdungen der Feuerwehrangehörigen beim Be- und Entladen, beim Tragen, bei der Inbetriebnahme sowie beim Betrieb vermieden werden.

23.8 Die Stellteile der Befehlseinrichtungen von Lufthebern müssen so angeordnet, gestaltet und gekennzeichnet sein, dass sich Feuerwehrangehörige nicht in Bereiche bewegter Lasten bewegen müssen und der Schaltsinn eindeutig erkennbar ist. Die Einleitung der Bewegungen darf nur über Befehlseinrichtungen mit selbsttätiger Rückstellung und nur aus der Nullstellung erfolgen.

23.9   Hydraulisch betätigte Rettungsgeräte müssen so gestaltet und bemessen sein, dass sie auch von einer Person allein betätigt werden können. Dabei müssen die Stellteile von Befehlseinrichtungen außerhalb der Wirkbereiche der Rettungsgeräte angeordnet, gestaltet und gekennzeichnet sein, damit der Schaltsinn eindeutig erkennbar ist. Außerdem müssen beim Loslassen der Stellteile von Befehlseinrichtungen oder bei unbeabsichtigtem Druckabfall die beweglichen Teile der Rettungsgeräte in der jeweiligen Lage bleiben.

23.10   Kleinboote für die Feuerwehr müssen auch in einem vollgeschlagenen Zustand schwimmfähig sein.

23.11   Zu der zur Verfügung zu stellenden Schutzkleidung gehören:
- Feuerwehrschutzanzug,
- Feuerwehrhelm mit Nackenschutz,
- Feuerwehrschutzhandschuhe,
- Feuerwehrschutzschuhwerk.

Außerdem müssen bei besonderen Gefahren spezielle persönliche Schutzausrüstungen vorhanden sein, die in Art und Anzahl auf diese Gefahren abgestimmt sind.

23.12   Feuerwehrangehörige dürfen nur dann im Feuerwehrdienst eingesetzt werden, wenn sie körperlich und fachlich dafür geeignet sind.

23.13   Zur Rettung von Menschenleben kann in einem begründeten Einzelfall von den Bestimmungen der Unfallverhütungsvorschriften abgewichen werden.

23.14   Werden Feuerwehrangehörige am Einsatzort durch Straßenverkehr gefährdet, so müssen sie gegen diese Gefährdung durch Warn- oder Absperrmaßnahmen geschützt werden.

23.15   Tragbare Feuerwehrgeräte müssen von so vielen Feuerwehrangehörigen getragen werden, dass eine Gefährdung der Feuerwehrangehörigen unterbleibt.

23.16   Feuerwehranwärter dürfen nur gemeinsam mit einem erfahrenen Feuerwehrangehörigen eingesetzt werden.

23.17   Angehörige der Jugendfeuerwehren dürfen nur nach landesrechtlichen Vorschriften und für Aufgaben außerhalb des Gefahrenbereichs eingesetzt werden.

23.18   Bei Übungen mit Sprungrettungsgeräten sind diese so zu handhaben und die Fallkörper und -höhen so zu wählen, dass die Haltemannschaft nicht gefährdet wird. Zu Übungszwecken darf nicht gesprungen werden.

23.19   Bei den Abseilübungen (Rettungs- und Selbstrettungsübungen) ist darauf zu achten, dass die Übenden nicht gefährdet werden.

23.20   Beim Aufstellen von Lufthebern ist darauf zu achten, dass spitze oder scharfe Gegenstände sowie thermische Einwirkungen tragende Teile des Gerätes nicht beschädigen.

23.21   Müssen Feuerwehrangehörige Dienst an oder auf Gewässern leisten, so müssen Auftriebsmittel getragen werden. Ist dies aus betriebstechnischen Gründen nicht möglich, so muss die Sicherung auf andere Art und Weise erfolgen.

23.22   Bei allen Einsätzen in elektrischen Anlagen oder in deren Nähe sind Maßnahmen zu treffen, die verhindern, dass es zu einer Gefährdung durch den elektrischen Strom kommen kann. Außerdem dürfen nur solche ortsveränderlichen elektrischen Betriebsmittel eingesetzt werden, die entsprechend den zu erwartenden Einsatzbedingungen ausgelegt sind.

23.23   Die Sichtprüfung ist nach jeder Benutzung durchzuführen.

24 Vorbeugender Brandschutz

24.1 Gesetzliche Grundlagen, Allgemeines

24.1.1 Die Gemeinden treffen Maßnahmen zur Verhütung von Bränden und sind somit für den Vorbeugenden Brandschutz verantwortlich.

24.1.2 Maßnahmen zur Verhütung von Bränden sind:
- Beteiligung der Brandschutzdienststellen im bauaufsichtlichen Verfahren,
- Brandschau bzw. Brandverhütungsschau,
- Brandsicherheitswachen,
- Brandschutzerziehung, Brandschutzaufklärung, Selbsthilfe.

24.1.3 Mustersonderbauverordnungen:
- Beherbergungsstättenverordnung,
- Feuerungsverordnung,
- Garagenverordnung,
- Verkaufsstättenverordnung,
- Versammlungsstättenverordnung,
- Verordnung über den Bau von Betriebsräumen für elektrische Anlagen.

24.1.4 Gebäude besonderer Art oder Nutzung sind mit den grundlegenden Regelungen der Bauordnung nicht in ausreichendem Maß zu erfassen, sodass für sie besondere Anforderungen oder Erleichterungen gestellt werden können. Sie werden daher auch als Sonderbauten bezeichnet.

24.1.5 Zu den Gebäuden der Gebäudeklasse 1 gehören alle freistehenden Gebäude mit einer Höhe bis zu 7 m und nicht mehr als zwei Nutzungseinheiten von insgesamt nicht mehr als 400 m^2 und freistehende land- und forstwirtschaftlich genutzte Gebäude.

24.1.6 Hochhäuser sind Gebäude, bei denen der Fußboden mindestens eines Aufenthaltsraumes mehr als 22 Meter über der Geländeoberfläche liegt.

24.1.7 Aufenthaltsräume sind Räume, die zum nicht nur vorübergehenden Aufenthalt von Menschen bestimmt oder geeignet sind.

24.1.8 Fliegende Bauten sind Bauten, die dazu bestimmt sind, an verschiedenen Stellen aufgebaut zu werden, wie zum Beispiel Zelte und Schaustellergeschäfte.

24.1.9   Gebäude sind zum Beispiel:
- Wohnhäuser,
- Versammlungsstätten.

Bauliche Anlagen sind zum Beispiel:
- Sport- und Spielplätze,
- Stellplätze für Kraftfahrzeuge.

24.1.10   Zur Unterteilung ausgedehnter Gebäude sind innere Brandwände in Abständen von nicht mehr als 40 m erforderlich.

24.1.11   Zur Gebäudeklasse 5 nach § 2 MBO gehören sonstige Gebäude einschließlich aller unterirdischen Gebäude.

24.1.12   Eine normale Brandgefährdung liegt vor, wenn die Wahrscheinlichkeit einer Brandentstehung, die Geschwindigkeit der Brandausbreitung, die dabei frei werdenden Stoffe und die damit verbundene Gefährdung für Personen, Umwelt und Sachwerte vergleichbar sind mit den Bedingungen bei einer Büronutzung.

24.2 Brandausbreitung

24.2.1   Leitungen dürfen durch Brandwände nur durchgeführt werden, wenn Vorkehrungen getroffen werden, welche die Übertragung von Feuer und Rauch verhindern.

24.2.2   Folgende Anforderungen sind an die Sonderbauteile in einer Brandwand zu stellen:
- a) für die Lüftungsleitung L 90 oder eine K 90 Feuerschutzklappe,
- b) für die Tür T 90,
- c) für die Kabeldurchführung S 90.

24.2.3   Rauchschutztüren sind selbstschließende Türen, die dazu bestimmt sind, im eingebauten und geschlossenen Zustand den Durchtritt von Rauch zu behindern.

24.2.4   In zweiflügligen Feuer- oder Rauchschutztüren wird ein Schließfolgeregler eingebaut, ein Bauteil das sicherstellt, dass die Türflügel in der richtigen Reihenfolge schließen.

24.2.5   Ausgedehnte Gebäude sind durch Gebäudetrennwände in höchstens 40 Meter lange Brandabschnitte zu unterteilen.

24.2.6   Es ist eine F 90 Verglasung zu wählen.

24.2.7   Es kann für die einzubauenden Baustoffe eine Schwerentflammbarkeit oder eine Nicht-brennbarkeit gefordert werden (A 1 oder A 2 oder B 1).

24.3   Rettungswege

24.3.1   Bei Nutzungseinheiten mit mindestens einem Aufenthaltsraum, die nicht zu ebener Erde liegen, muss der erste Rettungsweg über eine notwendige Treppe ins Freie führen. Ebenerdig dienen Ausgänge ins Freie als erster Rettungsweg.

24.3.2   Der zweite Rettungsweg kann baulich über notwendige Treppen oder in bestimmten Fällen über Rettungsgeräte der Feuerwehr sichergestellt werden. Wird der zweite Rettungsweg über Rettungsgeräte der Feuerwehr gestellt, ist zu beachten, dass

- bei Oberkanten von zum Anleitern bestimmten Fenstern oder Stellen von mehr als 8 m über der Geländeoberfläche die Feuerwehr über die erforderlichen Rettungsgeräte verfügt,
- zum Anleitern bestimmte Fenster lichte Mindestabmessungen von 0,90 × 1,20 m aufweisen und nicht höher als 1,20 m über der Fußbodenoberkante angeordnet sind,
- bei zum Anleitern bestimmten Fenstern in Dachschrägen oder Dachaufbauten die Unterkante oder ein davor liegender Austritt nicht mehr als 1 m von der Traufkante (horizontal gemessen) entfernt ist.

24.3.3   Der erste Rettungsweg darf nach Musterbauordnung (MBO) maximal 35 Meter lang sein. An den zweiten Rettungsweg werden bezüglich der Länge keine Anforderungen gestellt.

24.3.4   Bei dem Schild handelt es sich um eine Sicherheitskennzeichnung, Rettungsweg nach rechts.

24.3.5   Bei Gebäuden der Gebäudeklasse 1 kann der zweite Rettungsweg über ein zu öffnendes Fenster in Verbindung mit einer tragbaren Leiter (Steckleiter) sichergestellt werden.

24.3.6   In einem Hochhaus wird der zweite Rettungsweg durch einen zusätzlichen Treppenraum sichergestellt. Anstelle von zwei Treppenräumen ist ein Sicherheitstreppenraum möglich.

24.3.7   Ein Sicherheitstreppenraum ist ein Treppenraum, in den Feuer und Rauch nicht eindringen können.

24.3.8   Rauch- und Wärmeabzugsanlagen werden in Treppenräume eingebaut, um im Brandfall den Brandrauch und die Wärme schnellstmöglich ins Freie abzuführen.

24.3.9   Der Eintritt von Brandrauch in einen innenliegenden Sicherheitstreppenraum kann durch die Vorschaltung einer ventilierten Schleuse (Druckschleuse) behindert werden.

24.3.10 An den ersten Rettungsweg werden folgende Anforderungen gestellt:
- Schutz vor Brandrauch,
- Schutz vor Wärme und Flammeneinwirkung,
- die Standsicherheit muss auch im Brandfall sichergestellt sein.

24.3.11 Es ist nicht erlaubt, da Brandrauch in den Aufzugsschacht eindringen kann. Außerdem können stromführende Leitungen zerstört werden oder die Tür blockiert, wenn sich Brandrauch zwischen den Lichtschranken befindet.

24.3.12 Grundlegende Anforderungen an Feuerwehraufzüge (auszugsweise):
- Zugang zum Fahrkorb über einen Vorraum,
- lichte Zugangsbreite zum Fahrkorb ≥ 800 mm,
- Fahrkorbabmessungen:
  - Breite ≥ 1 100 mm,
  - Tiefe ≥ 1 400 mm,
  - Mindesttragfähigkeit ≥ 630 kg,
- Fahrkorbabmessungen für Evakuierungen oder zweiseitige Ausladung:
  - Breite ≥ 1 100 mm,
  - Tiefe ≥ 2 100 mm,
  - Mindesttragfähigkeit ≥ 1 000 kg,
- selbstschließende Fahrschachttüren,
- Vorrangschaltung,
- Ersatzstromversorgung.

24.3.13 Zulässige Rettungsweglängen in Versammlungsstätten:
- von jedem Besucherplatz aus bis zum nächsten Ausgang
  - grundsätzlich ≤ 30 m,
  - in Abhängigkeit der lichten Gebäudehöhe bis 60 m,
- von jeder Stelle einer Bühne bis zum nächsten Ausgang ≤ 30 m,
- von jeder Stelle eines Foyers oder notwendigen Flurs bis zum nächsten Ausgang ≤ 30 m.

24.3.14 Anforderungen an Fenster, die als zweiter Rettungsweg dienen:
- Größe mindestens 90 cm × 120 cm,
- die Brüstungshöhe darf nicht größer sein als 1,20 m.

24.3.15 In Versammlungsstätten müssen die Türen in Fluchtrichtung aufschlagen.

24.3.16 Die Feuerwehr kann in Sonderbauten mit vielen Menschen die Personenrettung nicht sicherstellen; sie ist darauf angewiesen, dass die Personen beim Eintreffen der Feuerwehr das Gebäude bereits weitgehend verlassen haben oder sich in sicheren Bereichen befinden.

24.3.17 Neben der ausreichenden Ausbildung von Rettungswegen ist es ebenso von Bedeutung, dass die Menschen früh-/rechtzeitig mit der Flucht beginnen. Für eine rechtzeitige Räumung hat deshalb in Sonderbauten (z. B. Versammlungs- und Verkaufsstätten, Krankenhäuser, Pflegeheime, Schulen) der Betreiber zu sorgen.

24.3.18 Die Rettung über Leitern der Feuerwehr gilt für bis zu 10 Personen innerhalb einer Nutzungseinheit als sachgerecht. Ab 30 Personen innerhalb einer Nutzungseinheit sollte ein zweiter baulicher Rettungsweg vorgesehen werden.

24.3.19 Zu unterscheiden sind

- Personen, die sich im Gefahrenfall selbst in Sicherheit bringen können,
- Personen, die sich nicht oder nur eingeschränkt selbst retten können, wie bspw. Mobilitätseingeschränkte, Kinder, alte Meschen, Patienten

24.3.20 Schiebetüren und Karusselltüren, die ausschließlich manuell betätigt werden können, sind in Rettungswegen nicht zulässig.

24.3.21 Kriterien aus denen sich die Notwendigkeit zur Vorhaltung einer Sicherheitsbeleuchtung ableiten lässt, sofern diese nicht bereits bauordnungsrechtlich erforderlich ist:

- hohe Personenbelegung,
- Flächenausdehnung (z. B. Hallen, Großraumbüros, Verkaufsstätten),
- fehlendes Tageslicht (z. B. Räume unter Erdgleiche, innenliegende Treppenräume und Flure),
- betriebliche Gründe für Dunkelheit (z. B. Fotolabor),
- Anwesenheit ortsunkundiger Personen (z. B. Kunden, Besucher),
- erhöhte Gefährdung (z. B. durch Stolpern und Stürzen, auf Treppen),
- unübersichtliche Fluchtwegführung (z. B. bei Fluchtwegen mit häufigen Richtungsänderungen) oder
- eingeschränkte Erkennbarkeit des Fluchtweges und seiner Begrenzung (z. B. durch neben dem Fluchtweg abgestelltes Lagergut oder im Zuge der Evakuierung spontan abgestellter Arbeitsmittel)

24.4 Zugänge und Zufahrten für die Feuerwehr

24.4.1 Anforderungen an Zufahrten:

- lichte Breite geradliniger Zufahrten ≥ 3,00 m,
- lichte Breite geradliniger Zufahrten bei mehr als 12 m beidseitiger Bebauung ≥ 3,50 m,
- lichte Höhe der Durchfahrt ≥ 3,50 m,
- Zufahrten müssen ständig freigehalten werden,
- angrenzende Bauteile müssen feuerbeständig sein,

24

- Befestigung von Zufahrten für
    - 16 t zulässiges Gesamtgewicht und
    - 10 t Achslast,
- Befestigung von befahrbaren Decken für Einzelfahrzeuge mit 16 t zulässigem Gesamtgewicht.

24.4.2   Feuerwehrzufahrten werden gefordert, wenn die Brüstungshöhe notwendiger Fenster oder sonstiger zum Anleitern bestimmter Stellen mehr als acht Meter über dem Gelände liegt. Außerdem werden Zufahrten gefordert, wenn Gebäude ganz oder in Teilen mehr als 50 Meter von der öffentlichen Verkehrsfläche entfernt liegen.

24.4.3   Anforderungen an Zugänge:
- Breite geradliniger, ebenerdiger Zugänge ≥ 1,25 m,
- lichte Breite von Türöffnungen und anderen geringfügigen Einengungen ≥ 1,00 m,
- lichte Höhe von Durchgängen an jeder Stelle ≥ 2,20 m,
- lichte Höhe von Türen ≥ 2,00 m.

24.4.4   Aufstellflächen sind befestigte Flächen auf dem Grundstück, die zum Einsatz von Hubrettungsfahrzeugen bestimmt sind. Sie müssen von der öffentlichen Verkehrsfläche direkt oder über eine Zufahrt zu erreichen sein und dürfen nicht überbaut werden.
Bewegungsflächen sind befestigte Flächen auf dem Grundstück, die
- zum Aufstellen von Feuerwehrfahrzeugen,
- der Entnahme und Bereitstellung von Geräten sowie
- der Entwicklung von Rettungs- und Löscheinsätzen dienen.

Sie müssen von der öffentlichen Verkehrsfläche direkt oder über eine Zufahrt zu erreichen sein. Bewegungsflächen können gleichzeitig Aufstellflächen sein, nicht aber Zufahrten.

24.4.5   Aufstellflächen parallel zur Außenwand:
- Mindestabmessungen 5 m × 11 m,
- alle zum Anleitern bestimmten Stellen müssen erreicht werden können,
- Aufstellfläche muss mindestens 8 m über die letzte zum Anleitern bestimmte Stelle hinausreichen,
- 8 m ≤ Brüstungshöhe ≤ 18 m   3 m ≤ Abstand a ≤ 9 m,
- Brüstungshöhe > 18 m   3 m ≤ Abstand a ≤ 6 m.

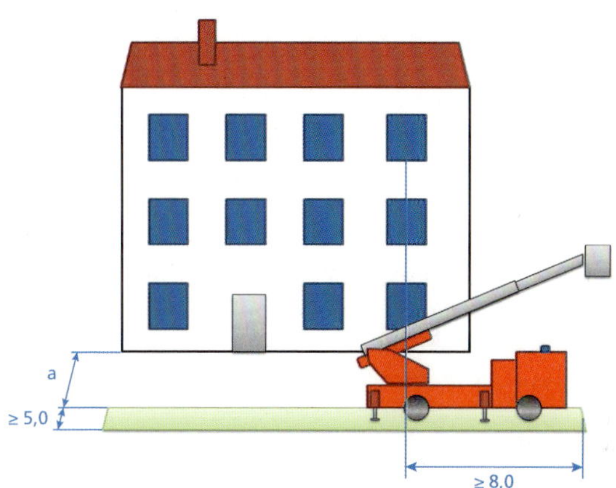

24.5 Brandsicherheitswachdienst

24.5.1 Für bestimmte Veranstaltungen können die Gemeinden auf Grundlage der Brandschutzgesetze der Länder eine Brandsicherheitswache fordern. Das Baurecht verpflichtet Veranstalter zudem zur Stellung einer Brandsicherheitswache nach den Vorgaben der Muster-Versammlungs-stättenverordnung.

24.5.2 Ein Brandsicherheitswachdienst ist durchzuführen, wenn:
- eine erhöhte Brandgefahr besteht und
- bei Ausbruch eines Brandes eine große Anzahl von Personen gefährdet ist.

24.5.3 Als Führer eines Brandsicherheitswachdienstes habe ich besonders auf Brandgefahren und auf die Sicherung der Rettungs- und Angriffswege zu achten.

24.5.4 Indikationen für die Stellung einer Brandsicherheitswache nach MVStättV bei Veranstaltungen
- mit erhöhter Brandgefahr,
- auf Großbühnen,

24.5.5 Der Brandsicherheitswachdienst soll etwa eine halbe Stunde vor Beginn der Veranstaltung am Objekt sein.

24.5.6 Als Führer des Brandsicherheitswachdienstes verlange ich vor Beginn der Veranstaltung:
- die Überprüfung der Funktionsfähigkeit des Schutzvorhangs,
- eine Einsicht in das Szeneriebuch (feuergefährliche Handlungen).

24.5.7   Im Szeneriebuch finde ich alle Angaben über feuergefährliche Handlungen während einer
Aufführung.

24.5.8   Ein Kontrollgang soll durchgeführt werden, um:
- Ortskenntnis zu erlangen,
- die Funktionsfähigkeit der Sicherheitseinrichtungen zu überprüfen.

24.5.9   Vor Beginn der Veranstaltung achte ich besonders auf:
- die Zugänglichkeit von Feuermeldern und Wandhydranten,
- die Bedienung der Rauch- und Wärmeabzugsanlage,
- die Freihaltung der Feuerwehrzufahrten,
- Feuerschutzabschlüsse,
- Bestuhlungsplan.

24.5.10   Ich habe auf das Rauchverbot hinzuweisen.

24.5.11   Der verantwortliche technische Leiter des Hauses ist zu verständigen, damit die Mängel
behoben werden.

24.5.12   Während der Veranstaltung wird die gesamte Handlung auf der Bühne überwacht. Insbesondere feuergefährliche Handlungen sind zu beobachten.

24.5.13   Die Feuerwehr ist sofort zu alarmieren.

24.5.14   Nach einer Veranstaltung hat der Brandsicherheitswachdienst ebenfalls einen Kontrollgang
durchzuführen. Insbesondere ist darauf zu achten, dass sich alle Räume in einem solchen
Zustand befinden, der nach Verlassen des Gebäudes durch die Brandsicherheitswache einen
Brandausbruch ausschließt.

24.6   Brandschau

24.6.1   In brandschaupflichtigen Objekten ist eine Brandschau (auch Brandverhütungsschau oder
Feuerbeschau genannt) längstens alle sechs Jahre durchzuführen, sofern durch landesrechtliche
Vorgaben keine anderen Fristen gesetzt worden sind

24.6.2   Brandschauen sollen sich insbesondere auf Sonderbauten erstrecken, wie beispielsweise
- Versammlungsstätten,
- Bahnhöfe,
- Flughäfen,
- Verkaufsstätten,
- allgemeinbildende Schulen,

- Hochhäuser,
- Beherbergungsstätten,
- Krankenhäuser,
- Heime und Pflegeeinrichtungen,
- Störfallbetriebe,
- Kraftwerke,
- unterirdische Großgaragen.

24.6.3 Brandschau ist Aufgabe der Gemeinde bzw. Kreise. Diese beauftragt hauptamtliche Kräfte des gehobenen oder höheren feuerwehrtechnischen Dienstes oder Brandschutztechniker mit der Durchführung.

24.6.4 Die Brandschau dient dazu

- brandschutztechnische Mängel und Gefahrenquellen festzustellen,
- Maßnahmen anzuordnen zur Gewährleistung der bauordnungsrechtlichen Schutzziele.

24.6.5 Für die Durchsetzung der Beseitigung baulicher Mängel sind die Baubehörden verantwortlich.

24.6.6 Für die Durchsetzung der Beseitigung betrieblicher Mängel sind die Ordnungsbehörden verantwortlich.

24.6.7 Prüfliste nach AGBF-Empfehlung:

- Löschwasserversorgung,
- Zugänglichkeit für die Feuerwehr,
- Rettungswege/Angriffswege der Feuerwehr,
- Brand- und Brandbekämpfungsabschnitte, Rauchabschnitte,
- Lagerungen,
- Brandgefahren durch Nutzung,
- Löschwasserrückhaltung,
- Brandbekämpfungsanlagen und -einrichtungen,
- technische Brandschutzeinrichtungen,
- Kommunikation für die Feuerwehr,
- betriebliche Brandschutzmaßnahmen,
- Einsatzplanung der Feuerwehr.

24

24.7 Rauch- und Wärmeableitung

24.7.1 Maßnahmen zur Ableitung von Brandrauch aus Rettungswegen sind in § 35 Abs. 8 MBO beschrieben:

»Notwendige Treppenräume müssen belüftet und zur Unterstützung wirksamer Löscharbeiten entraucht werden können. Sie müssen

1. in jedem oberirdischen Geschoss unmittelbar ins Freie führende Fenster mit einem freien Querschnitt von mindestens 0,50 m² haben, die geöffnet werden können, oder
2. an der obersten Stelle eine Öffnung zur Rauchableitung haben.

In den Fällen des Satzes 2 Nr. 1 ist in Gebäuden der Gebäudeklasse 5 an der obersten Stelle eine Öffnung zur Rauchableitung erforderlich; in den Fällen des Satzes 2 Nr. 2 sind in Gebäuden der Gebäudeklassen 4 und 5, soweit dies zur Erfüllung der Anforderungen nach Satz 1 erforderlich ist, besondere Vorkehrungen zu treffen. Öffnungen zur Rauchableitung nach Satz 2 und 3 müssen in jedem Treppenraum einen freien Querschnitt von mindestens 1 m² und Vorrichtungen zum Öffnen ihrer Abschlüsse haben, die vom Erdgeschoss sowie vom obersten Treppenabsatz aus bedient werden können.«

Bei Kellergeschossen ohne Fenster ist zusätzlich zu beachten, dass mindestens eine Öffnung zur Ableitung von Brandrauch vorhanden sein muss.

Anforderungen an Sicherheitstreppenräume gehen nicht auf Maßnahmen der Rauchableitung, sondern Rauchfreihaltung zurück!

24.7.2 Maßnahmen zur Rauchableitung bedienen die bauordnungsrechtlichen Schutzziele »Rettung von Menschen« und »Ermöglichung wirksamer Löschmaßnahmen«. Durch die Freihaltung von Rettungswegen vor zu starkem Raucheintrag wird den Nutzern die Selbstrettung ermöglicht. Dies ist insbesondere bei Objekten mit einer hohen Anzahl ortsunkundiger Personen von Bedeutung. Thermische Entlastung tragender und aussteifender Bauteile tragen dazu bei, dass die Feuerwehr ihren Löschangriff möglichst sicher vortragen kann, ebenso wie möglichst ungetrübte Sichtverhältnisse. Für Eigentümer und Betreiber von Anlagen sind darüber hinaus der Sachwertschutz und die Vermeidung von Betriebsausfällen von Bedeutung.

24.7.3 RWA ist die Abkürzung für Rauch- und Wärmeabzugsanlagen. Unter diesem Oberbegriff subsumieren sich

- natürliche Rauchabzugsanlage (NRA),
- maschinelle Rauchabzugsanlage (MRA),
- Rauch-Differenzdruckanlage (RDA),
- Garagenentrauchungen und
- Wärmeabzüge (WA).

Es beschreibt ein System zur Ableitung von Rauch und Wärme aus Gebäuden, das in der Regel aus Rauch- und Wärmeabzug, Steuerung, Energieversorgung, Zuluft und rauchabschnittsbildenden Komponenten besteht.

24.7.4   Als natürliche Rauchabzugsanlage (NRA) wird eine RWA bezeichnet, wenn ihre Funktion auf dem thermischen Auftriebsprinzip beruht (z. B. bei Lichtkuppeln, Jalousien).
Als maschinelle Rauchabzugsanlage (MRA) wird eine RWA bezeichnet, wenn ihre Funktion mit motorischem Antrieb erfolgt (z. B. Ventilatoren).
Als Wärmeabzug (WA) bezeichnet man eine Wand- oder Dachfläche, die bei einer bestimmten Temperatur selbsttätig eine Öffnung frei gibt (z. B. durch Abschmelzen von thermoplastischen Dachlichtelementen), aus der dann Brandhitze nach Außen entweichen kann.

24.7.5   Durch die Zuführung ausreichender Mengen an Frischluft und Ableitung von Brandrauch wird die Verrauchung im Raum soweit verdünnt, dass hinreichende Sichtweiten für die Personenrettung und Reduzierungen der Schadstoffkonzentrationen für einen kurzzeitigen Aufenthalt ($\leq$ 30 min) hergestellt werden können. Diese Ziele bedeuten immer eine vollständige Verrauchung des Raumes. Sie lassen sich nur bei größeren Räumen ($\geq$ 200 m^2) realisieren. In kleineren Räumen lässt sich lediglich eine Begrenzung der Rauchtemperatur durch Verdünnungseffekte erzielen, bspw. zur Vermeidung von Rauchschichtdurchzündungen oder Flash-Over-Phänomenen.

24.7.6   Durch Ableitung des nach oben gerichteten Thermikstroms (Plume) soll eine vollständige Verrauchung des Raumes vermieden werden und eine raucharme Schicht im Bodenbereich entstehen. Dieser Effekt lässt sich nur in größeren Räumen ($\geq$ 200 m^2) realisieren, da nur dort Zu- und Abluftverhältnisse in ausreichendem Maß hergestellt werden können. In der Regel wird eine raucharme Schicht in Höhe von 2,50 m angestrebt. In kleinen Räumen ($\geq$ 200 m^2) können stabile Rauchschichten i. d. R. nicht verlässlich hergestellt werden, da

- nutzbare Zu- und Abluftquerschnitte begrenzt sind,
- Rezirkulationseffekte im Brandrauchs auftreten und
- zulässige Einströmungsgeschwindigkeiten von Frischluft nicht eingehalten werden können.

24.7.7   Aerodynamisch wirksame Öffnungsfläche werden für NRA nach DIN 18232 ermittelt. Sie beschreiben das Produkt aus geometrischer Öffnungsfläche und einem Durchflussbeiwert unter Berücksichtigung von Seitenwindeinflüssen.

24.7.8   Wärmeabzüge dienen dem Entzug von Energie aus dem Brandraum, um tragende, aussteifende und abschnittsbildende Bauteile thermisch zu entlasten. Sie tragen damit zur Aufrechterhaltung der Standfestigkeit der baulichen Anlage bei. Die Abführung erfolgt automatisch durch Aufschmelzen von Öffnungsabschlüssen in Dach- oder Wandflächen in der Vollbrandphase.

24.7.9   Für den Wärmeabzug gut nutzbar sind

- Flächen, die im Brandfall bereits offen sind oder sich automatisch öffnen und
- Flächen, die bei Temperaturen ab 300 °C öffnen oder schmelzen.

24.7.10   Wärmeabzugsanlagen öffnen im Vergleich zu Rauch- und Wärmeabzugsanlagen verspätet, so dass Schutzziele der Personenrettung nicht adäquat erfüllt werden. RWA wirken bereits in der Brandentstehungsphase, während WA erst in der Vollbrandphase wirksam werden.

24.8   Industriebau

24.8.1   Sicherheitskategorien beschreiben die vorhandene bzw. geplante brandschutztechnische Infrastruktur hinsichtlich der Vorkehrungen zur Brandmeldung, der Vorhaltung einer nicht öffentlichen Feuerwehr bzw. einer Feuerlöschanlage.

24.8.2   Ebenen sind Räume, die sich wie Geschosse zwischen den Umfassungsbauteilen von Brandbekämpfungsabschnitten erstrecken. Sie sind hinsichtlich ihrer Standsicherheit brandschutztechnische zu bemessen. Anforderungen an den Raumabschluss werden nicht gestellt. Einbauten sind Bauteile, die genutzt werden um bspw. Maschinen und Behälter zugänglich zu machen oder für Büro-, Verwaltungs- und Lagerzwecke genutzt zu werden. Sie sind brandschutztechnisch nicht zu bemessen.

24.8.3   Ebenen unterscheiden sich von Geschossdecken lediglich in der fehlenden Anforderung an den Raumabschluss.

24.8.4   Die zulässige Weglänge von Rettungswegen ist abhängig von der mittleren lichten Gebäudehöhe und dem Vorhandensein einer Alarmierungseinrichtung.

24.8.5   Anforderungen an den Feuerwiderstand und das Brandverhalten von Baustoffen der tragenden und aussteifenden Bauteile resultieren aus

- der Anzahl oberirdischer Geschosse,
- der Brandabschnittsfläche und
- der Sicherheitskategorie.

24.8.6   Wärmeabzugsflächen sind für folgende Konstruktionen erforderlich

- Sicherheitskategorie 1 bis 3.4 und
- Anforderungen an tragende und aussteifende Bauteile
- ohne an den Feuerwiderstand aus nichtbrennbaren Baustoffen,
- feuerhemmen oder
- hochfeuerhemmend aus nichtbrennbaren Baustoffen.

24.8.7   Industriebauten sind Gebäude oder Gebäudeteile im Bereich der Industrie und des Gewerbes, die der Produktion (Herstellung, Behandlung, Verwertung, Verteilung) oder Lagerung von Produkten oder Gütern dienen.

24.8.8   Als Brandabschnitt wird der Bereich eines Gebäudes bezeichnet, der von Außenwänden und/ oder durchgehenden Brandwänden umspannt wird. Brandbekämpfungsabschnitte sind Unterabschnitte übergroßer Brandabschnitte mit speziellen Anforderungen an ihre Begrenzungsbauteile.

24.8.9   Es werden sieben Sicherheitskategorien für Brandabschnitte oder Brandbekämpfungsabschnitte unterschieden:

- K1: ohne besondere Maßnahmen für Brandmeldung und Brandbekämpfung
- K2: mit automatischer Brandmeldeanlage
- K3.1: mit automatischer Brandmeldeanlage in Industriebauten mit Werkfeuerwehr in mindestens Staffelstärke; diese Staffel muss aus hauptberuflichen Kräften
- K3.2: mit automatischer Brandmeldeanlage in Industriebauten mit Werkfeuerwehr in mindestens Gruppenstärke
- K3.3: mit automatischer Brandmeldeanlage in Industriebauten mit Werkfeuerwehr mit mindestens 2 Staffeln
- K3.4: mit automatischer Brandmeldeanlage in Industriebauten mit Werkfeuerwehr mit mindestens 3 Staffeln
- K4: mit selbsttätiger Feuerlöschanlage.

24.8.10   Es kann grundsätzlich zwischen einer pauschalisierten Bemessung nach Abschnitt 6 oder einer individuellen Berechnung der zulässigen Brandabschnittsfläche nach Abschnitt 7 (Berechnung nach DIN 18230-1) bzw. Anhang 1 (Berechnung mit anerkannten Methoden des Brandschutzingenieurwesens) gewählt werden.

24.8.11   Für Abschnittsflächen $\leq 2\,500\,\text{m}^2$ müssen mindestens $96\,\text{m}^3/\text{h}$ bzw. $1\,600\,\text{l/min}$ Löschwasser zur Verfügung stehen; ab $4\,000\,\text{m}^2$ erhöht sich der Bemessungswert auf mindestens $192\,\text{m}^3/\text{h}$ bzw. $3\,200\,\text{l/min}$. Alle Mengen sind über einen Zeitraum von mindestens zwei Stunden zu garantieren. Bei Vorhandensein einer selbsttätigen Feuerlöschanlage reduzieren sich die Vorhaltepflichten für Flächen über $2\,500\,\text{m}^2$ auff $96\,\text{m}^3/\text{h}$ über mindestens eine Stunde.

24.8.12   Ab einer Grundfläche von $1\,600\,\text{m}^2$ müssen in jedem Geschoss mindestens zwei möglichst entgegengesetzt liegende bauliche Rettungswege vorhanden sein.

24.8.13   Ab einer mittleren lichten Höhe von mindestens 10 m darf die zulässige Rettungsweglänge 50 m betragen. Besteht darüber hinaus eine Alarmierungseinrichtung in Verbindung mit einer automatischen Branddetektion, mit der die Nutzer des Industriebaus gewarnt werden können, dürfen Rettungswege auf bis zu 70 m verlängert werden.

24.8.14   Sofern eine sofortige Brandentdeckung und Weitermeldung an die zuständige Feuerwehr-alarmierungsstelle sichergestellt wird, kann eine Gleichwertigkeit mit einer automatischen Brandmeldeanlage angenommen werden. Zu beachten ist, dass alle Räume eines Brandabschnittes bzw. Brandbekämpfungsabschnittes dieser Überwachung unterliegen müssen und Rettungswege nicht weiter verlängert werden dürfen.

24.9   Organisatorischer Brandschutz

24.9.1   Das Löschvermögen von Feuerlöschern wird nach DIN EN 3-7 in Löschmitteleinheiten (LE) ausgedrückt. Diese Einheiten werden getrennt für die Brandklassen A und B ausgewiesen. Durch die Verwendung der Hilfsgröße LE ist eine additive Bemessung der erforderlichen Anzahl an Feuerlöschern je Raum möglich. Auf dem Feuerlöscher wird das Löschvermögen durch eine Zahlen-Buchstabenkombination angegeben.

24.9.2   Geeignete Maßnahmen zur Alarmierung von Personen entsprechend der technischen Regeln für Arbeitsstätten sind bspw.:
- Brandmeldeanlagen mit Sprachalarmanlagen (SAA) oder akustische Signalgeber
- Hausalarmanlagen,
- Elektroakustische Notfallwarnsysteme (ENS),
- optische Alarmierungsmittel,
- Telefonanlagen,
- Megaphone,
- Handsirenen,
- Zuruf durch Personen oder
- personenbezogene Warneinrichtungen.

24.9.3   Die erforderliche Löschmitteleinheit (LE) bemisst sich aus der Summe der Grundfläche aller Ebenen einer Arbeitsstätte. In mehrgeschossigen Gebäuden sind in jedem Geschoss mindestens 6 Löschmitteleinheiten bereitzustellen.
- $50\,m^2$ 6 LE
- $100\,m^2$ 9 LE
- $200\,m^2$ 12 LE
- …

24.9.4   Geeignete zusätzliche organisatorische Maßnahmen können sein:
- Reduzierung der maximalen Entfernung zum nächst gelegenen Feuerlöscher.
- Erzielen eines größeren Löscherfolgs durch den gleichzeitigen Einsatz mehrere Feuerlöscher.
- Bereitstellung zusätzlicher, geeigneter Feuerlöscheinrichtungen, wie bspw. CO_2-Löscher, Fettbrandlöscher, Wandhydranten, fahrbare Feuerlöscher.

24.9.5   In den nach DIN 14096 normierten Vorgaben für Brandschutzordnungen
- Teil A: gerichtet an alle Personen, die sich in der baulichen Anlage aufhalten,
- Teil B: gerichtet an die Personen, die sich nicht nur vorübergehend in einer baulichen Anlage aufhalten,
- Teil C: gerichtet an die Personen, denen über ihre allgemeinen Pflichten hinaus besondere Aufgaben im Brandschutz übertragen sind.

24.9.6   Sicherheits- und Gesundheitsschutzkennzeichnungen ermöglichen eine Sicherheits- oder Gesundheitsschutzaussage bezogen auf einen bestimmten Gegenstand, Tätigkeit oder Situation. Dafür können Hand-, Sicherheits-, Schall- oder Leuchtzeichen sowie Farben eingesetzt werden.

24.9.7   Langnachleuchtende Sicherheitszeichen sind Sicherheitszeichen, die bei Ausfall der Allgemeinbeleuchtung eine bestimmte Zeit nachleuchten.

24.9.8   An Leuchtzeichen werden folgende Anforderungen seitens des Arbeitsschutzes gerichtet:
- deutlich erkennbar anzubringen,
- Helligkeit muss sich von der Leuchtdichte der umgebenden Fläche deutlich unterscheiden,
- dürfen nur bei vorhandenen Gefahren in Betrieb sein,
- dürfen nur dann blinkend verwendet werden, wenn eine unmittelbare Gefahr droht.

24.9.9   An Schallzeichen werden folgende Anforderungen seitens des Arbeitsschutzes gerichtet:
- müssen deutlich wahrnehmbar sein,
- ihre Bedeutung muss betrieblich festgelegt und eindeutig sein,
- müssen so lange eingesetzt werden, wie dies für die Sicherheitsaussage erforderlich ist,
- Notsignale müssen sich von anderen betrieblichen Schallzeichen und öffentlichen Alarmen unverwechselbar unterscheiden,
- betriebliche Notsignale sollen einen kontinuierlichen Ton haben.

24.9.10   Flucht- und Rettungsplänen müssen
- eindeutige Anweisungen zum Verhalten in Gefahren- oder Katastrophenfall enthalten,
- den Weg vom Standort zu einem sicheren Bereich (bspw. ins Freie, Sammelstelle) darstellen,
- auf dem aktuellen Stand sein,
- übersichtlich und ausreichend groß sein,
- nur genormte Sicherheitszeichen verwenden,
- Sammelstellen sowie Standorte von Erste-Hilfe-Einrichtungen und Brandschutzeinrichtungen sind zu kennzeichnen.

Literaturverzeichnis

AGBF Bund: Empfehlungen (2012-1) zur Durchführung der Brandverhütungsschau (auch Gefahrenverhütungsschau oder Feuerbeschau), Arbeitsgemeinschaft der Leiter der Berufsfeuerwehren in der Bundesrepublik Deutschland – Arbeitskreis Vorbeugender Brand- und Gefahrenschutz, Oktober 2012.

AGBF Bund: Anforderungen an die Qualifikation von Brandsicherheitswachen bei Veranstaltungen (2020-1), Fachausschuss Vorbeugender Brand- und Gefahrenschutz der deutschen Feuerwehren (FA VB/G) Arbeitsgruppe Brandsicherheitswachdienst, Empfehlungen der Arbeitsgemeinschaft der Leiter der Berufsfeuerwehren und des Deutschen Feuerwehrverbandes.

AGBF Bund: Löschwasserversorgung aus Hydranten in öffentlichen Verkehrsflächen (2018-04), Information der Arbeitsgemeinschaft der Leiter der Berufsfeuerwehren und des Deutschen Feuerwehrverbandes in Abstimmung mit dem DVGW Deutscher Verein des Gas- und Wasserfaches e. V., Fachausschuss Vorbeugender Brand- und Gefahrenschutz der deutschen Feuerwehren (FA VB/G).

AGBF Bund: »Rettung von Personen« und »wirksame Löscharbeiten« – bauordnungsrechtliche Schutzziele mit Blick auf die Entrauchung, Arbeitsgemeinschaft der Leiter der Berufsfeuerwehren in der Bundesrepublik Deutschland – Arbeitskreis Vorbeugender Brand- und Gefahrenschutz, Oktober 2008.

ASR A1.3- Technische Regeln für Arbeitsstätten: Sicherheits- und Gesundheitsschutzkennzeichnung, Ausgabe Februar 2013 zuletzt geändert GMBl 2017, S. 398, Ausschuss für Arbeitsstätten – ASTA-Geschäftsführung – BAuA.

ASR A2.2 – Technische Regeln für Arbeitsstätten: Maßnahmen gegen Brände, Ausgabe Mai 2018 zuletzt geändert GMBl 20212, S. 247560, Ausschuss für Arbeitsstätten – ASTA-Geschäftsführung – BAuA.

ASRT A2.3 – Technische Regeln für Arbeitsstätten: Fluchtwege und Notausgänge, Ausgabe März 2022, Ausschuss für Arbeitsstätten – ASTA-Geschäftsführung – BAuA.

Birnbaum, H./Denkmann, N.: Taschenbuch der technischen Mechanik. Statik, Festigkeitslehre, Kinematik, Dynamik, Verlag Harri Deutsch, Frankfurt am Main, Thun, 2006.

bvfa – Bundesverband Technischer Brandschutz: Kohlendioxid-Löschanlagen, https://www.bvfa.de/142/stationaere-loeschtechnik/spezial-loschanlagen/kohlendioxid-loeschanlagen/, 2021-07.

bvfa – Bundesverband Technischer Brandschutz: Funktionsweise Sprinkleranlage, https://www.bvfa.de/11/stationaere-loeschtechnik/wasser-loeschanlagen/funktionsweise/, 2021-07.

Chemikaliengesetz in der Fassung der Bekanntmachung vom 28. August 2013 (BGBl. I S. 3498, 3991), das zuletzt durch Artikel 7 des Gesetzes vom 4. April 2016 (BGBl. I S. 569) geändert worden ist.

DGUV Grundsatz 305-002: Prüfgrundsätze für Ausrüstung und Geräte der Feuerwehr, Sachgebiet »Feuerwehr und Hilfeleistungsorganisationen« der Deutschen Gesetzlichen Unfallversicherung (DGUV), Mai 2021.

DGUV Information 205-026: Sicherheit und Gesundheitsschutz beim Einsatz von Feuerlöschanlagen mit Löschgas, Sachgebiet Betrieblicher Brandschutz des Fachbereichs Feuerwehren, Hilfeleistungen, Brandschutz der DGUV, Mai 2018.

DGUV Information 214-059: Ausbildung für Arbeiten mit der Motorsäge und die Durchführung von Baumarbeiten, Sachgebiet »Straße, Gewässer, Forsten, Tierhaltung«, Fachbereich »Verkehr und Landschaft« der Deutschen Gesetzlichen Unfallversicherung (DGUV), November 2018.

DGUV Regel 109-005: Gebrauch von Anschlag-Drahtseilen, Fachausschuss »Metall und Oberflächenbehandlung« der Deutschen Gesetzlichen Unfallversicherung (DGUV), April 1991, aktualisierte Fassung Januar 2011.

DGUV Regel 114-018: Waldarbeiten, Fachgruppe »Forsten« der Deutschen Gesetzlichen Unfallversicherung (DGUV), Juni 2009, aktualisierte Fassung Februar 2011.

DGUV Vorschrift 49: Unfallverhütungsvorschrift Feuerwehren, Juni 2018.

DVGW Merkblatt W 331: Auswahl, Einbau und Betrieb von Hydranten, Deutscher Verein des Gas- und Wasserfaches e. V., November 2006.

DVGW Merkblatt W 400-1: Technische Regeln Wasserverteilungsanlagen (TRWV) – Teil 1: Planung, Deutscher Verein des Gas- und Wasserfaches e. V., Februar 2015.

DVGW Merkblatt W 400-2: Technische Regeln Wasserverteilungsanlagen (TRWV) – Teil 2: Bau und Prüfung, Deutscher Verein des Gas- und Wasserfaches e. V., September 2004.

DVGW Merkblatt W 400-3: Technische Regeln Wasserverteilungsanlagen (TRWV) – Teil 3: Betrieb und Instandhaltung, Deutscher Verein des Gas- und Wasserfaches e. V., September 2006.

DVGW Merkblatt W 405: Bereitstellung von Löschwasser durch die öffentliche Trinkwasserversorgung, Deutscher Verein des Gas- und Wasserfaches e. V., Februar 2008.

DVGW Merkblatt W 408: Anschluss von Entnahmevorrichtungen an Hydranten in Trinkwasserverteilungsanlagen, Deutscher Verein des Gas- und Wasserfaches e. V., November 2010.

Empfehlungen zum Üben und Erproben von Schaumlöschmitteln, Beirat Lagerung und Transport wassergefährdender Stoffe beim Bundesministerium für Umwelt, Naturschutz und Reaktorsicherheit, 1988.

Eulenburg, P. R.: Grundlagen des Atemschutzes, Verlag W. Kohlhammer, Stuttgart, 1995.

Feuerwehr-Dienstvorschrift (FwDV) 1: Grundtätigkeiten im Lösch- und Hilfeleistungseinsatz.

Feuerwehr-Dienstvorschrift (FwDV) 2: Ausbildung der Freiwilligen Feuerwehren.

Feuerwehr-Dienstvorschrift (FwDV) 3: Einheiten im Lösch- und Hilfeleistungseinsatz.

Feuerwehr-Dienstvorschrift (FwDV) 7: Atemschutz.

Feuerwehr-Dienstvorschrift (FwDV) 8: Tauchen.

Feuerwehr-Dienstvorschrift (FwDV) 10: Die tragbaren Leitern.

Feuerwehr-Dienstvorschrift (FwDV) 100: Führung und Leitung im Einsatz – Führungssystem.

Feuerwehr-Dienstvorschrift (FwDV) 800: Informations- und Kommunikationstechnik im Einsatz.

Feuerwehr-Dienstvorschrift (FwDV) 810: Sprech- und Datenfunkverkehr.

Fischer R.: Rechtsfragen beim Feuerwehreinsatz 4. Erweiterte und überarbeitete Auflage, Verlag W. Kohlhammer, Stuttgart, 2017.

FVLR-Heft 1: Rauch- und Wärmeabzugsgeräte, Eine Information des FVLR Fachverband Tageslicht und Rauchschutz e. V.

FVLR-Heft 2: Rauch- und Wärmeabzugsanlagen, Eine Information des FVLR Fachverband Tageslicht und Rauchschutz e. V.

FVLR-Heft 19: Wärmeabzüge im Brandfall, Eine Information des FVLR Fachverband Tageslicht und Rauchschutz e. V.

Gehbauer et al.: Zivilschutz-Forschung Band 46, Methoden der Bergung Verschütteter aus zerstörten Gebäuden, Bundesverwaltungsamt, Zentralstelle für Zivilschutz, Bonn, 2001.

Gesetz zur Durchführung der Verordnung (EU) Nr. 305/2011 zur Festlegung harmonisierter Bedingungen für die Vermarktung von Bauprodukten und zur Umsetzung und Durchführung anderer Rechtsakte der Europäischen Union in Bezug auf Bauprodukte (Bauproduktengesetz–BauPG) vom 05.12.2012 (BGBl. I S. 2449, 2450), zuletzt geändert durch Artikel 119 der Verordnung vom 31. August 2015 (BGBl. I S. 1474).

Grundgesetz für die Bundesrepublik Deutschland vom 23. Mai 1949, zuletzt geändert durch Artikel 1 des Gesetzes vom 23. Dezember 2014 (BGBl. I S. 2438).

Gesetz über den Brandschutz, die Hilfeleistung und den Katastrophenschutz (BHKG), vom Dezember 2015 (Artikel 1 des Gesetzes vom 17. Dezember 2015 (GV. NRW. S. 886)).

Grundsätze für Zusammenarbeit und Führung, 5. Auflage, Broschüre des Innenministeriums des Landes Nordrhein-Westfalen, April 2004.

Grundsatzpapier der Fachkommission Bauaufsicht: »Rettung von Personen« und »wirksame Löscharbeiten« – bauordnungsrechtliche Schutzziele mit Blick auf die Entrauchung, G. Famers, J. Messerer, 17.12.2008.

Heuschen, R.: Der Feuerwehrmann auf der Schulbank Nr. 2, Brandlehre, 3. überarbeitete Auflage, Verlag GmbH J. Jamelle, Bochum, 1997.

Hohage, H.: Einsatztaktik bei Gebäudeschäden, Technisches Hilfswerk, Februar 2008.

Knorr, K.-H.: Die Gefahren der Einsatzstelle, 8., überarbeitete und erweiterte Auflage, Verlag W. Kohlhammer, Stuttgart, 2010.

Lang: THW-Merkblatt »Baukunde & Tiefbau«, Stand 01/2006.

Löbbert et al.: Brandschutzplanung für Architekten und Ingenieure, 5., überarbeitete Auflage, Feuertrutz Network GmbH, Köln, 2007.

Lutz et al.: Lehrbuch der Bauphysik, 5., überarbeitete Auflage, B. G. Teubner, Stuttgart, 2002.

Maak: Die Systematik der Schadensstelle Teile 1 bis 3, Baulicher Luftschutz, Verlag Gasschutz und Luftschutz Dr. Ebeling Kommanditgesellschaft, Berlin-Charlottenburg, 1942/43.

Mayr, J./Battran, L. (Hrsg.): Brandschutzatlas, Feuertrutz Network GmbH, Köln, 2016. Merkblatt für die Feuerwehren Bayerns Vegetationsbrände – Staatliche Feuerwehrschule Würzburg, Ausgabe 2020-03.

Musterbauordnung (MBO), Fassung November 2002, zuletzt geändert durch Beschluss der Bauminister-konferenz vom 27.09.2019.

Muster-Verwaltungsvorschrift Technische Baubestimmungen (MVV TB), Ausgabe 2019/1 vom 15. Januar 2020, Deutsches Institut für Bautechnik (DIBt).

Muster-Richtlinien über Flächen für die Feuerwehr, Fassung Februar 2007 (zuletzt geändert durch Beschluss der Fachkommission Bauaufsicht vom Oktober 2009).

Muster-Richtlinie über brandschutztechnische Anforderungen an Leitungsanlagen (Muster-Leitungsanlagen-Richtlinie MLAR), Fassung 10.2.2015 zuletzt geändert durch Beschluss der Fachkommission Bauaufsicht vom 03.09.2020, Fachkommission Bauaufsicht der BauministerkonferenzMuster-Richtlinie über den baulichen Brandschutz im Industriebau (Muster-Industriebau-Richtlinie – MIndBauRL), Stand Mai 2019, Fachkommission Bauaufsicht der Bauministerkonferenz.

Muster-Richtlinie über den baulichen Brandschutz im Industriebau (Muster-Industriebau-Richtlinie – MInd-BauRL) – Erläuterungen, Stand Juli 2014, Fachkommission Bauaufsicht der Bauministerkonferenz Projektgruppe Muster-Industriebau-Richtlinie.

Muster-Richtlinie über den Bau und Betrieb von Hochhäusern (Muster-Hochhaus-Richtlinie-MHHR), Fassung April 2008 zuletzt geändert durch Beschluss der Fachkommission Bauaufsicht vom Februar 2012, Fachkommission Bauaufsicht – Projektgruppe MHHR.

Musterverordnung über den Bau und Betrieb von Versammlungsstätten (Muster-Versammlungsstättenver-ordnung – MVStättVO), Fassung Juni 2005 (zuletzt geändert durch Beschluss der Fachkommission Bauaufsicht vom Juli 2014).

Musterverordnung über den Bau und Betrieb von Versammlungsstätten (Muster-Versammlungsstättenver-ordnung – MVStättVO), Fassung Juni 2005 (zuletzt geändert durch Beschluss der Fachkommission Bauaufsicht vom Juli 2014) – Begründung der Änderungen – Stand: Juli 2014.

Prendke, W.-D.: Lexikon der Feuerwehr, 3., überarbeitete und erweiterte Auflage, Verlag W. Kohlhammer, Stuttgart, 2005.

Rahmengesetz zur Vereinheitlichung des Beamtenrechts (Beamtenrechtsrahmengesetz – BRRG) in der Fassung der Bekanntmachung vom 31. März 1999 (BGBl. I S. 654), zuletzt geändert durch Artikel 15 Absatz 14 des Gesetzes vom 5. Februar 2009 (BGBl. I S. 160).

Rodewald, G.: Brandlehre, 6., überarbeitete Auflage, Verlag W. Kohlhammer, Stuttgart, 2007.

Rodewald, G./Heuschen, R.: Gefährliche Stoffe und Güter, 2., überarbeitete Auflage, Verlag W. Kohlhammer, Stuttgart, 2000.

Schneider: Bautabellen für Ingenieure, 22., überarbeitete Auflage, Bundesanzeiger Verlag, 2016.

Straßenverkehrs-Ordnung vom 6. März 2013 (BGBl. I S. 367), die zuletzt durch Artikel 2 der Verordnung vom 15. September 2015 (BGBl. I S. 1573) geändert worden ist.

Thiele, A./Lohse, W.: Stahlbau, Teil 1 und 2, B. G. Teubner, Stuttgart, 1997.

Verordnung (EU) Nr. 305/2011 des Europäischen Parlaments und des Rates vom 9. März 2011 zur Festlegung harmonisierter Bedingungen für die Vermarktung von Bauprodukten und zur Aufhebung der Richtlinie 89/106/EWG des Rates (ABl. L 88 vom 4.4.2011, S. 5), zuletzt geändert durch delegierte Verordnung (EU) Nr. 2019/1342 der Kommission vom 14. März 2019.

Verordnung über die bauliche Nutzung der Grundstücke (Baunutzungsverordnung – BauNVO) in der Fassung der Bekanntmachung vom 23. Januar 1990 (BGBl. I S. 132), zuletzt geändert durch Artikel 2 des Gesetzes vom 11. Juni 2013 (BGBl. I S. 1548).

Verordnung zum Schutz vor Gefahrstoffen (Gefahrstoffverordnung – GefStoffV) vom 26. November 2010 (BGBl. I S. 1643, 1644), die zuletzt durch Artikel 0148 des Gesetzes vom 29. März 2017 (BGBl. I S. 626) geändert worden ist.

VdS-Merkblatt 2815: Zusammenwirken von Wasserlöschanlagen und Rauch- und Wärmeabzugsanlagen (RWA), Ausgabe 2018-05 (03).

VdS-Richtlinie 2093: Richtlinie für Feuerlöschanlagen mit Kohlenstoffdioxid: Planung und Einbau, Ausgabe 2017-08.

VdS-Richtlinie 2108: Richtlinie für Schaumlöschanlagen – Planung und Einbau, Ausgabe 2021-01 (04).

VdS-Richtlinie 3518: Richtlinie für Feuerlöschanlagen: Sicherheit und Gesundheitsschutz beim Einsatz von Feuerlöschanlagen mit Löschgasen, Ausgabe 2018-06.

VdS-Richtlinie 3527: Richtlinie für Brandvermeidungsanlagen – Sauerstoffreduzierungsanlagen – Planung und Einbau, Ausgabe 2018-08.

VdS CEA-Richtlinie 4001: Richtlinie für Sprinkleranlagen – Planung und Einbau, Ausgabe 2021-01

VdS-Publikation 3400: Vermeidung von Schäden durch Rauch und Brandfolgeprodukte – Gefahren, Risiken, Schutzmaßnahmen, Ausgabe 2017-07.
Verwaltungsverfahrensgesetz (VwVfG) in der Fassung der Bekanntmachung vom 23. Januar 2003 (BGBl. I S. 102), das zuletzt durch Artikel 24 Absatz 3 des Gesetzes vom 25. Juni 2021 (BGBl. I S. 2154) geändert worden ist
vfdb-Richtlinie 03-01: Hinweise für Maßnahmen der Feuerwehr und anderer Hilfskräfte nach Gebäudeeinstürzen, Ausgabe 2005-03.
vfdb-Richtlinie 10-02: Feuerwehr im B-Einsatz, Ausgabe 2002-12.
vfdb-Merkblatt MB 13-06: Brandsicherheitswachdienst und Sanitätsdienst bei Veranstaltungen, Ausgabe Juni 2015.
Werner, G./Zimmer, K.-H.: Holzbau, Band 1 und 2, 4. Auflage, Springer-Verlag, Berlin, 2009 und 2010.
Wesche, K.: Baustoffe für tragende Bauteile, Band 2, Beton und Mauerwerk, 3. Auflage, Springer-Verlag, Berlin, 1993.
Wesche, K.: Baustoffe für tragende Bauteile, Band 4, Holz und Kunststoffe, 2. Auflage, Bauverlag GmbH, Wiesbaden und Berlin, 1988.

Auswahl an Normen

DIN 3223   Betätigungsschlüssel für Armaturen, November 2012.

DIN 4066   Hinweisschilder für die Feuerwehr, Juli 1997.

DIN 4074-1   Sortierung von Holz nach der Tragfähigkeit – Teil 1: Nadelschnittholz, Juni 2012.

DIN 4102   Brandverhalten von Baustoffen und Bauteilen, Teile 1 bis 20.

DIN 4124   Baugruben und Gräben – Böschungen, Verbau, Arbeitsraumbreiten, Januar 2012.

DIN 14011   Begriffe aus dem Feuerwehrwesen, Januar 2018.

DIN 14090   Flächen für die Feuerwehr auf Grundstücken, Mai 2003.

DIN 14095   Feuerwehrpläne für bauliche Anlagen, Mai 2007.

DIN 14151-3   Sprungrettungsgeräte – Teil 3: Sprungpolster 16; Anforderungen, Prüfung, August 2016.

DIN 14210   Künstlich angelegte Löschwasserteiche, Juni 2019.

DIN 14220   Löschwasserbrunnen, Juli 2022.

DIN 14230   Unterirdische Löschwasserbehälter, August 2021.

DIN 14420   Feuerlöschpumpen – Feuerlöschkreiselpumpen – Anforderungen an die saug- und druckseitige Bestückung, Prüfung nach Einbau im Feuerwehrfahrzeug, November 2002.

DIN 14425   Feuerwehrwesen – Tragbare Tauchmotorpumpen mit Elektroantrieb, April 2017.

DIN 14461-1   Feuerlösch-Schlauchanschlusseinrichtungen – Teil 1: Wandhydrant mit formstabilem Schlauch, Oktober 2016.

DIN 14462   Löschwassereinrichtungen – Planung, Einbau, Betrieb und Instandhaltung von Wandhydrantenanlagen sowie Anlagen mit Über- und Unterflurhydranten, September 2012.

DIN 14505   Feuerwehrfahrzeuge – Wechselladerfahrzeuge mit Abrollbehältern – Ergänzende Anforderungen zu DIN EN 1846-3, Januar 2015.

DIN 14530-5   Löschfahrzeuge – Teil 5: Löschgruppenfahrzeug LF 10, November 2019.

DIN 14530-8	Löschfahrzeuge – Teil 8: Löschgruppenfahrzeug LF 20 KatS für den Katastrophenschutz, Januar 2021.
DIN 14530-11	Löschfahrzeuge – Teil 11: Löschgruppenfahrzeug LF 20, November 2019.
DIN 14530-16	Löschfahrzeuge – Teil 16: Tragkraftspritzenfahrzeug TSF, November 2019.
DIN 14530-17	Löschfahrzeuge – Teil 17: Tragkraftspritzenfahrzeug TSF-W, November 2019.
DIN 14530-18	Löschfahrzeuge – Teil 18: Tanklöschfahrzeug TLF 2000, November 2019.
DIN 14530-21	Löschfahrzeuge – Teil 21: Tanklöschfahrzeug TLF 4000, November 2019.
DIN 14530-22	Löschfahrzeuge – Teil 22: Tanklöschfahrzeug TLF 3000, November 2019.
DIN 14530-24	Löschfahrzeuge – Teil 24: Kleinlöschfahrzeug KLF, November 2019.
DIN 14530-25	Löschfahrzeuge – Teil 25: Mittleres Löschfahrzeug MLF, November 2019.
DIN 14530-26	Löschfahrzeuge – Teil 26: Hilfeleistungs-Löschgruppenfahrzeug HLF 10, November 2019.
DIN 14530-27	Löschfahrzeuge – Teil 27: Hilfeleistungs-Löschgruppenfahrzeug HLF 20, November 2019.
DIN 14555-3	Rüstwagen und Gerätewagen – Teil 3: Rüstwagen RW, Dezember 2016.
DIN 14555-12	Rüstwagen und Gerätewagen – Teil 12: Gerätewagen Gefahrgut GW-G, April 2015.
DIN 14555-21	Rüstwagen und Gerätewagen – Teil 21: Gerätewagen Logistik GW-L1, Mai 2013.
DIN 14555-22	Rüstwagen und Gerätewagen – Teil 22: Gerätewagen Logistik GW-L2, Mai 2013.
DIN 14661	Feuerwehrwesen – Feuerwehr-Bedienfeld für Brandmeldeanlagen, November 2016 (Entwurffassung Oktober 2021).
DIN 14662	Feuerwehrwesen – Feuerwehr-Anzeigetableau für Brandmeldeanlagen, November 2016 (Entwurffassung Oktober 2021).
DIN 14674	Brandmeldeanlagen – Anlagenübergreifende Vernetzung, September 2010.
DIN 14675-1	Brandmeldeanlagen – Aufbau und Betrieb, Januar 2020.
DIN 14701-1	Hubrettungsfahrzeuge für Feuerwehr und Rettungsdienst – Teil 1: Hubarbeitsbühnen (HABn) nach DIN EN 1777 – Einsatztaktische Klassifizierung und Begriffe sowie Leistungsanforderungen von Teleskopgelenkmasten (TGM), Januar 2018.
DIN 14800	Feuerwehrtechnische Ausrüstung für Feuerwehrfahrzeuge – Teile 4 bis 18 und Beiblätter 1 bis 14.
DIN 14927	Feuerwehr-Haltegurt mit Zweidornschnalle und Karabinerhaken mit Multifunktionsöse – Anforderungen, Prüfung, Kennzeichnung, November 2018.
DIN 18095-1	Türen; Rauchschutztüren; Begriffe und Anforderungen, Oktober 1988.
DIN 18196	Erd- und Grundbau – Bodenklassifikation für bautechnische Zwecke, Mai 2011.

DIN 18232-2   Rauch- und Wärmefreihaltung – Teil 2: Natürliche Rauchabzugsanlagen (NRA); Bemessung, Anforderungen und Einbau, November 2007.

DIN EN 2   Brandklassen, Januar 2005.

DIN EN 54-1   Brandmeldeanlagen – Teil 1: Einleitung, August 2021.

DIN EN 54-2   Brandmeldeanlagen – Teil 2: Brandmelderzentralen, Dezember 1997.

DIN EN 54-4   Brandmeldeanlagen – Teil 4: Energieversorgungseinrichtungen, Dezember 1997.

DIN EN 54-5   Brandmeldeanlagen – Teil 5: Wärmemelder; Punktförmige Melder, Oktober 2018.

DIN EN 54-7   Brandmeldeanlagen – Teil 7: Rauchmelder – Punktförmige Melder nach dem Streulicht-, Durchlicht- oder Ionisationsprinzip, Oktober 2018.

DIN EN 54-10   Brandmeldeanlagen – Teil 10: Flammenmelder; Punktförmige Melder, Mai 2002.

DIN EN 54-11   Brandmeldeanlagen – Teil 11: Handfeuermelder, Oktober 2001.

DIN EN 54-12   Brandmeldeanlagen – Teil 12: Rauchmelder – Linienförmige Melder nach dem Durchlichtprinzip, Oktober 2015.

DIN EN 81-72   Sicherheitsregeln für die Konstruktion und den Einbau von Aufzügen – Besondere Anwendungen für Personen- und Lastenaufzüge – Teil 72: Feuerwehraufzüge, November 2020.

DIN EN 143   Atemschutzgeräte – Partikelfilter – Anforderungen, Prüfung, Kennzeichnung, Juli 2021.

DIN EN 206   Beton – Festlegung, Eigenschaften, Herstellung und Konformität, Juni 2021.

DIN EN 338   Bauholz für tragende Zwecke – Festigkeitsklassen, Juli 2016.

DIN EN 771   Festlegungen für Mauersteine, Teile 1 bis 6.

DIN EN 818   Kurzgliedrige Rundstahlketten für Hebezwecke – Sicherheit, Teile 1 bis 7.

DIN EN 1028-1   Feuerlöschpumpen – Feuerlöschkreiselpumpen mit Entlüftungseinrichtung – Teil 1: Klassifizierung – Allgemeine und Sicherheitsanforderungen, September 2008.

DIN EN 1147   Tragbare Leitern für die Verwendung bei der Feuerwehr, Oktober 2010.

DIN EN 1155   Schlösser und Baubeschläge – Elektrisch betriebene Feststellvorrichtungen für Drehflügeltüren – Anforderungen und Prüfverfahren; April 2003.

DIN EN 1366-1   Feuerwiderstandsprüfung für Installationen – Teil 1: Lüftungsleitungen; Deutsche Fassung EN 1366-1: 2014+A1: 2020, November 2020.

DIN EN 1366-2   Feuerwiderstandsprüfung für Installationen – Teil 2: Brandschutzklappen; Deutsche Fassung EN 1366-2: 2015, September 2015.

DIN EN 1492   Textile Anschlagmittel – Sicherheit, Teile 1, 2 und 4.

DIN EN 1777   Hubrettungsfahrzeuge für Feuerwehren und Rettungsdienste, Hubarbeitsbühnen (HABn) – Sicherheitstechnische Anforderungen und Prüfung, Juni 2010.

DIN EN 1789   Rettungsdienstfahrzeuge und deren Ausrüstung – Krankenkraftwagen, Dezember 2020.

DIN EN 1846-1   Feuerwehrfahrzeuge – Teil 1: Nomenklatur und Bezeichnung, Juli 2011.

DIN EN 1846-2   Feuerwehrfahrzeuge – Teil 2: Allgemeine Anforderungen – Sicherheit und Leistung, Mai 2013.

DIN EN 1846-3   Feuerwehrfahrzeuge – Teil 3: Fest eingebaute Ausrüstung – Sicherheits- und Leistungsanforderungen, November 2013.

DIN EN 1990   Eurocode: Grundlagen der Tragwerksplanung, Oktober 2021.

DIN EN 1991-1-1   Eurocode 1: Einwirkungen auf Tragwerke – Teil 1-1: Allgemeine Einwirkungen auf Tragwerke – Wichten, Eigengewicht und Nutzlasten im Hochbau, Dezember 2010.

DIN EN 1991-1-2   Eurocode 1: Einwirkungen auf Tragwerke – Teil 1-2: Allgemeine Einwirkungen – Brandeinwirkungen auf Tragwerke, Dezember 2010 (Entwurffassung Oktober 2021).

DIN EN 1992-1-1   Eurocode 2: Bemessung und Konstruktion von Stahlbeton- und Spannbetontragwerken – Teil 1-1: Allgemeine Bemessungsregeln und Regeln für den Hochbau, Januar 2011 (Entwurffassung September 2021).

DIN EN 1992-1-2   Eurocode 2: Bemessung und Konstruktion von Stahlbeton- und Spannbetontragwerken – Teil 1-2: Allgemeine Regeln – Tragwerksbemessung für den Brandfall, Dezember 2010 (Entwurffassung September 2021).

DIN EN 1993-1-1   Eurocode 3: Bemessung und Konstruktion von Stahlbauten – Teil 1-1: Allgemeine Bemessungsregeln und Regeln für den Hochbau, Dezember 2010 (Entwurffassung August 2020).

DIN EN 1993-1-2   Eurocode 3: Bemessung und Konstruktion von Stahlbauten – Teil 1-2: Allgemeine Regeln – Tragwerksbemessung für den Brandfall, Dezember 2010.

DIN EN 1994-1-1   Eurocode 4: Bemessung und Konstruktion von Verbundtragwerken aus Stahl und Beton – Teil 1-1: Allgemeine Bemessungsregeln und Anwendungsregeln für den Hochbau, Dezember 2010.

DIN EN 1994-1-2   Eurocode 4: Bemessung und Konstruktion von Verbundtragwerken aus Stahl und Beton – Teil 1-2: Allgemeine Regeln – Tragwerksbemessung für den Brandfall, Dezember 2010.

DIN EN 1995-1-1   Eurocode 5: Bemessung und Konstruktion von Holzbauten – Teil 1-1: Allgemeines – Allgemeine Regeln und Regeln für den Hochbau, Dezember 2010.

DIN EN 1995-1-2   Eurocode 5: Bemessung und Konstruktion von Holzbauten – Teil 1-2: Allgemeines – Tragwerksbemessung für den Brandfall, Dezember 2010.

DIN EN 1996-1-1   Eurocode 6: Bemessung und Konstruktion von Mauerwerksbauten – Teil 1-1: Allgemeine Regeln für bewehrtes und unbewehrtes Mauerwerk, Februar 2013 (Entwurffassung September 2019).

DIN EN 1996-1-2   Eurocode 6: Bemessung und Konstruktion von Mauerwerksbauten – Teil 1-2: Allgemeine Regeln – Tragwerksbemessung für den Brandfall, April 2011.

DIN EN 12259-1   Ortsfeste Löschanlagen – Bauteile für Sprinkler- und Sprühwasseranlagen – Teil 1: Sprinkler, März 2006.

DIN EN 12416-1   Ortsfeste Brandbekämpfungsanlagen – Pulverlöschanlagen – Teil 1: Anforderungen und Prüfverfahren für Bauteile, 2020.

DIN EN 12416-2   Ortsfeste Brandbekämpfungsanlagen – Pulverlöschanlagen – Teil 2: Planung, Einbau und Wartung, September 2007.

DIN EN 12845   Ortsfeste Brandbekämpfungsanlagen – Automatische Sprinkleranlagen – Planung, Installation und Instandhaltung, November 2020.

DIN EN 13204   Doppelt wirkende hydraulische Rettungsgeräte für die Feuerwehr und Rettungsdienste – Sicherheits- und Leistungsanforderungen, Dezember 2016.

DIN EN 13414   Anschlagseile aus Stahldrahtseilen – Sicherheit, Teile 1 bis 3.

DIN EN 13501   Klassifizierung von Bauprodukten und Bauarten zu ihrem Brandverhalten, Teile 1 bis 6.

DIN EN 13565-1   Ortsfeste Brandbekämpfungsanlagen – Schaumlöschanlagen – Teil 1: Anforderungen und Prüfverfahren für Bauteile, Juli 2019.

DIN EN 13565-2   Ortsfeste Brandbekämpfungsanlagen – Schaumlöschanlagen – Teil 2: Planung, Einbau und Wartung, März 2020.

DIN EN 13731   Hebekissensysteme für die Feuerwehr und Rettungsdienste – Sicherheits- und Leistungsanforderungen, Februar 2008.

DIN EN 14043   Hubrettungsfahrzeuge für die Feuerwehr – Drehleitern mit kombinierten Bewegungen (Automatik-Drehleitern) – Sicherheits- und Leistungsanforderungen sowie Prüfverfahren, April 2014.

DIN EN 14044   Hubrettungsfahrzeuge für die Feuerwehr – Drehleitern mit aufeinander folgenden (sequenziellen) Bewegungen (Halbautomatik-Drehleitern) – Sicherheits- und Leistungsanforderungen sowie Prüfverfahren, April 2014.

DIN EN 14339   Unterflurhydranten, Deutsche Fassung EN 14339: 2005, Oktober 2005.

DIN EN 14384   Überflurhydranten, Deutsche Fassung EN 14384: 2005, Oktober 2005.

DIN EN 14466   Feuerlöschpumpen – Tragkraftspritzen – Sicherheits- und Leistungsanforderungen, Prüfungen, September 2008.

DIN EN 14710-1   Feuerlöschpumpen – Feuerlöschkreiselpumpen ohne Entlüftungseinrichtung – Teil 1: Klassifizierung, allgemeine Anforderungen und Sicherheitsanforderungen, Juni 2009.

DIN EN 15182-1   Tragbare Geräte zum Ausbringen von Löschmittel, die mit Feuerlöschpumpen gefördert werden können – Strahlrohre für die Brandbekämpfung – Teil 1: Allgemeine Anforderungen, November 2019.

DIN EN 15182-2   Tragbare Geräte zum Ausbringen von Löschmittel, die mit Feuerlöschpumpen gefördert werden können – Strahlrohre für die Brandbekämpfung – Teil 2: Hohlstrahlrohre PN 16, , November 2019.

DIN EN 15182-3   Tragbare Geräte zum Ausbringen von Löschmittel, die mit Feuerlöschpumpen gefördert werden können – Strahlrohre für die Brandbekämpfung – Teil 3: Strahlrohre mit Vollstrahl und/oder einem unveränderlichen Sprühstrahlwinkel PN 16, November 2019.

DIN EN 15182-4   Tragbare Geräte zum Ausbringen von Löschmittel, die mit Feuerlösch-
                 pumpen gefördert werden können – Strahlrohre für die Brandbekämpfung
                 – Teil 4: Hochdruckstrahlrohre PN 40, November 2019.
DIN SPEC 14507-2 Einsatzleitfahrzeuge – Teil 2: Einsatzleitwagen ELW 1, April 2014.
DIN SPEC 14507-3 Einsatzleitfahrzeuge – Teil 3: Einsatzleitwagen ELW 2, Juni 2014.
DIN SPEC 14507-5 Einsatzleitfahrzeuge – Teil 5: Kommandowagen KdoW, Juni 2014.
DIN VDE 0833-1   Gefahrenmeldeanlagen für Brand, Einbruch und Überfall – Teil 1: All-
                 gemeine Festlegungen, Oktober 2014.
DIN VDE 0833-2   Gefahrenmeldeanlagen für Brand, Einbruch und Überfall – Teil 2: Fest-
                 legungen für Brandmeldeanlagen, Oktober 2017.

Stand November 2021. Die Normen können über den Beuth Verlag bezogen werden:

Beuth Verlag GmbH
Saatwinkler Damm 42/43
13627 Berlin
www.beuth.de

Peter Mack/Roy Bergdoll

Merkhilfen und Abkürzungen bei Feuerwehr, THW und Rettungsdienst

2023. 72 Seiten. 30 Abb. Kart. € 24,–
elektr. Zusatzmaterial
ISBN 978-3-17-042304-6

Für die Aus- und Fortbildung, aber auch für den Einsatz werden wichtige Sachverhalte oft in komprimierter Form als Abkürzung, Akronym oder Merkregel zusammengefasst. Die Autoren haben im Buch die wichtigsten Merkregeln übersichtlich, nach Themengebiet sortiert und um ein alphabetisches Register ergänzt, aufbereitet. Zusätzlich wird eine Abkürzungs-Tabelle, mit mehr als 1.800 Einträgen, exklusiv als Download zur Verfügung gestellt. In dieser Excel-Tabelle sind die wichtigsten Abkürzungen aus dem Bereich Feuerwehr, THW und Rettungsdienst übersichtlich aufgelistet. Verschiedene Filtermöglichkeiten, z. B. nach den Organisationen (BOS) oder der technischen Zugehörigkeit von Einsatzmitteln, erleichtern die gezielte Recherche.

Das Verzeichnis kann als individuelles Nachschlagewerk für die Aus- und Fortbildung und als Verständigungshilfe für Außenstehende genutzt werden.

Dr. Peter Mack hat Biologie an der Uni Regensburg studiert und an der LMU München in Forstwissenschaft promoviert. Beruflich beschäftigte er sich mehrere Jahrzehnte mit den Themen Feuerwehr, Brandschutz, Arbeitsschutz und Gefahrstoffe.
Dipl. Ing. (FH) Roy Bergdoll ist Fachredakteur der BRANDSchutz/Deutsche Feuerwehr-Zeitung und Brandoberamtsrat bei der Berufsfeuerwehr Mannheim.

Digital-Ausgabe erhältlich in der BRANDSchutz-App und als E-Book.
Leseproben und weitere Informationen:
www.kohlhammer-feuerwehr.de

Nils Schulze/Bernhard Denne

Visualisierung in Einsatz und Ausbildung

2023. 68 Seiten. 62 Abb. Kart. € 20,–
ISBN 978-3-17-037370-9
Führung

Bei vielen Schulungen, Unterrichten und Weiterbildungen kommen Präsentationen zum Einsatz, um ausbildungsrelevante Inhalte zu vermitteln. Oft sind diese jedoch nicht interessant und zielführend gestaltet, was sich z. B. durch ein Übermaß an Text auszeichnet.

Die Autoren stellen alternativ eine visualisierte Aufbereitung von Inhalten vor. Ziel ist es, komplexe Sachverhalte als einfache Bilder und Skizzen komprimiert darzustellen. Mit Hilfe der vorgestellten Methoden können beispielsweise Übungen effizienter vorbereitet, Einsätze übersichtlich erfasst, aber auch alltägliche Situationen vereinfacht kommuniziert werden.

Nils Schulze ist stellvertretender Leiter der Feuerwehr Offenburg. Bernhard Denne ist Professor an der Fakultät für Betriebswirtschaftslehre und Wirtschaftsingenieurwesen an der Hochschule Offenburg.

Andreas Gattinger

Führungshilfen für Feuerwehr-Einsatzleiter

4., erw. und aktual. Auflage 2022
180 Seiten. Spiralbindung. € 24,–
ISBN 978-3-17-041598-0
Führung

Bei einem Feuerwehreinsatz benötigt der Einsatzleiter schnell einen Überblick über die notwendigen Einsatzmaßnahmen. Dieses Handbuch stellt die durchzuführenden Maßnahmen für alle denkbaren Einsatzsituationen in kurzer und prägnanter Form auf jeweils einer Seite vor und ist somit eine hilfreiche Gedankenstütze für den Einsatzleiter sowie alle Gruppen- und Zugführer.

Es enthält nur die Informationen, die wirklich wichtig sind, und ermöglicht damit einen raschen Überblick über alle erforderlichen Einsatzmaßnahmen. Neben Standard-Einsatz-Ratschlägen (SER) für unterschiedliche Einsatzlagen enthält das Buch eine Vielzahl weiterer wichtiger Informationen und Hinweise, die im Feuerwehreinsatz immer wieder benötigt werden.

Die 4. Auflage wurde vollständig aktualisiert und unter anderem um die SER Brand von Elektrofahrzeugen erweitert.

Dipl.-Ing. (FH) Andreas Gattinger ist Fachlehrer und Fachbereichsleiter an der Feuerwehr- und Rettungsdienstschule der Berufsfeuerwehr München sowie als Zugführer im Einsatzdienst tätig.